LES

ALIMENTS DU CHEVAL

CORBEIL. — IMPRIMERIE ÉD. CRÉTÉ.

LES
ALIMENTS DU CHEVAL

CALCUL DU TRAVAIL ET DE LA RATION

ORIGINE DES ALIMENTS

SUBSTITUTIONS — ALTÉRATIONS ET INTOXICATIONS ALIMENTAIRES

EXPERTISES

PAR

P. DECHAMBRE
Professeur de Zootechnie
à l'École nationale d'Agriculture
de Grignon.

Ed. CUROT
Médecin-Vétérinaire,
Directeur de la cavalerie des Équipages
du commerce à Paris.

PARIS
ASSELIN ET HOUZEAU
LIBRAIRES DE LA SOCIÉTÉ CENTRALE DE MÉDECINE VÉTÉRINAIRE
Place de l'École-de-Médecine

—

1903

PRÉFACE

Les vétérinaires et les agronomes qui ont reçu une sérieuse instruction professionnelle à laquelle sont venues s'ajouter les observations de la pratique quotidienne, se trouvent cependant pris quelquefois au dépourvu quand ils doivent résoudre quelques-unes des questions relatives au rationnement des animaux, particulièrement du cheval. Aussi ne se passe-t-il pas de semaine que nous ne soyons consultés sur la composition d'une ration, la valeur alimentaire d'un produit nouveau, l'origine d'un résidu industriel, ou la nature des adultérations d'une substance qui a déterminé des accidents.

Il nous a donc semblé qu'une lacune existait dans notre littérature et que nous pourrions la combler en réunissant sous un titre commun les diverses questions pratiques que soulève l'alimentation des moteurs animés.

Tout en nous maintenant dans un ordre d'idées purement utilitaire, nous ne pouvions exposer librement nos conclusions, sans formuler au moins sommairement les données scientifiques qui leur servent de base ; d'où quelques considérations, réduites au strict nécessaire, sur la composition des aliments et le rôle des principes immédiats.

Afin de déterminer avec quelque précision le rationnement d'un moteur soumis à un travail connu, il fallait établir une équation entre la valeur énergétique des aliments et le travail demandé. Les recherches longues et patientes des physiologistes et des savants depuis longtemps spécialisés dans l'étude de ces questions nous ont permis d'aboutir à des données simples que nous croyons susceptibles de rendre quelques services à ceux qui auront besoin de calculer le travail et la ration de leurs moteurs.

Le foin et l'avoine sont habituellement considérés comme les aliments types des équidés, et beaucoup de personnes hésitent encore à accepter l'idée des substitutions alimentaires : nourrir un cheval sans foin ni avoine, tout en exigeant de lui un travail sérieux, leur paraît une chose sinon paradoxale, tout au moins fort téméraire ; pourtant des exemples nombreux observés dans des situations assez différentes montrent que cette façon de faire non seulement n'est pas incompatible avec la santé des animaux, mais qu'elle aboutit souvent à des économies sérieuses.

En définitive, les substitutions dont nous parlons ne doivent être opérées que si, précisément, elles conduisent à ce résultat : abaissement du prix de revient de la ration. Qu'on se garde des exagérations et des généralisations précoces ; mais que l'on veuille bien constater un moment combien nos moteurs intensivement exploités sont loin des conditions d'existence naturelles de leurs types primitifs, et l'on admettra sans difficulté les conséquences physiologiques et économiques d'un pareil état de choses.

La discussion de la valeur alimentaire du foin et de l'avoine et de la possibilité de leur substituer d'autres produits forme donc la matière d'un chapitre à la fin duquel sont présentés des exemples qui paraîtront suffisamment démonstratifs.

Chacun des aliments susceptibles d'être utilement consommés par les chevaux fait l'objet d'un paragraphe spécial dépendant du groupe principal auquel se rattache l'aliment considéré. Avoine et ses succédanés, grains, résidus industriels, mélasse et aliments mélassés, foin et ses succédanés, etc., telles sont ces grandes divisions.

Autant que possible la même méthode descriptive a été suivie : Caractéristique botanique et culture pour les produits naturels, origine et préparation industrielle pour les résidus, composition chimique, digestibilité, valeur alimentaire, et mode d'emploi sont les points essentiels de ces monographies dont l'étendue est subordonnée à l'importance du rôle joué par le produit étudié.

Les altérations et les sophistications mériteraient d'être examinées attentivement ; mais la minutie de certains détails expérimentaux, la délicatesse de plusieurs procédés d'examen qui ne peuvent être efficacement appliqués que par des spécialistes, nous ont conduit à retenir surtout les données relatives à la recherche telle qu'elle peut être faite sans outillage compliqué. Lorsque, dans les cas litigieux, cet examen préalable aura mis sur la voie d'une altération ou d'une sophistication grave, il sera sage de faire contrôler dans un établissement de recherches (stations agronomiques, laboratoires d'analyses, écoles nationales) les indications recueillies.

Et c'est parce que nous avons été à même d'apprécier combien ces questions sont parfois embrouillées par les constatations sur lesquelles s'appuient les considérations juridiques, que nous avons cru devoir résumer les données relatives aux expertises médico-légales.

Ce chapitre devait logiquement être précédé d'une étude pathologique des aliments vénéneux ou dangereux par leurs altérations ; les intoxications alimentaires ont donc été examinées dans leurs manifestations les plus fréquentes et les plus graves.

Que si ce programme qui touche à la physiologie, à la zootechnie, à la botanique, à l'agriculture, et à la pathologie, paraît hétérogène, cela est la conséquence directe de la nature des besoins qu'il nous semble appelé à satisfaire. Il est rare que dans les ouvrages scientifiques consacrés à l'une ou l'autre des sciences ci-dessus énumérées, on trouve toutes les indications relatives à un certain aliment ; car chacune d'elles ne considère celui-ci qu'à son point de vue spécial.

En présence des travaux considérables suscités depuis quelques années par les questions d'alimentation, il serait imprudent de prétendre avoir traité complètement le sujet, cependant limité, que nous avons choisi. Nous avons simplement cherché, en groupant des connaissances éparses et des renseignements utiles, à écrire un ouvrage qui puisse rendre service aux praticiens.

Paris, juin 1903.

TABLE DES MATIÈRES

CHAPITRE II. — Calcul du travail et de la ration des moteurs.

DEUXIÈME PARTIE

LES ALIMENTS

CHAPITRE I.

De la valeur alimentaire du foin et de l'avoine et de la possibilité de leur substituer des aliments plus économiques. — Exemples de rations.

CHAPITRE II. — L'avoine.

CHAPITRE III. — Succédanés de l'avoine.
Les grains et les fruits.

CHAPITRE IV. — Succédanés de l'avoine (suite). Les pains et les substances d'origine animale.

CHAPITRE V. — Succédanés de l'avoine (suite). Les résidus industriels.

CHAPITRE IX. — **Les condiments**.

CHAPITRE X. — **Les boissons**.

CHAPITRE XI

TROISIÈME PARTIE
DES INTOXICATIONS ALIMENTAIRES

CHAPITRE I. — **Intoxication par les denrées avariées ou irritantes.**

CHAPITRE II. — **Intoxications par des plantes vénéneuses.**

CHAPITRE III. — **Médecine légale**.

PREMIÈRE PARTIE

BASES PHYSIOLOGIQUES DU RATIONNEMENT DES MOTEURS

CHAPITRE I

COMPOSITION DE L'ALIMENT

L'étude de l'alimentation est d'une haute importance, à la fois théorique, pratique et économique. La connaissance des lois de l'alimentation rationnelle est indispensable à tous ceux qui, à un titre quelconque, exploitent nos animaux domestiques ; qu'il s'agisse des moteurs ou de ce que l'on appelait autrefois les animaux de rente, les bénéfices de leur exploitation sont intimement liés aux circonstances physiologiques, hygiéniques et économiques de leur alimentation.

En cette matière l'empirisme a cependant longtemps régné ; c'est seulement lorsque les connaissances des lois de la nutrition nous ont été apportées par les physiologistes que nous avons pu nous rendre compte du rôle des matières alimentaires. Avec les travaux de Magendie, de Claude Bernard, nous assistons à l'éclosion des recherches bromatologiques.

Les expériences de Boussingault, Dumas, Payen,

Isidore Pierre ; en Angleterre celles de Lawes et Gilbert ; les travaux des Allemands Liebig, Kühn, Wolff, Henneberg, Stohmann ; ceux des physiologistes de notre époque, particulièrement de l'école de Chauveau, les observations de praticiens patients et instruits, comme J. Crevat, enfin depuis Baudement, les recherches et les publications de tous les hygiénistes et de tous les zootechniciens, forment un ensemble de faits duquel nous pouvons espérer tirer des déductions utiles. Nonobstant, il reste encore beaucoup à faire ; mais nos progrès, dans cet ordre d'idées, sont intimement liés à ceux de la physiologie.

COMPOSITION DE L'ORGANISME.

Chez les animaux et les végétaux, l'organisme est constitué par un nombre très limité de principes dont voici la courte énumération :

Oxygène.	Fluor.
Hydrogène.	Silicium.
Carbone.	Sodium.
Azote.	Potassium.
Soufre.	Calcium.
Phosphore.	Magnésium.
Arsenic (1).	Fer.
Chlore.	Manganèse.

Ces éléments existent à l'état de combinaisons pour donner des principes organiques et des principes minéraux.

Les *principes organiques* forment deux catégories :

Principes azotés ou quaternaires ;

Principes non azotés ou ternaires comprenant les hydrates de carbone et les corps gras.

(1) Voir les travaux récents de A. Gautier.

Les *principes minéraux* sont des sulfates, des phosphates, des carbonates et du chlorure de sodium.

Les sulfates alcalins procèdent en grande partie du soufre des matières albuminoïdes ; ils s'éliminent par les urines.

Les phosphates sont à base de soude, de potasse, de chaux, de magnésie ; ils prédominent dans l'organisme des carnivores.

Les carbonates dominent chez les herbivores.

Ces sels se rencontrent dans le squelette, les globules sanguins, les muscles, les centres nerveux; ils proviennent de l'alimentation, et s'éliminent par les urines. Leur rôle physiologique est considérable : indispensables, au même titre que les principes organogènes, pour l'élaboration des tissus de l'animal jeune, ils doivent chez l'adulte assurer le fonctionnement et le renouvellement de ces tissus; leur apport alimentaire doit donc être continu.

Le chlorure de sodium existe dans tous les tissus et dans tous les organes; on en compte au total, chez l'homme, environ 200 grammes. Son élimination a lieu par les urines; 15 à 20 grammes sont ainsi expulsés en 24 heures chez un individu de conditions moyennes.

L'eau existe dans l'organisme sous deux aspects, soit libre, soit comme eau de constitution ; dans ce dernier cas elle fait partie intégrante de la matière vivante ; sous le premier état, elle est un agent de dissolution et de diffusion. La proportion de ce liquide varie dans des limites assez étendues, comme l'indique le tableau ci-contre :

Squelette	486 p. 1000.
Graisse	299 —
Muscles	757 —
Sang	791 —
Salive	995 —

La comparaison entre les tissus animaux et les tissus végétaux n'est pas sans intérêt ici. Boussingault a fait remarquer que la composition fondamentale est identique ; il reste à mentionner quelques divergences constitutionnelles qui portent principalement sur la teneur comparée en graisses et en hydrates de carbone.

Les animaux renferment beaucoup de matières grasses et peu de matières hydrocarbonées.

Chez les végétaux, les matières grasses sont rares ; sous forme de sucres solubles, d'amidons, de gommes, de celluloses, etc., les matières hydrocarbonées y sont abondantes.

L'analyse la plus élémentaire nous apprend, d'autre part, que les produits zootechniques renferment les groupes de substances chimiques qui viennent d'être rencontrées dans les tissus et dans les végétaux : le lait, la laine, les œufs, *a fortiori* la viande et la graisse et jusqu'aux excreta, sont constitués par les principes immédiats et minéraux ci-dessus énumérés.

La constitution des organismes et des produits qu'ils nous donnent est intimement liée à celle des aliments que les animaux consomment. D'où cette grande loi qu'il suffit de mentionner pour que l'on en saisisse la haute généralité : les animaux sont sous la dépendance des végétaux ; ils ne peuvent élaborer directement les principes offerts par le règne minéral ; cette élaboration est l'œuvre des végétaux qui deviennent ainsi les intermédiaires indispensables entre le règne minéral et le règne animal. La succession se continue dans ce dernier par les relations entre les herbivores et les carnivores : la proie vivante servant à son tour d'intermédiaire ultime entre le règne végétal et son prédateur. Le cycle se ferme à chaque instant de la vie par une destruction lente des tissus et le rejet permanent d'excreta ; finalement lors de la destruction définitive de l'individu constitué.

Chez les plus importants et les plus nombreux de nos animaux domestiques qui sont des herbivores, le règne végétal devient le grand fournisseur des matières consommées que l'on nomme aliments.

Les *aliments* sont des substances empruntées au monde extérieur et qui, introduites dans l'organisme, y subissent des modifications qui les rendent assimilables et nutritives. Suivant l'expression de Claude Bernard, ils deviennent alors des *nutriments*.

Le rôle de l'aliment, chez les animaux exploités par l'homme, est de réparer les pertes de l'organisme et de fournir les matériaux nécessaires aux produits dont l'élaboration est le but de l'entretien de l'animal.

Les pertes organiques atteignent généralement un taux plus fort chez les animaux qui produisent que chez ceux qui sont astreints au simple entretien de leurs fonctions physiologiques ; car les organes doivent satisfaire à deux sortes d'exigences : les unes normales qui sont la dépense habituelle, le déchet prévu et connu ; les autres imposées par le travail supplémentaire des organes préposés aux formations ou transformations utilisées par l'homme. Cela est parfaitement mis en évidence dans le cas des moteurs animés ; ici le travail supplémentaire des organes atteint un taux élevé, et devient d'autant plus onéreux que le moteur travaille à une allure plus rapide. Il ne s'agit pas seulement de la dépense occasionnée par le travail de transport, dit travail automoteur, mais de la surexcitation fonctionnelle imposée à tous les grands appareils à partir du moment précis où l'on demande au moteur d'actualiser l'énergie accumulée dans ses réserves.

D'où lui vient cette énergie? Elle lui a été apportée par l'alimentation au même titre que les éléments pondérables dont nous connaissons déjà la nature. L'aliment dont la définition précédente ne nous fournit qu'une expression très générale, est donc, en même temps, un véhicule de la matière et un support de l'énergie. C'est en considérant successivement ces deux points de vue que nous allons en présenter sommairement la composition.

COMPOSITION DE L'ALIMENT

A. — LA MATIÈRE.

1° Les substances azotées. — Principes quaternaires, principes albuminoïdes, protéiques, ou simplement protéine sont les désignations qui correspondent à ce que l'école de Liebig appelait les principes plastiques. On sait que cela s'entendait des produits susceptibles de servir à la constitution des tissus. En fait, nous les rencontrons dans tout l'organisme : l'albumine de l'œuf, la fibrine, la myosine, l'osséine, etc., etc., sont des matières albuminoïdes. Celles qui sont apportées par l'aliment sont appelées à se transformer en celles-là.

L'organisme a constamment besoin de protéiques, car la matière vivante est dans un continuel état de destruction. Cette destruction de l'albumine des tissus trouve sa preuve dans la permanence de l'excrétion azotée. L'animal perd constamment de l'azote par ses urines; perte qui se constate également chez l'individu en état d'inanition : le besoin d'albuminoïdes est si impérieux que cet individu, soumis au jeûne protéique, succombe comme si on lui imposait un jeûne absolu ; il résiste plus longtemps, mais la mort est fatale.

Toutefois si l'albumine est théoriquement suffisante, pratiquement, elle ne peut, au moins chez l'homme et chez l'herbivore, être employée seule ; elle doit être accompagnée d'une substance ternaire. Il n'est pas démontré d'ailleurs que le carnivore fasse absolument exception à cette loi et puisse vivre sans hydrates de carbone ; quoique riche en matière azotée, la viande n'est pas un aliment exclusivement protéique ; elle renferme de 1 à 7 p. 100 de graisse et de 1 à 1,5 p. 100 de glycogène ; et l'on n'a pas encore fait d'expériences sur des carnivores alimentés avec des albuminoïdes entièrement débarrassés de graisses et d'hydrates de carbone.

Il reste acquis que les matières protéiques sont destinées à jouer un rôle important parce qu'il est multiple ; et il est multiple parce que ces produits peuvent se dissocier facilement par hydratation, par combustion ou en présence de tissus agissant comme ferments.

Lorsque les matières azotées se fixent tout entières, elles servent à la composition ou à la réparation des tissus ; ainsi se trouve motivée la désignation exclusive des anciens chimistes ; lorsque la destruction s'accomplit, elle aboutit, suivant le stade que l'on considère, à la formation d'hydrates de carbone (glycose, glycogène) ou à la formation de graisse.

Lorsque cette destruction est totale, la matière albuminoïde donne de l'eau, de l'acide carbonique, et un déchet azoté, l'urée qui entraîne hors de l'organisme l'azote de la substance quaternaire primitive.

Voilà ce que devient la partie assimilable et vraiment nutritive des substances azotées de la ration ;

son rôle est de réparer les tissus, de former du glycose et du glycogène, de donner des graisses de réserve. La haute importance de ces transformations motive la valeur accordée aux aliments riches en matière azotée ; mais il faut remarquer que dans la matière azotée totale existe une proportion variable de matière non assimilable. La richesse alimentaire est en effet immédiatement subordonnée à la digestibilité des principes. Nous savons aussi que dans la série des albuminoïdes, on connaît tout un groupe, celui des *amides* qui ne peuvent jouer dans la nutrition qu'un rôle très restreint.

Une simple indication de la façon dont on procède actuellement pour doser la matière azotée, nous montrera la cause des erreurs de détermination de la portion vraiment alimentaire de cette matière :

On dose l'azote de l'aliment (par des procédés que nous n'avons pas à exposer) et on multiplie le chiffre obtenu par la constante 6,25.

$$6,25 = \frac{100}{16}$$; 16 étant le dosage de l'azote dans l'albu-

mine. Les choses se passent donc comme si tout l'azote déterminé par l'analyse provenait des albuminoïdes. Or cela n'est pas. Cet azote est apporté : par des nitrates qui sont quelquefois en forte proportion ; par de la chlorophylle et des composés analogues ; par des amides qui sont des formes non nutritives ; enfin par les substances albuminoïdes proprement dites.

Les chiffres obtenus ne sont donc pas rigoureux ; même déduction faite des amides, il reste, pour la teneur en protéine brute, un chiffre généralement supérieur à la réalité.

2° Les hydrates de carbone. — Le règne végétal fournit abondamment aux animaux les matières hydrocarbonées ; les substances amylacées, amidon, fécule, cellulose, etc., appartiennent en effet au groupe des *substances ternaires* que l'on nomme encore les *Extractifs non azotés.*

Ce groupe est formé par deux catégories de substances :

1° Les sucres proprement dits et les amylacés ;

2° Les pentosanes.

La première catégorie comprend la saccharose, le glucose, l'amidon, la fécule, substances qui, après avoir subi dans l'organisme les modifications chimiques qui les rendent assimilables, sont susceptibles de jouer le même rôle dans la nutrition.

Les *pentosanes* ont été assez récemment dégagés du groupe des extractifs non azotés, où ils étaient confondus avec les gommes et la cellulose saccharifiable.

Les pentosanes sont des hydrates de carbone à cinq éléments de carbone (C^5), donnant par saccharification un sucre en C^5 $(C^5 H^{10} O^5)$, au lieu d'un sucre en en C^6 comme le glucose $(C^6 H^{12} O^6)$. Sauf cette caractéristique, les pentosanes sont comparables à l'amidon et à la cellulose qui, par saccharification, donnent du glucose en $C^6 H^{12} O^6$.

Exemple : La gomme arabique, ou gomme de cerisier, donne par ébullition avec les acides un sucre en C^5, l'arabinose ; la gomme de bois donne également par ébullition avec les acides, un sucre en C^5 différent du précédent, la xylose.

En 1896 Wheeler et Tollens, en Allemagne, avaient extrait les gommes donnant de la xylose des bois de jute, de hêtre, de sapin et des drèches provenant de la fabrication de la bière. Depuis, Hébert et différents autres chercheurs ont trouvé ces gommes dans tous les végétaux.

1.

On dose les pentosanes en saccharifiant le produit à étudier par l'acide sulfurique à 2 p. 100, à 100° pendant cinq heures, et en dosant la xylose obtenue par la liqueur de Fehling (1).

Hébert a ainsi trouvé pour la paille :

	Xylose.
Paille de blé............	19,71 p. 100.
— d'avoine............	27,70 —

Parmi les autres aliments nous citerons :

Foin............	10-15 p. 100 de pentosanes.	
Avoine............	12-13 —	—
Son............	4- 5 —	—

Dans l'avoine, la proportion de pentosanes, plus élevée que dans la plupart des grains, est due à la présence des glumelles qui ont une composition et une valeur alimentaire peu différentes de celles de la paille.

Les deux groupes de principes hydrocarbonés diffèrent encore par leur coefficient de digestibilité : égal à 100 pour les sucres vrais et les amylacés qui sont entièrement digérés, ce coefficient s'abaisse à 60 p. 100 et même à 40 p. 100 pour les pentosanes et la cellulose saccharifiable.

La *cellulose brute* ou ligneux est un corps assez mal défini chimiquement; on est convenu de donner ce nom à la partie qui résiste à l'action successive des dissolvants neutres, des acides et des alcalis éten-

(1) Ce procédé donne la somme des hydrates de carbone : aussi, pour les substances qui renferment des amidons (grains) doit-on effectuer un dosage spécial pour ceux-ci, en traitant par une diastase qui ne saccharifie que l'amidon, Après le traitement par l'acide sulfurique, on détermine les pentosanes par différence.

dus ; il en résulte que les incertitudes du dosage sont très grandes ; pour que les résultats fussent comparables, les chimistes devraient adopter un procédé uniforme (1).

Le *dosage des hydrates de carbone* se fait souvent par différence ; après avoir évalué l'eau, les cendres, les matières grasses et azotées, la cellulose, on totalise ces nombres et, la somme étant retranchée de 100, on obtient les extractifs non azotés. Ce procédé, tout à fait défectueux, entraîne des erreurs dans la détermination d'un des plus importants parmi les éléments de la ration.

Il est plus exact de doser les sucres et les amidons, et de mettre à part les pentosanes ; après quoi il reste encore un groupe de corps indéterminés. La théorie de l'alimentation est subordonnée aux progrès de l'analyse chimique des aliments ; aussi doit-on tendre vers une détermination de plus en plus précise des principes immédiats qui entrent dans la constitution des fourrages ; il appartient aux chimistes de donner, sur ce point, satisfaction aux physiologistes (1).

L'analyse des tissus animaux révèle une faible teneur en hydrocarbonés ; ces principes, livrés en grande quantité par l'alimentation directe, puis par l'élaboration intestinale, sont, en effet, utilisés immédiatement.

Ils servent à l'entretien de toutes les fonctions physiologiques normales ou suractivées, en assurant les apports de glycogène nécessaires à l'accomplissement de ces fonctions. C'est en eux que l'individu trouve la source de l'énergie qu'il dépense sous mille formes ;

(1) Voir sur cette question le Rapport de **M. A. Ch.** Girard : *Vente et Achat des aliments, d'après analyse. Congrès de la Société d'alimentation du bétail,* 1900.

ils aboutissent finalement à la régulation de la température interne, à l'entretien de la chaleur animale. Ce rôle physiologique est tellement important que c'est en cela que se résolvent les matériaux venus d'autre part ; les protéiques non fixées dans l'organisme, les graisses qui ne sont pas mises en réserve dans les tissus, sont susceptibles de fournir des hydrocarbonés lorsque l'alimentation directe n'en importe pas suffisamment.

3° Matières grasses. — Les graisses de l'aliment sont toutes les matières *solubles dans l'éther* ; on les englobe quelquefois sous la désignation d'*extrait éthéré*. A côté de la matière grasse proprement dite se placent des résines, des cires, etc., qui n'ont pas de valeur alimentaire ; de telle sorte que la détermination de ces principes gras n'est pas extrêmement rigoureuse.

Quel sera leur rôle dans l'organisme ?

Les graisses sont un aliment de réserve destiné à régulariser les dépenses physiologiques dès que les apports de l'alimentation directe sont insuffisants. Toute la graisse n'est cependant pas emmagasinée : quand l'alimentation est exactement mesurée, quand l'animal reçoit juste de quoi satisfaire à ses dépenses, les graisses alimentaires sont immédiatement employées et donnent du glycogène. Lorsqu'elles ont été déposées dans les tissus, c'est toujours après avoir été réduites en glycogène que ces matières ternaires sont utilisées.

La graisse alimentaire n'est pas la source unique à laquelle s'adresse la formation des réserves ; il est admis aujourd'hui que tous les principes immédiats concourent à la formation des graisses organiques, dans une mesure qui varie avec leurs proportions relatives dans la ration.

Cette origine multiple nous explique pourquoi la graisse, bien que matière non azotée, doit être distinguée des autres substances ternaires, les sucres. Les matières grasses, dérivant des graisses alimentaires, ou des hydrates de carbone, ou de matières albuminoïdes qui ont éliminé leur azote, nécessitent une élaboration beaucoup plus parfaite, surtout pour celles qui proviennent de la transformation régressive des principes azotés. Leur valeur énergétique est aussi plus considérable (Voy. plus loin § de l'Énergie).

4° **Les substances minérales**. — Ce groupe est constitué par le résidu de l'incinération des aliments ; on y trouve les matières déjà énumérées lors de l'étude des tissus ; le chlorure de sodium, le carbonate et le phosphate de chaux sont à la base des substances minérales, comme étant les plus nécessaires à la formation et à l'entretien de la machine animale.

Le phosphate de chaux est essentiellement un aliment de croissance ; les végétaux le puisent dans le sol ; ils sont d'autant plus riches que la terre en contient davantage ; et cette considération est un des facteurs qui assurent la relation entre le format et le développement des animaux, et le sol sur lequel ils vivent.

Chez les jeunes individus privés de sels minéraux le squelette se développe mal ; chez les adultes les os deviennent fragiles, c'est-à-dire susceptibles de laisser se dérouler tout le cortège des affections multiples si graves en certaines contrées d'élevage (ostéomalacie, etc.).

Les analyses de Boussingault précisent le rôle des sels dans la nutrition du jeune :

Le veau à la mamelle reçoit par jour 52 grammes de sels.

A six mois, il a besoin de 36 grammes de phosphate de chaux.

Un cheval adulte exige 150-180 grammes de sels.

La détermination des cendres d'un fourrage est un élément indispensable à sa bonne appréciation. En outre, lorsque leur quantité est très supérieure à la normale, on peut penser soit à un produit mal nettoyé, souillé de matières terreuses; soit à une addition frauduleuse de matières inertes et denses: sable, craie, plâtre, etc. (Voir : Falsifications des farines et des sons).

L'EAU peut être examinée ici. Elle est, avons-nous dit déjà, un agent de dissolution et d'échange. Lorsqu'elle manque, les sécrétions sont supprimées, la digestion devient de plus en plus laborieuse, elle s'arrête, la mort survient. L'eau est apportée par les aliments et par les boissons ; ses effets dans la nutrition varient avec cette origine ; c'est ainsi que l'eau de composition joue un rôle plus immédiat et plus actif que l'eau de boisson. Les bêtes laitières nous en fournissent la preuve : le rendement en lait est manifestement influencé par la quantité d'eau qu'absorbe la femelle ; les aliments aqueux, riches en eau de composition, provoquent une sécrétion lactée plus abondante que les aliments offrant la même teneur en matière sèche, complétée par une addition artificielle de liquide. D'où l'indication impérieuse du régime mouillé, d'une alimentation aqueuse chez les bêtes laitières.

LÉCITHINES. — Les lécithines sont des substances à base d'acide glycérophosphorique, que l'on trouve particulièrement dans le jaune d'œuf; on les rencontre en divers points de l'organisme, dans le cerveau, le sang, la bile, la laitance des poissons ; Danilewsky les a trouvées dans les graines des végétaux. Dans la plupart des cas, l'acide glycérophosphorique est combiné avec la choline et avec les divers acides gras (stéarique, palmitique, oléique).

La substance blanche du cerveau contient jusqu'à 11 p. 100 de lécithine, la substance grise 2,50 p. 100, le jaune d'œuf 6-7 p. 100, les spermatozoïdes 1,50 p. 100.

Les recherches de Danilewsky (1895), de C. Serono (1897), de Peyrez et Alyzaky (1899) ont mis à jour l'importance des lécithines dans la nutrition et leurs bons effets dans le traitement des maladies consomptives et de la tuberculose.

Les auteurs allemands font figurer spécialement ces produits dans les analyses alimentaires.

De l'aliment complet. — Pour satisfaire à toutes les exigences l'aliment complet doit contenir :

1° Des éléments organiques, principes azotés et principes non azotés ;

2° Des éléments minéraux ; eau et sels, — dans des proportions en rapport avec les exigences de l'organisme appelé à l'utiliser.

Ces aliments sont peu nombreux ; nous citerons le lait, les œufs, la viande, l'herbe.

Pour produire tous les effets que nous en attendons, l'alimentation doit être formée de substances diverses ; cette variété de composition satisfait aux conditions suivantes qui sont également intéressantes :

1° La présence de tous les principes nutritifs ;

2° La réunion des qualités physiques nécessaires (consistance, volume) ;

3° L'excitation de l'appétit par suppression du dégoût et de la satiété.

B. — L'ÉNERGIE.

La vie étant une usure continuelle, on conçoit que les matériaux alimentaires réparent les parties usées ; mais les organismes vivants manifestent leur existence par l'accomplissement de fonctions vitales dont l'essence propre est la consommation d'*énergie* disponible ; en même temps que réparer les pertes, les aliments doivent subvenir à ces besoins énergétiques.

A ne considérer comme critérium de la bonne alimentation que la reconstitution des tissus usés, l'eau pure deviendrait l'aliment par excellence puisqu'elle entre dans le corps pour 63 p. 100 ; il s'en perd par l'évaporation pulmonaire et cutanée, par l'urine ; ces pertes doivent être compensées ; de là le rôle de l'eau dans l'alimentation ; pourtant il répugne à tout le monde d'admettre que l'eau *nourrit*, car elle n'introduit pas de force de tension ; ce n'est pas une source d'énergie. L'aliment complet doit donc être un véhicule d'énergie potentielle ; reste à savoir dans quel groupe de principes cette énergie est incorporée.

A l'époque où il était scientifiquement admis que la chaleur est la source du mouvement, on cherchait l'origine de l'énergie dans les principes susceptibles de fournir de la chaleur par leur combustion immédiate ; aux principes ternaires, à ceux que l'école de Liebig nommait principes respiratoires était dévolu ce rôle énergétique essentiel. Plus tard, les matières albuminoïdes furent considérées comme les vrais aliments dynamophores, propriété due à la présence de l'azote. On interpréta ainsi le rôle essentiel que jouent les albuminoïdes dans l'alimentation ; et on en conclut qu'il était utile de constituer dans la plupart des cas de la pratique des rations concentrées, c'est-à-dire des rations riches en principes azotés.

Les investigations récentes de la physiologie dans le domaine de l'énergétique musculaire, viennent de préciser l'origine de l'énergie mise en œuvre dans l'organisme et de délimiter le rôle qui appartient à chacun des trois grands groupes de principes immédiats.

C'est dans la riche provision de glycogène qui les irrigue que les muscles puisent incessamment l'énergie qui leur est nécessaire pour accomplir leurs fonctions. D'une manière générale, c'est dans ce glycogène que l'organisme trouve l'énergie potentielle qu'il actualise sous diverses formes, au cours du travail physiologique interne, aussi bien que lors du travail musculaire extérieur.

Si l'alimentation est assez riche en hydrocarbonés, ceux-ci sont directement utilisés ; dans la situation opposée, ou bien l'animal transforme en hydrates de carbone les graisses et les albuminoïdes de sa ration, ou bien il consomme ses réserves graisseuses, ou bien les deux phénomènes se passent en même temps.

Il apparaît même, d'après les conclusions les plus récentes, que « les éléments de la ration alimentaire semblent moins destinés à une consommation immédiate, pour subvenir aux dépenses énergétiques, qu'à la reconstitution et à l'entretien des réserves qui assurent d'une manière permanente à l'organisme le potentiel nécessaire à l'exercice de ses fonctions.

« Et alors se dégage nettement l'idée scientifique que l'on doit se faire des aliments vrais. Ce sont des aliments capables de s'incorporer à l'organisme, pour pourvoir au renouvellement nécessaire de ses tissus et à l'entretien de ses réserves de potentiel énergétique. » (Chauveau.)

Et alors nous apparaît nettement aussi le rôle dévolu aux divers groupes de principes alimentaires.

Les hydrates de carbone sont chargés d'assurer la conservation du potentiel énergétique, et fournissent aux dépenses continues ; de même les graisses, soit par consommation immédiate, soit après s'être constituées en réserves.

Les matières albuminoïdes apparaissent ensuite comme suffisant au rôle imposé à toute alimentation.

Au titre de matières azotées elles servent à l'entretien, au renouvellement de la substance vivante ; au titre de principes susceptibles, par perte d'azote, de donner des substances ternaires, elles servent à l'entretien du potentiel énergétique.

Voilà pourquoi les aliments concentrés possèdent tant de titres à entrer dans la composition des rations ; et cela explique, en dehors de toute hypothèse sur le rôle dynamogénétique de l'azote, la haute valeur qui leur a toujours été accordée.

Mais cela fait comprendre aussi pourquoi des aliments plus riches en matières hydrocarbonées que les précédents, sont aussi de bons aliments ; leurs matières quaternaires sont employées à la reconstitution des éléments, et leurs hydrates de carbone sont consommés immédiatement ou transformés en réserves graisseuses.

Cela nous démontre enfin que l'exclusivisme peut conduire à l'erreur scientifique, comme pratiquement il aboutit quelquefois à des fautes économiques :

En faisant des matières azotées le véhicule essentiel de l'énergie, on se trouve conduit à assurer l'alimentation des moteurs à l'aide d'aliments très riches en azote, c'est-à-dire d'aliments le plus souvent très coûteux. Il arrive même que l'azote étant donné en excès, se trouve en partie rejeté dans les excreta. Pour toutes ces raisons, l'entretien du moteur est fort onéreux.

Il est démontré que le *muscle en travaillant consomme du glycogène* ; allons-nous en conclure que notre moteur n'a pas besoin d'azote, et qu'une ration composée uniquement d'hydrates de carbone va lui suffire ?

Le *muscle qui travaille*, en même temps qu'il travaille, et parce qu'il travaille, use sa substance, *élimine constamment des déchets azotés*. L'alimentation doit lui fournir de quoi réparer ces pertes ; il est donc nécessaire qu'elle renferme des matières albuminoïdes.

L'habileté du praticien consiste à savoir combiner la proportion des matières azotées et des matières non azotées, de telle sorte que l'animal tire de sa ration le profit maximum.

La connaissance des *rapports nutritifs* et des règles des *substitutions alimentaires*, va nous aider à résoudre cet important problème.

C. — RAPPORTS NUTRITIFS ET SUBSTITUTIONS ALIMENTAIRES.

§ 1. — LES RAPPORTS NUTRITIFS.

La *relation nutritive* d'un aliment ou d'une ration est le rapport des matières azotées aux matières non azotées. Elle s'exprime sous la forme :

$$\frac{MA}{MnA} = \frac{1}{Q}$$

Le numérateur de la fraction (MA) est la teneur en matière azotée de l'aliment, ou la somme des teneurs des éléments de la ration.

Le dénominateur (MnA) comprend les hydrates de carbone et les graisses. On calcule actuellement tous ces chiffres en prenant les quantités de principes digestibles, et en exprimant les graisses par leur valeur en hydrates de carbone, en les multipliant par le coefficient 2,4.

Ce qui donne l'expression ci-dessous :

$$\frac{MA}{MnA} = \frac{\text{Matière azotée}}{\text{Extractifs non azotés} + (\text{Graisses} \times 2,4)} = \frac{1}{Q}$$

Exemple :

Soit une ration renfermant :

Matière azotée........................ 1524
Graisses.............................. 623
Hydrates de carbone................... 7230

La relation nutritive est

$$\frac{1524}{7230 + (623 \times 2,4)} = \frac{1\,524}{8\,725} = \frac{1}{5,7}$$

On fait varier $\dfrac{1}{Q}$ avec les besoins d'azote qu'imposent l'âge de l'animal et l'entreprise zootechnique considérée :

Les jeunes recevront plus de matériaux azotés que les adultes, cet azote étant nécessaire à la constitution des tissus : la relation nutritive du lait est comprise entre 1/2 et 1/3; celle de la ration du sevrage se maintiendra au voisinage de 1/3, pour s'abaisser progressivement à 1/4 et 1/5.

$\dfrac{1}{5}$ est considéré comme le rapport type autour

duquel doivent osciller les relations réelles ; pour les moteurs, eu égard au rôle joué par les hydrates de carbone dans la production de la force, on peut s'écarter de cette donnée et constituer des rations où la proportion de matériaux azotés fait descendre la **relation**

nutritive au-dessous de $\frac{1}{5}$. On ne peut pas faire descendre ce rapport jusqu'à donner une très faible quantité de substance quaternaire, parce que, dans ce cas, l'animal manquerait des matériaux nécessaires à la réparation de ses muscles ; la durée de sa carrière de moteur se trouverait abrégée par suite de l'usure de son système locomoteur.

Dans la pratique, les rapports $\frac{1}{6}$ $\frac{1}{7}$ sont ceux au voisinage desquels se maintiendront les éléments de la ration.

Le *rapport adipo-protéique* exprime la relation qui doit exister entre la matière grasse et la matière albuminoïde.

$$\frac{A}{P} = \frac{1}{Q'}$$

Les graisses exercent une grande influence sur la digestibilité des autres principes, et en particulier sur celle des albuminoïdes. La ration doit, en conséquence, renfermer une proportion convenable de principes gras. D'autre part, cette quantité ne peut pas être augmentée indéfiniment ; il est d'observation courante que l'organisme supporte mal de fortes doses de graisses (il accepte plus volontiers un excès d'hydrates de carbone).

Le rapport $\frac{A}{P}$ précise cette détermination, puisque on doit le maintenir entre $\frac{1}{2}$ et $\frac{1}{3,5}$, moyenne $\frac{1}{2,75}$.

Dans l'exemple ci-dessus, $\dfrac{A}{P} = \dfrac{623}{1524} = \dfrac{1}{2,44}$

§ 2. — RÈGLES DES SUBSTITUTIONS ALIMENTAIRES.

Pour établir une alimentation raisonnée, on a besoin de procéder à des mélanges, qui entraînent le remplacement de tel aliment par tel autre ; sur quelles données physiologiques, ces substitutions doivent-elles être opérées ?

Elles doivent réaliser un minimum de trois conditions essentielles (c'est à dessein que nous laissons en dehors le côté économique, qui sera envisagé pour chaque cas particulier ; voir par exemple les Grains).

On tiendra compte :

1º De la digestibilité des aliments ;

2º D'un besoin minimum d'azote ;

3º De la capacité du tube digestif.

Digestibilité des aliments. — La digestibilité est un facteur très important ; l'animal n'utilise pas la totalité des substances qu'il ingère ; aussi détermine-t-on pour chaque aliment, et aussi pour chacun des groupes de principes immédiats, le rapport de la partie digestible à la quantité totale ingérée ; ce rapport est le *coefficient de digestibilité.*

Voici comment on le calcule :

Soit P le poids de l'aliment ingéré ; p le résidu excrémentitiel.

$$P - p = \text{quantité retenue dans l'organisme.}$$
$$\frac{P - p}{P} = \text{coefficient cherché.}$$

On a obtenu par cette méthode des coefficients moyens pour chaque groupe d'aliments :

    Foin de pré.................... 62 p. 100.
    Regain..................... ... 70 —
    Paille de blé.................. 39 —

et des coefficients moyens pour chaque principe, suivant l'espèce animale qui le consomme :

La protéine est digérée avec les coefficients suivants :

    Mouton............................. 57
    Vache.............................. 57
    Chèvre.. 60
    Bœuf............................... 65
    Cheval............................. 69

Ces chiffres varient encore suivant que le principe est fourni par tel ou tel aliment ; on trouvera plus loin pour chaque aliment important, l'indication de ses coefficients de digestibilité.

Besoin minimum d'azote. — L'organisme, dans ses transformations continuelles, dédouble les matières azotées ; avec leurs éléments il en fabrique de nouvelles qui se dédoublent et se détruisent à leur tour ; l'azote qui ne sert plus à la nutrition des organes s'élimine, comme déchet, par le rein et ses annexes.

La permanence de cette excrétion azotée implique la nécessité d'introduire par la ration un minimum d'azote.

On estime que le minimum d'albumine indispensable est de 1 gramme par kilogramme de poids vif et par jour :

    Cheval............ 1 gramme (Wolff et Lehmann).
    — .... 1^{gr},430 (Grandeau et Leclerc).
    Bœuf............. 0^{gr},700 (Wolff et Lehmann).
    Mouton........... 1^{gr},300 (Wolff et Lehmann).

rait passer des journées entières à manger et
à digérer sans parvenir à s'alimenter suffisamment.

Le volume de la ration d'un cheval s'apprécie, d'une
manière générale, par la teneur totale en matière
sèche, des fourrages, des grains et des pailles. Pour
un cheval de 500 kilos, la ration contiendra en moyenne
12 à 14 kilos de matière sèche. Au-dessus de 14 kilos,
on a, pour ce poids de 500 kilos pris comme exemple,
des rations trop volumineuses qui ne conviennent
pas aux chevaux soumis à un travail intensif et régulier.

Si donc, dans la ration, on remplace un aliment
faiblement concentré (avoine), par un autre très nutritif sous un volume réduit (fève, tourteaux), on devra
augmenter la quantité d'aliments grossiers (paille)
afin que la ration conserve le volume nécessaire ;
mais on aura soin de ne pas dépasser la limite normale, au voisinage de laquelle on arrivera d'ailleurs à
se maintenir, si l'on tient compte des données précédemment acquises sur la relation nutritive et le
rapport adipo-protéique.

Afin de donner à ces considérations un peu de précision, on peut calculer le poids de la ration (fourrage
sec et grains) en fonction du périmètre thoracique (C)
mesuré en arrière des épaules, au niveau du passage
des sangles, derrière les coudes. Cet élément corporel
que nous allons utiliser bientôt pour le calcul du travail, enregistre assez bien dans ses variations, celles
du poids de l'animal, ainsi que celles de la surface
cutanée ; on le choisit dans le calcul de la ration,
préférablement au volume du ventre, parce que celui-
ci est précisément influencé, dans une proportion
notable, par les écarts de régime que l'on veut éviter.

Crevat calcule le poids de la *ration en foin* d'un cheval par la formule :

$$R = 5\,C^2$$

Un cheval de 500 kilos, dont le périmètre thoracique est de $1^m,84$ en moyenne, nourri exclusivement au foin, devrait consommer :

$$1,84 \times 1,84 \times 5 = 16^{kg},900$$

Cette ration exclusive en foin serait beaucoup trop volumineuse. L'addition des aliments concentrés réduisant le poids total, sans le faire tomber au-dessous de la limite physiologique, nous conduit à abaisser le coefficient jusqu'à 4 ; ce qui donne :

$$P = 4\,C^2$$

comme expression du *poids moyen de la matière sèche* d'une ration composée de fourrages grossiers et d'aliments concentrés et satisfaisant en outre aux conditions requises précédemment pour les rapports nutritifs.

On estime empiriquement à 1 p. 100 du poids vif, la ration de foin nécessaire à un cheval ; ce qui correspond à 5 kilos pour un animal de 500 kilos. Mais on remarquera que s'il est possible de dépasser cette proportion pour les gros chevaux à abdomen ample et qui travaillent au pas, il est indispensable de se maintenir au-dessous pour des chevaux fins pesant moins de 450 kilos et habituellement utilisés aux allures vives.

Une formule, basée comme la précédente sur le carré du périmètre thoracique, multiplié par un certain coefficient, est préférable à un pourcentage du poids ; elle doit permettre de déterminer la quantité de lest nécessaire au moteur.

En se basant sur les rations concentrées des chevaux des grandes industries de transport, où le volume de la ration a été réduit au strict nécessaire, on peut présenter la formule suivante :

$$Q = 1,5\ C^2$$

comme exprimant en poids la *quantité moyenne d'aliment de lest* à introduire dans la ration d'un cheval.

Le coefficient 1,5 convient à des chevaux de 500 kilos environ, qui recevront ainsi : $1,84 \times 1,84 \times 1,5 = 5$ kilos de foin ; il s'élève à 1,6 et 1,7 pour des chevaux de 600 kilos et au-dessus (chevaux de culture gros mangeurs de fourrage) ; il s'abaisse à 1,3 et au-dessous, sans devenir toutefois inférieur à 1, pour ceux qui n'atteignent pas 450 kilos et dont le service impose une ration à volume minimum.

Dans la suite de l'ouvrage on trouvera un très grand nombre de rations, les unes à base de foin et d'avoine, les autres, de même valeur nutritive, formées de plusieurs aliments d'origines très diverses ; elles serviront utilement de modèles, soit pour l'établissement de rations semblables, soit pour la pratique de substitutions autres que celles qui y ont été opérées. (Voir notamment la fin du chap. Ier de la 2e partie.)

CHAPITRE II

Le problème à résoudre est celui-ci :

Combien une quantité donnée d'un aliment donné peut-elle fournir d'unités de force ?

L'unité de mesure du travail est le *kilogrammètre* (kgm.), qui correspond au travail nécessaire pour élever un poids de un kilogramme à une hauteur de un mètre.

Les savants, guidés par des considérations d'origine différente, ont cherché la solution du problème posé, les uns dans la valeur kilogrammétrique des substances azotées, les autres dans la valeur calorimétrique totale de tous les éléments disponibles de la ration.

ÉQUIVALENT MÉCANIQUE DE LA PROTÉINE.

De Gasparin apprécie par sa teneur en *azote* la valeur dynamophore d'un aliment ; il calcule que pour un travail de 1000 kilogrammètres il faut donner 84 milligrammes d'azote protéique fourni par $(0{,}084 \times 6{,}25) = 0{,}525$ de protéine.

Hervé-Mangon estime qu'il faut donner :

$0^{gr}{,}544$ pour 1000 kilogrammètres d'effet utile au pas.
$1^{gr}{,}200$ —   —   —   au trot.

Baillet admet les moyennes suivantes :

$0^{gr}{,}535$ pour 1000 kilogrammètres au pas.
$1^{gr}{,}372$ —   —   aux allures vives.

Sanson calcule qu'un kilogramme de protéine alimentaire a comme équivalent mécanique 1 600 000 kgm.

Crevat trouve pour cet équivalent 2 103 750 kgm. Sachant que la protéine efficace, qui est la seule dont Crevat ait tenu compte, représente les 0,65 environ de la protéine brute, l'équivalent de Crevat, modifié (2 103 750×0,65) tombe un peu au-dessous du chiffre de Sanson : 1 367 437 kgm.

Les nombres trouvés oscillent au voisinage de 1 500 000 kgm., et ce chiffre a été pris comme *équivalent mécanique de un kilogramme de protéine* (Baron). Baillet a calculé que cette quantité était contenue dans 8^k,334 de bonne avoine.

En se basant sur ces déterminations, on apprend qu'un cheval qui reçoit en ration de production environ 8^k,500 d'avoine peut fournir un débit utile de 1 500 000 kilogrammètres.

Les données actuelles de *l'énergétique musculaire* conduisent à calculer la ration, non plus d'après la teneur en protéine, mais d'après la valeur calorimétrique de tous les principes immédiats.

VALEUR CALORIMÉTRIQUE DES ALIMENTS.

Comment calcule-t-on la *valeur calorimétrique des aliments* ?

L'énergie est représentée par la *chaleur de combustion* des principes immédiats. (Chaleur de combustion = la quantité de chaleur produite par la combustion de 1 gramme.)

On estime que les albumines et les hydrates de carbone ont à peu près la même chaleur de combustion (4 calories,10) ; les graisses ont une chaleur 2,4 fois plus grande.

2.

Pour mesurer l'énergie que contient une ration on multiplie les quantités de principes immédiats qui la forment par les chaleurs de combustion correspondantes et on fait le total des produits obtenus. Pour simplifier, on s'appuie sur les constatations précédentes relatives à l'égalité des albuminoïdes et des hydrocarbonés ; on exprime les graisses en albuminoïdes en les multipliant par 2,4 ; on additionne ce produit avec la quantité d'albumines et celle de sucres, et on multiplie le tout par 4^{cal},1. On dira par exemple avec Crevat que l'entretien d'un cheval de 500 kilos réclame 5 kilogrammes de principes nutritifs (graisses $\times 2,4 +$ H. de C. $+$ alb.) contenant : $5\,000 \times 4,1 = 20\,500$ calories.

Partant de la composition moyenne de l'avoine :

Protéine.	Graisses.	Hydrates de carbone.
83	40	473

on dira qu'un kilogramme de ce grain renferme :

$$83 + 473 + (40 \times 2,4) = 652 \text{ éléments}$$

correspondant à

$$652 \times 4,1 = 2\,673 \text{ calories.}$$

Les bases actuelles de l'énergétique musculaire (voir les travaux de Chauveau et de Laulanié) demandent, lors du calcul de la valeur énergétique d'une ration, l'intervention de tous les principes qui y sont contenus, dans la mesure où ils sont aptes à fournir des hydrates de carbone (1).

----

(1) Deux théories sont en présence pour le calcul de l'équivalence nutritive des principes immédiats : théorie des *poids isodynamiques*, théorie des *poids isoglycosiques*.

Dans cette dernière il est admis que le pouvoir nutritif des

La ration d'un moteur étant donnée, nous devons aboutir à la détermination de la quantité d'énergie dont cet animal dispose, en tenant compte, d'une part, des dépenses nécessitées par l'entretien de la vie (*ration d'entretien*), d'autre part, des dépenses commandées par le travail imposé (*ration de production*).

Nous prendrons comme point de départ le cas classique du cheval de 500 kilos, moteur assez exactement intermédiaire comme mode d'utilisation (cheval

principes immédiats est proportionnel à leur rendement en glycose. La puissance de ces principes aurait pour mesure, non la quantité de chaleur que donne leur combustion, mais la quantité de glycose qu'ils livrent aux opérations extractives du foie (Chauveau). Partant de là, on a calculé les poids iso-glycosiques ou équivalents isoglycosiques dont voici le tableau :

Graisse.............................. 100
Amidon.............................. 146
Sucre de canne...................... 153
Albumine............................ 204
Glycose............................. 464

Ces divers principes produiront les mêmes effets nutritifs quand on les substituera dans la proportion indiquée par les poids isoglycosiques.

La théorie des poids isodynamiques établit l'équivalence d'après la quantité de principes immédiats qui produirait par combustion la même quantité de chaleur. On a donné le tableau des poids isodynamiques ou équivalents thermiques :

Graisse.............................. 100
Amidon.............................. 229
Sucre de canne...................... 235
Albumine............................ 235
Glycose............................. 255

Le principe de l'équivalence thermique étant admis, on peut, lors de l'établissement d'une ration, remplacer les aliments les uns par les autres proportionnellement aux coefficients ci-dessus. Sous une forme quelconque l'organisme aura reçu la quantité de calories nécessaire ; aussi bien que tout à l'heure, sous une forme quelconque, il aurait reçu la quantité convenable de glycose.

de trait semi-gros et semi-rapide) entre les animaux spécialisés pour la vitesse, et ceux spécialisés pour la force lente (chevaux de 600 à 700 kilos et au-dessus).

RATIONNEMENT D'UN CHEVAL DE 500 KILOS.

Crevat calcule que l'entretien d'un animal de 500 kilos exige :

Sucres............................	4^{kg},500
Protéine..........................	0^{kg},285
Graisses..........................	0^{kg},090

Ce qui correspond à un total de :

$$4\,500 + 285 + (90 \times 2,4) = 5\,000 \text{ éléments nutritifs.}$$

Ce cheval, mis au travail, reçoit la ration totale suivante :

Foin............................	5 kilos.
Avoine..........................	6 —
Fèves...........................	1 —

dont la composition s'établit comme suit :

		Protéine.	Matières solubles dans l'éther.	Extractifs non azotés.
Foin....	5 kilos.	600	140	2 060
Avoine..	6 —	630	288	3 480
Fèves...	1 —	250	16	489
		1 280	444	6 029

$$\text{Relation nutritive } \frac{1\,280}{6\,029 + (444 \times 2,4)} = \frac{1}{5,5}$$

$$\text{Rapport adipo-protéique } \frac{444}{1\,280} = \frac{1}{2,8}$$

La ration fournit :

$$1\,280 + 6\,029 + (444 \times 2,4) = 8\,374 \text{ gr. de principes nutritifs.}$$

En déduisan. la dépense d'entretien, telle qu'elle a

été calculée par Cro.at, il reste pour la production .

$$8\,374 - 5\,000 = 3\,374$$

correspondant à :

$$3\,374 \times 4,1 = 13\,833 \text{ calories.}$$

Sommes-nous autorisés à considérer ces calories comme entièrement disponibles pour le travail utile ? Nullement et voici pourquoi :

Les moteurs animés sont obligés, pour actualiser leur énergie potentielle, à une dépense supplémentaire, puisqu'ils consomment pour se transporter eux-mêmes une certaine quantité d'énergie. Ce *travail de transport* ou *travail automoteur* (Baron) est très onéreux ; il dépend du poids naturel de l'animal ainsi que de la vitesse et de la forme de l'allure.

L'influence de la vitesse est certainement très marquée et reconnue depuis longtemps (Hervé-Mangon, Moreau-Chaslon, Baillet, Sanson) ; elle a pour conséquence de rendre les gros chevaux inutilisables aux allures vives ; l'énergie qu'ils ont accumulée suffit tout juste à les transporter eux-mêmes ; la ration de production se réduit à la ration de transport ; si on exige de la vitesse, ces chevaux se fatiguent vite et se ruinent prématurément.

Il n'en serait pas de même si l'accumulation de l'énergie par les moteurs pouvait être indéfinie ; mais elle est, au contraire, strictement limitée par leur puissance digestive et assimilatrice.

Le *fonctionnement des organes* est aussi une source non négligeable de dépense kilogrammétrique, également suractivée lorsque la vitesse augmente. Le travail normal des organes internes chez l'animal au repos fait partie des dépenses d'entretien ; mais le travail supplémentaire imposé par le fonctionnement intensif lors de l'utilisation de l'animal est autant de pris sur la ration de production ; c'est la dépense de *surexcitation fonctionnelle* (Baron).

Crevat essaie de donner la mesure de ces dépenses supplémentaires par ce qu'il appelle la *ration d'entretien productif*.

Pour cet auteur, un cheval de 500 kilos, fournissant un travail journalier complet (égal à 2160000 kilogrammètres) est obligé à une dépense supplémentaire de :

$$\text{Sucres} \dots \dots \dots \dots \dots \dots \quad 2^{kg},620$$
$$\text{Protéine} \dots \dots \dots \dots \dots \dots \quad 0^{kg},285$$
$$\text{Graisses} \dots \dots \dots \dots \dots \dots \quad 0^{kg},293$$

Soit à un total de 3618 éléments nutritifs.

Or, nous savons que l'entretien pur et simple nécessite environ 5000 éléments.

Il est évident que cette ration supplémentaire varie avec la quantité de travail produite ; le rapport que nous cherchons à établir entre la dépense onéreuse et la dépense totale, doit être trouvé en fonction de la ration totale de production, et non en fonction de la ration d'entretien qui ne change pas.

Les recherches de Müntz, de Grandeau et de Leclerc sur les cavaleries des Omnibus et de la Compagnie générale des Voitures permettent de dire que les dépenses de surexcitation et de travail de transport absorbent les $\dfrac{3}{4}$ de la ration totale de production.

Nous aboutissons à la même conclusion en étudiant les chiffres fournis par Crevat ; pour un cheval de 500 kilos, en plein travail, sur 4850 éléments consacrés à la production, 3618 sont absorbés par l'entretien supplémentaire : or $\dfrac{3618}{4850} = \dfrac{3}{4}$ très sensiblement.

Dans la ration que nous avons prise comme exemple, nous avons calculé qu'il restait pour la production 3374 éléments.

Les dépenses supplémentaires s'élevant à $\dfrac{3374\times3}{4}=2530$, il restera pour le travail utile $3374-2530=844$ éléments.

Ces éléments apportent $844\times4,1=3460$ calories.

L'équivalent dynamique de la chaleur étant de 425 kilogrammètres pour une calorie, la ration disponible correspond à un travail de :

$$3460\times425=1470670 \text{ kilogrammètres.}$$

En résumé, pour un moteur de 500 kilos, les éléments de la ration vont se décomposer comme suit :

Ration d'entretien.... .... 5 000 éléments.

Ration de production. $\left\{\begin{array}{l}\text{Éléments à calculer pour}\\ \quad\text{le travail............... N.}\\ \text{Éléments pour les travaux}\\ \quad\text{onéreux............... 3 N.}\end{array}\right\}$ 4 N.

Avant de pousser plus loin nos investigations, il est donc nécessaire que nous puissions procéder au *Calcul du travail*, c'est-à-dire à la détermination du *Débit kilogrammétrique du moteur*.

Calcul du Débit kilogrammétrique.

Le travail journalier d'un moteur (tractionneur) se calcule par la formule :

$$T = P \times C \times L.$$

T = travail total en kilogrammètres.
P = poids en kilogrammes du fardeau à traîner.
C = coefficient de tirage de la route (P × C = effort à
    épaules).
L = longueur du trajet exprimée en mètres.

(Dans tout ce qui suivra nous adopterons 0,03 comme coefficient de tirage moyen, correspondant à la traction sur une bonne route horizontale en empierrement ordinaire.)

Soit un fardeau de 1800 kilos traîné pendant 20 kilomètres; le travail total est de :

$$1800 \times 0,03 \times 20\,000 = 1\,080\,000 \text{ kilogrammètres.}$$

Au lieu de mesurer le chemin parcouru par la distance kilométrique, on peut partir de la vitesse moyenne à la seconde, combinée avec la durée du travail évaluée en la même unité de temps.

La vitesse varie avec la taille du moteur; sans entrer dans une démonstration qui nous entraînerait trop loin, nous donnons les formules exprimant la vitesse en fonction *de la hauteur au garrot* (H) :

Un cheval qui marche librement, sans aucune charge, fait à la seconde sa hauteur :

$$V = H.$$

Le même cheval *travaillant* au pas prend une vitesse égale aux trois quarts de sa taille :

$$V = \frac{3}{4} H.$$

Un cheval de $1^m,60$, fait, au pas, chargé, $1^m,20$ par seconde.

La vitesse moyenne du *trot ordinaire* est double de celle du pas :

$$V = \frac{3}{2} H.$$

Un cheval de $1^m,60$ fait au trot ordinaire $2^m,40$ par seconde.

Les chevaux qui vont au galop n'ont pas à être

considérés ici, car ils ne rentrent pas dans le cadre des moteurs industriels.

Durée du service journalier. — Le cheval qui va *au pas* peut travailler pendant *huit heures*, en deux périodes de quatre heures séparées par un repos convenable.

Le cheval travaillant *au trot* ne peut être utilisé à cette allure que pendant *quatre heures*, et à la condition expresse que le trot ne soit pas trop rapide ou l'effort pas très considérable.

La dépense supplémentaire due au travail automoteur et à la surexcitation fonctionnelle intervient pour réduire ainsi de moitié la durée du service journalier. Cette durée est d'autant plus abaissée que la vitesse de l'utilisation est plus grande ; on sait qu'au grand trot ou au galop, les moteurs se fatiguent vite ; encore a-t-on dû diminuer considérablement l'effort à collier ou la charge à dos.

Calcul de l'effort à épaules. — L'effort en kilogrammes que peut faire dans le collier un tractionneur, se calcule en fonction du tour de la poitrine derrière les épaules, et de la hauteur au garrot. (Baron.)

D'où les formules suivantes :

Effort au pas :

$$E = \frac{30\,C^2}{H}$$

C = tour de poitrine ; H = hauteur du garrot.

Effort au trot :

$$E = \frac{45\,C^2}{H}.$$

Avec ces données, nous pouvons calculer le *débit kilogrammétrique à la seconde*.

$$D'' = \text{effort} \times \text{vitesse.}$$

Ce qui donne pour le *pas* :

$$D'' = \frac{30\,C^2}{H} \times \frac{3}{4}\,H$$

Et pour le trot :

$$D'' = \frac{15\,C^2}{H} \times \frac{3}{2}\,H$$

D'où la formule générale :

$$D'' = 22{,}50\,C^2$$

Conclusion : le débit kilogrammétrique est proportionnel au carré du tour de la poitrine.

Pour l'application pratique de la formule, on remarque que le coefficient 22,50 donne des résultats un peu forts ; il convient de l'abaisser à 22,11.

La formule ainsi modifiée :

$$D'' = 22{,}11\,C^2$$

appliquée à un cheval de 500 kilos dont le tour de poitrine est de $1^m,84$, donne

$$D'' = 22{,}11 \times 1{,}84 \times 1{,}84 = 74^{kgm},73$$

soit près de 75 kgm par seconde, c'est-à-dire un débit égal à un *cheval-vapeur*.

Avec ce débit kilogrammétrique, nous pouvons obtenir le travail journalier total en exprimant la durée du travail en secondes :

Soit pour huit heures ou 28 800 secondes :

$$T = 75 \times 28\,800 = 2\,160\,000 \text{ kilogrammètres.}$$

On peut déduire, de ce débit kilogrammétrique, le *poids du fardeau* que trainera le cheval :

En conservant le cas du cheval de 500 kilos, dont la taille est d'environ $1^m,60$, la formule

$$D'' = \frac{30\,C^2}{H} \times \frac{3}{4}\,H = \frac{15\,C^2}{H} \times \frac{3}{2}\,H = 75 \text{ kilogrammètres}$$

nous enseigne que ce cheval, *au pas*, à la vitesse de $1^m,20$ par seconde, fera à épaules un effort de $\frac{75}{1,20} = 62^{kg},50$ environ ; — *au trot*, à la vitesse de $2^m,40$, un effort de $\frac{75}{2,40} = 31^{kg},25$.

Dans le premier cas, il peut traîner pendant 8 heures un fardeau de $\frac{62,50}{0,03} = 2\,083$ kilogrammes (2000 kilos).

Dans le second cas, sur la même route, la charge tombera à 1 000 kilos $\left(\frac{31,25}{0,03} = 1\,041\right)$ et cela pendant seulement quatre heures (1).

(1) *Relation entre le poids d'un cheval et sa puissance de tractionneur.* — Afin de calculer la puissance de traction d'un cheval à l'aide d'une formule simple, on s'est basé sur le rapport entre le poids du fardeau et le poids de l'animal. D'après les données que nous avons exposées, on comprend que l'on ne puisse avoir, par cette méthode, que des résultats peu précis.

On a proposé, pour le pas, le coefficient 5,75 ; c'est-à-dire qu'un cheval pourrait traîner au pas son poids $\times$ 5,75. Il faut nécessairement admettre des conditions moyennes, dans toutes les circonstances du travail (coefficient de tirage, durée du travail, etc.). Supposant ces conditions réalisées, on trouve qu'un cheval de 500 kilos peut traîner :

$$500 \times 5,75 = 2\,875 \text{ kilos.}$$

On arrive à un chiffre trop fort. Que si on tient à établir une relation entre le poids du moteur et celui du fardeau, on ne peut pas choisir un coefficient supérieur à 4. Un cheval de 500 kilos traînera au pas :

$$500 \times 4 = 2\,000 \text{ kilos.}$$

Pour le *trot*, le coefficient s'abaissera à 2,5 ou 2, suivant la vitesse de l'allure.

Notre moteur de 500 kilos pourra traîner :

$$500 \times 2,5 = 1\,250 \text{ kilos.}$$

ou

$$500 \times 2 = 1\,000 \text{ kilos.}$$

Mais on n'obtiendra de cette manière que des chiffres

Calcul de la charge à dos d'un animal de bât et de selle. — Le cas des animaux de bât et de selle diffère totalement de celui des tractionneurs ; M. Baron a donné pour le calcul de leur *effort à dos* une formule basée sur les éléments qui lui ont servi à déterminer l'effort à collier des animaux de trait :

$$E = 95 \frac{C^2}{H} \text{ à l'allure du pas ;}$$

$$E = 56 \frac{C^2}{H} \text{ à l'allure du trot.}$$

Le cheval de 500 kilos dont nous connaissons les éléments corporels, peut porter à dos :

Au pas. $\dfrac{95 \times 1{,}84 \times 1{,}84}{1{,}60} = 200$ kilos.

Au trot. $\dfrac{56 \times 1{,}84 \times 1{,}84}{1{,}60} = 120$ kilos.

Le porteur rend donc beaucoup moins que le tractionneur, dans des conditions comparables de vitesse et de durée du travail journalier.

Le débit kilogrammétrique à la seconde peut être obtenu d'une foule de façons différentes, par des combinaisons multiples d'efforts et de vitesses ; mais il y a des combinaisons malheureuses qui, en précipitant l'usure organique du moteur, tendent à réduire la durée de sa carrière, ou à provoquer des indisponibilités fréquentes ; le surmenage de l'effort, ou le surmenage de la vitesse, ou *a fortiori* la réunion de ces deux facteurs, s'écartent des conditions de l'exploitation rationnelle qui doit aboutir au rendement maximum.

Les formules qui viennent d'être présentées sont approximatifs ; la méthode n'est pas d'une exactitude scientifique en rapport avec sa simplicité.

susceptibles d'un certain aléa ; néanmoins elles nous paraissent constituer des bases précieuses pour l'estimation du travail des moteurs animés (1).

CALCUL DE LA RATION EN FONCTION DU TRAVAIL.

En nous basant sur les données précédemment acquises, nous pouvons résoudre l'équation entre le travail du moteur et sa ration totale.

Soit *un cheval de 500 kilos appelé à traîner pendant 7 heures un fardeau de 2 300 kilos sur une route ordinaire (tirage moyen 0,03) au pas.*

Quelle sera sa ration ?

Vitesse du cheval à la seconde. $1^m,20$
(Un cheval de 500 kilos mesure en moyenne $1^m,60$ de taille.)
Effort à épaules.............. $2 300 \times 0,03 = 69$ kilos.
Durée du travail.....,........ $3 600'' \times 7 = 25 200$ secondes.

Débit kilogrammétrique du cheval :

$$69 \times 1,20 \times 25 200 = 2 086 500 \text{ kilogrammètres.}$$

Nombre de calories nécessaires pour ce travail :

$$\frac{2 086 500}{425} = 4 910.$$

Nombre de principes nutritifs donnant ces calories :

$$N = \frac{4 910}{4,1} = 1 197.$$

Nombre de principes nécessaires pour couvrir les dépenses imposées par ce travail :

$$3N = 1 197 \times 3 = 3 591.$$

(1) Voir BARON, chap. *Production du travail dans la Zootechnie générale* de CORNEVIN et DECHAMBRE, *Production du travail, Zootechnie générale*, 1900,

Total des éléments nutritifs de la ration :

$$5\,000 \;+\; 3\,594 + 1\,197 = 9\,788.$$
(Entretien).   (Production).

La ration suivante sera largement suffisante pour ce cas particulier :

Foin.................. .... 5 kilos.
Avoine.......................... 7 —
Maïs........................... 2 —
Fève 1k,500

Le calcul de ses éléments nutritifs se dispose comme suit :

ALIMENTS.	Matière sèche.	Protéine(1).	Graisses.	Hydrates de carbone.
	kilos.			
Foin... 5 kilos.	4.250	275	50	2 046
Avoine. 7 —	6.020	581	280	3 311
Maïs... 2 —	1.750	160	80	1 372
Fève... 1k,500	1.280	330	21	750
	13.300	1 346	431	7 473

Soit un total de 9853 éléments.

La relation nutritive est de $\dfrac{1}{6,3}$.

Et le rapport adipo-protéique de $\dfrac{1}{3}$.

Le problème peut se poser inversement : *connaissant la ration, calculer le travail disponible qu'elle représente.*

On ramène d'abord, en opérant comme dans

(1) Principes digestibles d'après les tables de Wolff et Lehmann publiées par la *Société d'alimentation rationnelle du bétail.*

l'exemple ci-dessus, toute la ration à sa valeur en éléments nutritifs, en disposant les calculs comme l'indique le tableau.

Soit par exemple un cheval de 500 kilos recevant une ration, que, pour simplifier, nous supposons composée de :

Sucres............... 7^k,206
Graisses............. 0^k,406
Protéine............. 1^k,638 (exemple de Crevat).

Il dispose, au total, de :

$$7\,206 + 1\,637 + (406 \times 2,4) = 9\,818 \text{ éléments.}$$

La ration d'entretien exigeant 5 000 éléments, il reste pour la ration totale de production :

$$9\,818 - 5\,000 = 4\,818$$

dont les $\dfrac{3}{4}$ vont être dépensés en travail intérieur non disponible, soit :

$$\frac{4\,818 \times 3}{4} = 3\,613.$$

Il reste pour le travail utile :

$$4\,818 - 3\,613 = 1\,205 \text{ éléments}$$

qui apportent

$$1\,205 \times 4,1 = 4\,940 \text{ calories}$$

correspondant à

$$4\,940 \times 425 = 2\,099\,500 \text{ kilogrammètres.}$$

Le débit kilogrammétrique théorique d'un cheval de 500 kilos, bien conformé et bien alimenté, étant de 2 160 000 kgm., la ration proposée permettra d'arriver très près de ce maximum.

Elle était composée de 9 818 éléments fournis par

1 638 de protéine, 406 de graisses et 7 206 de sucres ; cela donne une relation nutritive de $\frac{1}{5}$ et un rapport adipo-protéique de $\frac{1}{4}$.

On peut reprocher à cette ration d'être trop riche en matière azotée ; la relation $\frac{1}{6}$ et le rapport $\frac{1}{3}$ seraient plus conformes à ce que nous savons du rôle énergétique des principes immédiats.

En tenant compte de ces remarques, il reste à combiner les aliments dont on dispose pour réaliser les 9 820 éléments demandés pour le travail, dans une ration de fourrages grossiers et de grains associés sous un volume convenable ; c'est-à-dire en donnant (à un cheval de 500 kilos), 13 kilos environ de matière sèche.

La ration établie pour notre premier exemple réalise assez bien ces exigences et modifie, dans le sens indiqué, les rapports nutritifs $\frac{MA}{MnA}$ et $\frac{A}{P}$.

Utilisation au trot. — Afin de ne pas compliquer davantage les calculs, nous avons supposé précédemment que nos moteurs étaient utilisés au pas. Ceux qui travaillent au trot doivent-ils recevoir une ration autrement composée ?

Nous devons faire remarquer tout d'abord que les données relatives aux équations du travail et de la ration résultent, au moins en partie, d'expériences faites sur les chevaux de la Cⁱᵉ Générale des Omnibus, où le trot est l'allure normale.

D'autre part, le cheval ne travaillant au trot que pendant quatre heures, voit son débit journalier tomber de 2 160 000 kgm. à 1 080 000 kgm. et, de ce fait, ses exigences nutritives descendre, pour la production, de 1 250 éléments à 625.

Au pas, pendant quatre heures, les dépenses complémentaires se fussent élevées à $\dfrac{3750}{2} = 1875$ éléments.

Il reste donc disponible, pour le trotteur, durant le même temps : $1875 + 625 = 2500$ éléments pour couvrir l'augmentation de travail de transport et de surexcitation fonctionnelle imposée par le changement d'allure.

Avec le trot « ordinaire » ($V = \dfrac{3}{2} H$) demandé aux moteurs du type semi-gros et semi-rapide, la compensation est suffisante.

Mais que pour une cause quelconque on s'écarte de ces données moyennes, que l'on augmente l'effort à épaules au delà de $15\dfrac{C^2}{H}$, ou la vitesse au delà de $\dfrac{3}{2}H$, ou que l'on associe ces deux majorations, la ration ne pourra combler les dépenses supplémentaires.

Dans leurs calculs de la ration des chevaux de la Compagnie des Petites Voitures de Paris, Grandeau et Leclerc portent la ration de travail aux $\dfrac{3}{2}$ de la ration d'entretien. Avec les chiffres que nous avons adoptés pour les chevaux de 500 kilos, les données de Grandeau et Leclerc aboutiraient, pour l'utilisation au trot d'une vitesse supérieure à $\dfrac{3}{2}H$ (plus grande que $2^m,40$ à la seconde), à fournir :

Pour l'entretien............ 5 000
Pour la production totale. $\dfrac{5000 \times 3}{2} = 7500$
Au total............ $5000 + 7500 = 12500$ principes nutritifs.

3.

Quel que soit son mode d'utilisation, l'animal qui reçoit une ration insuffisante est amené à vivre sur ses réserves, à consommer sa propre substance, donc à *perdre du poids*.

En dernière analyse, la *constance du poids vif* apparaît comme le meilleur critérium de l'alimentation correcte ; cet élément de contrôle permet de rectifier les écarts qui résultent de l'application des données générales. L'*individualité* joue dans tous les phénomènes zootechniques un rôle tel, que nous ne pouvons apporter de formules plus précises.

Résumé et Conclusions. — Les considérations précédentes peuvent se résumer sous la forme de données moyennes qui fourniront des indications suffisamment exactes aux praticiens qui ne voudront pas passer par toutes les phases du problème.

Un cheval de 500 kilos, pour effectuer journellement un bon travail correspondant à un débit de 2160000 kilogrammètres, doit recevoir, au total, 10000 éléments nutritifs.

Ces éléments se répartissent de la manière suivante :

Pour l'entretien........................... 5 000
Pour les dépenses supplémentaires.... 3 750
Pour le travail utile..................... 1 250

Les principes immédiats (protéine, graisses, hydrates de carbone) entreront avec des proportions voisines des chiffres ci-dessous :

Protéine.   Graisses.   Hydrates de carbone.
1400   450 × 2,4   7 500

donnant comme relation nutritive $\dfrac{1}{6,1}$ et comme rapport adipo-protéique : $\dfrac{1}{3}$

(Voir plus loin, *Notes additionnelles*.)

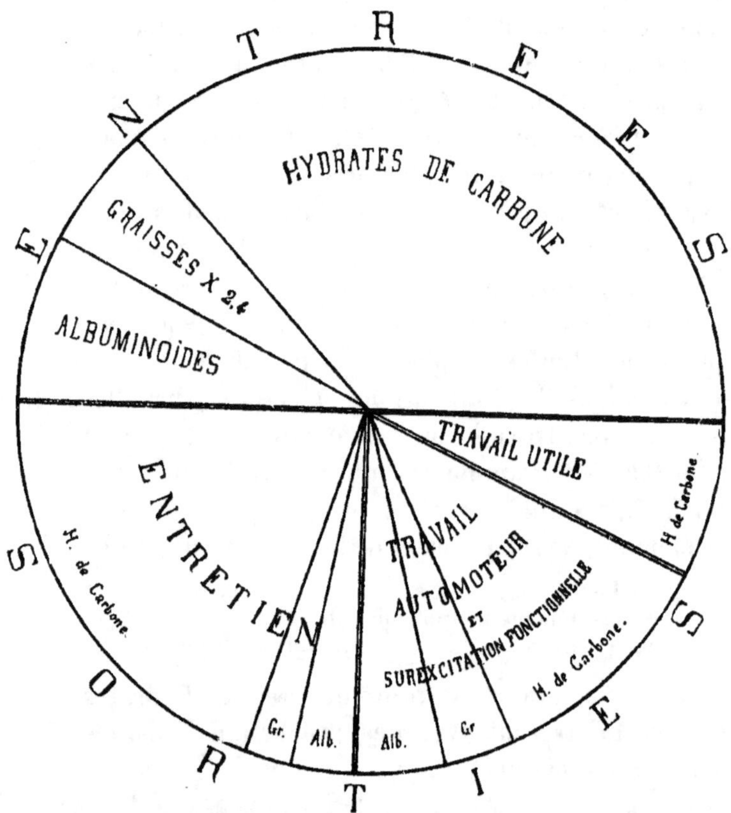

Fig. 1. — Schéma de l'équilibre nutritif d'un cheval de 500 kilos.

RATIONNEMENT DE CHEVAUX D'UN POIDS QUELCONQUE.

Il reste à établir des modèles de rationnement pour des chevaux d'un poids quelconque, s'éloignant soit en plus, soit en moins, de notre type de 500 kilos. Crevat a démontré que les rations ne sont pas directement proportionnelles aux poids, mais à la racine cubique du carré de ces poids, puisqu'elles sont fonction, non de la masse, mais des surfaces.

En nous basant sur la formule :

$$\frac{R}{R'} = \frac{\sqrt[3]{P^2}}{\sqrt[3]{P'^2}}$$

nous avons établi le tableau suivant, qui donne le total des éléments nutritifs et indique les nombres autour desquels peuvent osciller les quantités correspondantes de principes immédiats.

Tableau des éléments nutritifs des principaux types de moteurs (entretien et production).

POIDS.	Total des éléments nutritifs.	COMPRENANT			Périmètre thoracique.
		Albuminoïdes.	Graisses (à multiplier par 2,4).	Hydrates de carbone.	
kilos.					
1 000	16 000	2 240	720	12 000 (1).	2m,32
800	14 000	1 960	640	10 500	2m,16
750	13 500	1 890	610	10 125	2m,11
700	12 700	1 775	575	9 550	2m,06
650	12 000	1 680	550	9 000	2m,00
500	10 000	1 400	450	7 500	1m,84
400	8 700	1 490	390	6 600	1m,71
300	7 200	980	315	5 500	1m,55

(1) Wolff donne dans ses tables, pour 1 000 kilos de cheval :

	Albumine.	Graisses.	Hydrates de carbone.
Travail fort........	2 500	800	13 300
— moyen....	2 000	700	12 150

On verra ainsi que deux chevaux de 400 kilos dépensent plus qu'un cheval de 800 kilos (17 000 au lieu de 14 000); mais ils fournissent aussi un travail disponible plus considérable (125 kilogrammètres par seconde au lieu de 94).

Il nous est maintenant possible de donner une formule générale permettant de calculer la somme totale d'éléments nutritifs nécessaire à un cheval en plein travail. La quantité cherchée s'exprime en fonction du *carré du tour droit de la poitrine* mesuré derrière les épaules, au passage des sangles (C^2).

La formule est celle-ci :

$$Q = 3\,000\ C^2.$$

Exemple :

Soit un cheval de $1^m,92$ de tour de poitrine (ce qui correspond à un poids d'environ 575 kilos); il recevra en ration totale :

$$1,92 \times 1,92 \times 3\,000 = 11\,000 \text{ éléments nutritifs}$$

et pourra fournir, au pas, pendant 8 heures, un travail utile de

$$1,92 \times 1,92 \times 22,11 \times 28\,800 \text{ secondes} = 2\,340\,000 \text{ kgm.}$$

nécessitant une dépense de 1350 éléments.

La même méthode appliquée à la détermination de la quantité de principes immédiats que doit renfermer la ration ainsi calculée, aboutit aux coefficients suivants pour les trois groupes :

$$
\begin{aligned}
\text{Protéine} &= C^2 \times \quad 420 \\
\text{Graisses} &= C^2 \times \quad 135 \ (1). \\
\text{Hydrates de carbone} &= C^2 \times 2\,250
\end{aligned}
$$

(1) A multiplier ensuite par 2,4 pour faire le total des éléments nutritifs.

Rendement des moteurs animés comparé à celui des machines brutes. — Les machines ne rendent, en *travail utile*, qu'une partie de l'énergie qui leur est confiée. Le rapport de l'énergie fournie à l'énergie utilisée constitue le rendement de la machine.

La question du rendement des machines vivantes comparé au rendement des machines brutes, se présente avec des divergences considérables qui tiennent aux diverses méthodes de calcul employées.

En adoptant comme base d'estimation du *rendement de la machine à vapeur*, le poids de charbon brûlé, on voit que sur 100 unités de charbon fournies au générateur, on ne trouve de disponible comme travail sur l'axe que l'équivalent de 8 unités en moyenne. Le rendement est de 8 p. 100. Il peut s'abaisser à 6 ; il peut s'élever à 15 ; mais il ne saurait actuellement dépasser ce dernier chiffre ; la machine à vapeur ne rend en travail utile qu'une faible proportion de l'énergie qui lui est offerte sous forme de charbon. Vis-à-vis de l'énergie renfermée dans les aliments qu'ils reçoivent, nos moteurs animés ne sont pas des intermédiaires plus avantageux.

Cependant pour quelques auteurs (Sanson, Wolff) le rendement de la machine animale dépasserait de beaucoup celui des moteurs industriels. Chez le cheval il serait supérieur à 20 p. 100 et atteindrait même 50 p. 100 (Wolff).

D'après Zûntz et Lehmann, le rendement du cheval serait de 22 à 26 p. 100.

Ces chiffres nous paraissent beaucoup trop élevés. Le calcul qui nous a permis de déterminer le *quantum* de principes nutritifs nécessaires à un cheval en plein travail, montre que sur 10000 principes fournis à un cheval de 500 kilos, 1250 seulement sont utilisés ; ce qui donne un *rendement de 12,50 p. 100.*

M. Lezé estime que le rendement du cheval est égal à $\frac{1}{12}$ ou $\frac{1}{13}$ de la quantité totale de calories qu'il emmagasine dans ses aliments ; soit un rendement de 8,5 p. 100 environ.

« Théoriquement, ajoute M. Lezé, l'animal est donc une **mauvaise** machine à transformations énergétiques.

« Cette conclusion est admise dans la pratique depuis longtemps ; on sait que le moteur animé coûte plus cher que le moteur thermique ; c'est ce dernier que l'on adopte et que l'on préfère aussitôt que les circonstances le permettent, c'est-à-dire quand le travail à obtenir dépasse plusieurs chevaux. Le moteur thermique présente encore une supériorité incontestable sur le cheval ou le bœuf considérés comme moteurs : c'est de ne consommer que quand il est utile et par conséquent de ne consommer que proportionnellement au travail produit » (1).

D'accord avec M. Lezé, nous pensons que, dans le cas des moteurs animés, la ration d'entretien d'une part, le travail de transport et le travail de surexcitation fonctionnelle, d'autre part, sont des causes de dépenses extrêmement onéreuses, qui abaissent dans une forte proportion le rendement de la machine. La comparaison du prix de revient du travail fourni par des machines brutes ou des moteurs vivants, tout à l'avantage des premières, devrait aboutir à un résultat inverse, si les rendements des machines vivantes étaient aussi élevés que l'indiquent les auteurs allemands.

(1) Les moteurs animés et la théorie de la chaleur, par R. Lezé, ingénieur des arts et manufactures, professeur de Technologie agricole à Grignon. *Annales agronomiques,* 1890

Le rendement des chevaux étant extrêmement variable avec l'*individualité* et les circonstances du travail (durée, allure, mode de conduite, état des routes et des véhicules, etc.), le chiffre de 12,50 p. 100 correspond à des chevaux bien alimentés travaillant sur de bonnes routes.

Prix de revient du débit kilogrammétrique des moteurs animés et des machines (d'après Ringelmann).

Nature des moteurs.				Prix de 100 000 kilogrammètres.
				fr. fr.
Moteurs animés.	Homme.	à la tâche.		de 1,29 à 1,65
		à la journée.		de 1,39 à 1,85
	Cheval..	traction directe.	1 cheval.	0,40
			3 chevaux.	0,29
		au manège..	1 cheval.	0,70
			3 chevaux.	0,50
Moteurs mécaniques.	à vapeur....	6 chevaux.		0,208
		10 —		0,32
		30 —		0,114
	à pétrole.....	6 chevaux.		0,197
		10 —		0,43
	hydrauliques.	6 chevaux.		0,117
		10 —		0,053

Notes additionnelles. — Nous avons établi à 10 000 éléments nutritifs la ration totale d'un cheval de 500 kilos en plein travail ; il est possible de rapprocher ce nombre de ceux qui correspondent à des rations du même type proposées par différents auteurs.

1º Ration intensive proposée par Sanson (pour 500 kilos) aux allures vives.

Foin......................................	5 kilos.
Avoine....................................	4 —
Son de froment...........................	4 —
Féveroles.................................	1k,500
Paille....................................	»

Cette ration renferme (Tables de Wolff) :

       Albuminoïdes...................... 1 814
       Sucres............................ 7 240
       Graisses..........................   452

Relation nutritive $\dfrac{1}{4,6}$.

soit :   1 814 + 7 240 + (452 × 2,4) = 10 138 éléments.

2° *Ration donnée par Creval :*

		Protéine.	Graisses.	Sucres.
Foin......	8 kilos.	800	460	3 360
Avoine....	7 —	735	336	4 060
		1 575	496	7 420

Relation nutritive $\dfrac{1}{5,4}$.

Soit : 10 185 éléments.

3° *Ration intensive pour les chevaux des Omnibus de Paris.*

		Protéine.	Graisses.	Hydrates de carbone.
Foin............	3 kilos.....	285	60	4 260
Paille.........	3 — sur 6.	90	39	1 080
Avoine........	3 —	345	144	1 740
Maïs...........	4 —	303	144	2 058
Fève..........	0ᵏ,200......	50	32	98
Tourteau de maïs.	2 kilos. ...	458	200	884
Son...........	0ᵏ,200.....	23	7	110
Totaux.......		1 524	623	7 230

Relation nutritive $\dfrac{1}{5,7}$.

Soit : 1 524 + 7 230 + (623 × 2,4) = 10 249 éléments.

4° Ration sans substitutions pour les mêmes chevaux :

		Protéine.	Graisses.	Hydrates de carbone.
Foin...............	5 kilos.	475	100	2100
Paille............	2k,500	75	30	900
Avoine...........	8 kilos.	840	384	4640
Son..	0k,500..	68	17	275
		1458	531	7915

Relation nutritive $\dfrac{1}{6,3}$.

Disponibilité : 10647 éléments.

DEUXIÈME PARTIE

LES ALIMENTS

CHAPITRE I

DE LA VALEUR ALIMENTAIRE DU FOIN ET DE L'AVOINE ET DE LA POSSIBILITÉ DE LEUR SUBSTITUER DES ALIMENTS PLUS ÉCONOMIQUES. — EXEMPLES

L'herbe des prairies est l'aliment naturel de nos animaux domestiques herbivores ; consommée en vert ou à l'état sec, elle renferme les principes nécessaires à l'entretien du corps ; et quand elle est distribuée en quantité surabondante, elle permet à l'animal d'élaborer certains produits en vue desquels on l'exploite. Compatible avec le mode dit « extensif », l'utilisation exclusive de l'herbe cesse d'être avantageuse dès que l'on vise le mode « intensif » par lequel on cherche à faire atteindre à l'individu son maximum de productivité (engraissement intensif des animaux de boucherie, exploitation intensive des vaches laitières par les nourrisseurs, etc., etc.). Or, il est des animaux chez lesquels l'exploitation est toujours intensive : ce sont les *Équidés moteurs* ; aussi constatons-nous dans leur ration, l'introduction d'un élément nouveau, l'aliment concentré.

L'emploi d'un aliment complémentaire apportant sous un volume réduit une quantité de matériaux nutritifs au moins égale à celle du foin, s'impose chez le cheval, pour des raisons d'ordre physiologique, dont l'observation séculaire a saisi le sens bien avant que la science en eût fourni la démonstration :

« La durée des repas d'un cheval entièrement nourri de foin et soumis à un travail qui exige un supplément de ration, est de six, sept heures et plus ; il doit fournir 60 kilogrammes de salive, et son estomac a de quoi se remplir plus de neuf fois. L'animal ne peut manquer de prendre un ventre énorme, de devenir mou, et ne peut que faire le travail lent d'une ferme.

« Mais si, au contraire, la ration supplémentaire du cheval qui travaille lui est donnée en avoine, la substitution a pour conséquence de réduire la durée des repas, la somme de salive, le volume de la masse introduite dans le tube digestif ; par suite, les aliments séjournent plus longtemps dans l'estomac et y éprouvent une élaboration plus complète.

« Ainsi le cheval qui reçoit, au lieu de 15 kilogrammes de foin, 7^k,500 de fourrage et 3^k,500 d'avoine remplaçant le foin supprimé, fera des repas dont la durée sera abrégée de trois heures, économisera 26 kilogrammes de salive, et son estomac aura trois fournées de moins à recevoir.

« La réduction serait encore plus marquée si le foin était entièrement remplacé par l'avoine : 12 kilogrammes de foin par 6^k,500 de la seconde. La ration de foin pèserait avec sa salive 60 kilogrammes et pourrait remplir sept fois et demie l'estomac ; la ration équivalente d'avoine insalivée n'en pèserait que 13 et remplirait seulement une fois et demie l'estomac ; elle pourrait par conséquent y séjourner cinq fois autant que son équivalent de foin. » (G. Colin, *Traité de Physiologie*.)

La digestion gastrique des Solipèdes possède, ainsi que les lignes précédentes le font pressentir, des particularités utiles à connaître pour la démonstration du sujet qui nous occupe.

L'herbe, le foin, la paille, les grains ne peuvent être digérés qu'après avoir subi, dans la bouche, une division, une trituration très complètes. Si toutes les parties végétales ne sont fractionnées, fissurées, percées dans tous les sens, les sucs digestifs ne peuvent atteindre, à travers leur gangue, les matières nutritives. La mastication doit être lente et parfaite chez les solipèdes; aussi, bien qu'elles aient une puissance énorme, leurs molaires broient peu d'aliments dans un temps donné.

Le cheval ne peut d'ordinaire manger 2500 grammes de foin en moins d'une heure, et il ne les mange souvent qu'en une heure et demie, et même en deux heures si ses dents sont irrégulières. Il lui faut au minimum vingt minutes, terme moyen trente minutes et quelquefois une heure, pour manger la même quantité d'avoine (Colin).

C'est à cause de l'importance de la mastication des fourrages qu'on a cherché à faciliter cet acte souvent imparfait, par une division préalable opérée à l'aide du hache-paille, du concasseur, etc.; mais cette division préliminaire n'a pas d'effet sensible chez les animaux adultes dont le système dentaire fonctionne régulièrement et qui jouissent d'un temps suffisant pour prendre leur repas.

Cela explique pourquoi il est utile de donner le soir, aux chevaux, la majeure partie du foin et de la paille de leur ration ; ils les mangent avec nonchalance, les insalivent parfaitement, en trient les parties les plus nutritives; à cause de cette lenteur dans la mastication, l'aliment arrive en petites quantités dans l'estomac, et y séjourne un temps convenable. Il y a donc tout avantage à ne point chercher à réduire la durée des repas; la digestion se fait d'autant mieux, chez les solipèdes, que la mastication a été plus lente.

Chez le cheval, les aliments arrivés les premiers dans l'estomac quittent ce viscère avant la fin du repas; en raison de sa faible capacité (10-15 litres) l'estomac se vide plusieurs fois pendant le repas; les matières prises au début ne restent donc que fort peu de temps en contact avec le suc gastrique; les matières prises vers la fin sont seules retenues assez longtemps dans le viscère pour que la digestion gastrique puisse s'effectuer complètement. Il en résulte qu'en diminuant le poids et le volume de la ration, on favorise le travail stomacal; le remplacement d'une partie du foin par du grain permet de réduire de moitié le poids de la ration ; cette différence s'accusera encore davantage après la mastication et l'insalivation, car le foin absorbe quatre fois son volume de salive, et l'avoine seulement deux fois ce volume.

Ces faits se traduisent dans la pratique par une double indication : d'une part, il y a avantage à donner de faibles rations et à multiplier les repas pour permettre aux aliments de séjourner dans l'estomac et d'y subir une digestion complète.

D'autre part, réserve faite des circonstances économiques, il y a lieu d'introduire dans l'alimentation le plus de grains possible.

On s'assure ainsi le bénéfice d'une digestion plus complète, en même temps qu'une grande économie de salive et d'efforts de mastication.

Nous avons à considérer ici l'influence des BOIS-SONS :

L'eau déglutie est poussée avec force dans l'estomac, y bouleverse les matières alimentaires et les entraîne prématurément dans l'intestin. On doit prévenir ces effets par l'application d'une règle fort simple dans l'administration des aliments et des boissons : lorsque le repas comporte du foin et de l'avoine (ou tout autre aliment concentré), on fait boire l'animal avant le repas, s'il y consent ; sinon, on donne le foin d'abord et l'on fait boire avant de distribuer l'avoine.

Lorsque, au lieu de faire deux ou trois repas copieux, les chevaux reçoivent leur ration en cinq ou six fractions, dont quelques-unes ne comprennent que des grains, le travail digestif, plus uniforme, moins fatigant est aussi plus complet ; les animaux sont à l'abri des indigestions par surcharge alimentaire ; débarrassés de la phase d'engourdissement qui suit toujours un repas abondant, ils peuvent donner leur maximum de travail utile.

Les particularités de la digestion gastrique des solipèdes (faible volume de l'estomac, séjour de peu de durée des matières ingérées, danger de la surcharge alimentaire) exigeraient donc l'établissement de rations peu volumineuses et conduiraient à composer celles-ci exclusivement de grains, s'il ne fallait pas tenir compte des particularités de la digestion intestinale.

Le gros intestin du cheval est remarquablement développé ; le tube digestif complet mesure en moyenne 30 mètres de longueur et a une capacité totale de 300 litres environ. Les aliments s'y déplacent avec beaucoup de lenteur ; les excréments d'une ration composée de foin, paille et avoine, ne sont rendus qu'après trois ou quatre jours. Les aliments circulent dans le long tube intestinal grâce aux contractions des parois; or, les mouvements intestinaux sont plus intenses sur les viscères contenant des aliments que sur ceux qui sont dans un état de vacuité presque absolue. La sécrétion du suc intestinal est provoquée, entre autres causes, par l'entrée des matières dans le conduit digestif, et par l'excitation mécanique et chimique exercée par ces matières sur la muqueuse intestinale. Mais cette excitation, aussi bien que celle qui aboutit aux mouvements de contraction, n'atteint son maximum que si les matières déversées dans le tube digestif présentent un volume suffisant, leur permettant d'entrer en contact avec tous les points de la surface intestinale.

Cette exigence aboutit à la nécessité de conserver à la ration de nos solipèdes, un volume déterminé, en ajoutant aux grains, dont nous venons de montrer le rôle physiologique, un aliment grossier, qui est habituellement le foin.

L'importance du FOIN, dans la ration des Équidés, se trouve, de cette manière, sensiblement moindre que dans la ration des Ruminants; cela est la conséquence des différences anatomiques et physiologiques qui séparent ces Ongulés. Le cheval digère la cellulose, mais avec un coefficient moins élevé que les herbivores chez lesquels les matières alimentaires subissent deux fois la trituration buccale, et une sorte de macération dans le rumen (digestion de la cellulose par le *Bacillus amylobacter*); comparé aux ruminants, le cheval utilise moins bien les fourrages grossiers; aussi le foin seul est-il insuffisant pour l'alimentation du cheval qui travaille; son rôle dans la ration doit se borner aux dépenses de l'entretien, la ration de production étant entièrement représentée par des grains.

Même réduit à l'entretien de la machine animale, le foin présente encore, au point de vue alimentaire, certains inconvénients dont les moindres ne sont pas inhérents aux variations de sa composition chimique. Laissant de côté le foin de toute première qualité, denrée rare et coûteuse qui n'entre pas habituellement dans la ration des chevaux de grosse utilité, nous restons en présence de foins de seconde ou de troisième catégorie, ou bien de mélanges commerciaux habilement composés, mais dont les qualités nutritives et la digestibilité sont quelquefois loin de la moyenne exigible. Avec ces denrées on ne peut réaliser qu'un rationnement irrégulier, entraînant des digestions pénibles, des troubles nutritifs, et des indisponibilités fréquentes. Lorsque les foins achetés à bas prix ne sont pas seulement grossiers, mais altérés ou avariés, leur consommation détermine des accidents de la plus haute gravité.

Le bon foin, aliment utile, coûte trop cher pour que la ration dont il forme la base soit réellement économique ; le foin que l'on achète bon marché, pour établir des rations peu coûteuses, n'a pas une valeur nutritive de beaucoup supérieure à celle de la paille. On comprend, dès lors, pourquoi les grandes entreprises de transport ont réduit la quantité de foin au strict nécessaire, ou même l'ont supprimé totalement. La paille devient l'aliment de lest ; le complément de principes nutritifs indispensables à l'entretien et à la production est apporté par des grains.

La comparaison entre la ration volumineuse d'un cheval de labour, la ration classique (foin et avoine) d'un cheval de luxe et la ration intensive utilisée dans les grandes industries de transport, montre la diminution du rôle alimentaire du foin dès qu'apparaît le souci d'associer l'hygiène et l'économie. Cette préoccupation aboutit à ne faire consommer de foin que ce qui est nécessaire pour donner à la ration le volume exigé par la capacité digestive des animaux; ou à supprimer ce foin, et à donner de la paille en quantité juste suffisante pour lester l'intestin.

La majeure partie des éléments nutritifs est fournie par des grains.

Le plus employé de ces grains est L'AVOINE.

L'avoine offre, en effet, des titres sérieux à l'établissement de la ration des moteurs dans nos contrées tempérées. Sa composition en fait un aliment qui se substitue facilement au foin, dans la proportion de 1 d'avoine pour 2 de foin; on la trouve abondamment et régulièrement sur 'es marchés; sa distribution est commode; enfin tous les animaux l'acceptent avec plaisir.

Tant que l'avoine se maintient à un prix convenable, en rapport avec sa valeur nutritive, elle reste l'aliment type du moteur. Dès que son prix, en s'élevant, empêche de constituer des rations économiques, il y a lieu de remplacer tout ou partie de cette avoine par des succédanés convenablement choisis.

La substitution faite sur des bases rationnelles, en tenant compte de la composition chimique, de la digestibilité et de l'appétence des nouveaux produits, ne doit laisser aucun déficit nutritif; les animaux continuent à recevoir les matières azotées, hydrocarbonées, grasses et minérales dont ils ont besoin; peu importe que ces principes soient tirés de l'avoine, du maïs, de l'orge, de la féverole, etc., etc., pourvu que les opérations extractives de l'estomac et de l'intestin portent sur des matériaux d'une élaboration facile ; ne savons-nous pas que les phénomènes de la nutrition ont précisément pour effet d'effacer les inégalités ou les intermittences de l'alimentation intestinale pour y substituer la continuité de l'alimentation interne ? (Laulanié).

Le problème à résoudre dans les exploitations importantes est la réduction des frais généraux représentés en grande partie par l'alimentation. Est-il nécessaire d'insister pour qu'il soit bien entendu que l'adoption d'un nouveau régime alimentaire ou la substitution d'un aliment à un autre ne doivent être effectuées que s'il en découle de réels avantages (prix d'achat, facilité d'emploi) et que si la valeur nutritive reste au moins égale à celle de la ration initiale (apport d'énergie, engraissement, lactation, etc.).

Souvent les données empiriques les plus grossières servent de guide dans l'établissement des rations, et ne conduisent qu'à l'adoption de régimes irrationnels, combinaisons très mauvaises au point de vue zootechnique et au point de vue économique.

Les formules chimiques les plus précises ne permettent pas de rationner nos animaux mieux que les données empiriques, si elles ne sont corroborées par la connaissance des besoins particuliers. Car, en dehors de ces formules, et au-dessus de la précision qu'elles semblent apporter, il y a quelque chose d'infiniment divers et irréductible, c'est la variation individuelle.

Dans la même race, dans la même famille, donc à chaque moment de l'exploitation animale, de quelque vocation qu'il s'agisse, l'individualité intervient comme facteur prépondérant.

L'absolu, le précis, l'invariable des formules et des

chiffres recevra l'élasticité nécessaire à sa bonne application, par une observation sagace des animaux et de leurs besoins individuels : la pratique éclairée s'alliant à des connaissances scientifiques précises, saura s'adapter aux exigences spéciales de chaque cas particulier ; et cette union permettra de réaliser le maximum de bénéfices dans les multiples circonstances de l'exploitation des animaux.

« Trop longtemps méconnu des éleveurs, le principe des substitutions d'une denrée à une autre dans la nourriture d'un animal, pourvu qu'il y ait équivalence dans la valeur nutritive des substances dont se compose la ration, est devenu la base la plus solide de l'alimentation économique des animaux domestiques. On s'étonne, pour peu qu'on y réfléchisse, de la résistance qu'a rencontrée et que rencontre encore, même de la part d'esprits cultivés, le principe des substitutions. En ce qui concerne le cheval, en particulier, combien sont nombreux encore ceux qui proclament que le foin, la paille et l'avoine sont les seules denrées capables d'entretenir le noble animal et de lui fournir l'énergie nécessaire à l'accomplissement du travail considérable qu'on réclame de lui, dans les conditions si variées où on l'emploie.

« Si ceux qui soutiennent cette thèse regardaient au delà de nos frontières, ils verraient l'Arabe demander à l'orge la vigueur et la vitesse de sa monture, l'Italien leur vanterait les vertus nutritives de la caroube et de la féverole ; le Mexicain leur montrerait une ration composée presque exclusivement de maïs, etc., etc. » (Grandeau.)

Le cultivateur et l'éleveur en appliquant judicieusement le principe des substitutions, arrivent à abaisser très sensiblement le prix de revient des produits animaux ; l'industriel en s'appuyant sur les mêmes données peut diminuer notablement le prix de revient du travail de ses moteurs animés.

Crevat a également insisté sur cette importante question : « C'est un préjugé assez répandu en France, dit-il, que rien ne puisse remplacer l'avoine pour le cheval de travail, et, de fait, c'est presque le seul grain qu'on lui donne ; tandis qu'en Espagne, en Afrique et dans tout l'Orient on donne de l'orge, en Amérique du maïs, très souvent des féveroles en Angleterre, dans l'Inde des pois chiches et au Bengale des vesces.

« En général on peut composer une très bonne ration avec toutes les espèces de fourrages riches sous un faible volume et d'une digestion assez facile ; pourvu qu'elle présente dans son ensemble une quantité convenable des trois classes de principes alimentaires : sucres, protéine, graisses et ligneux ; il suffit d'y habituer peu à peu l'animal. »

Le même auteur donne, à titre d'exemple, quelques rations formées des fourrages et des grains les plus répandus, équivalentes à la ration théorique normale d'un cheval de 500 kilos soumis à un travail moyen. V. le tableau de la page suivante (1).

Il est nécessaire de faire remarquer que celles de ces rations qui contiennent de 14 à 16 kilogrammes de matière sèche (n°s 1, 2, 3, 4, 11, 12, 13, 15), sont trop volumineuses pour convenir à un bon travail ; elles rendent les animaux lourds et donnent à l'abdomen un développement exagéré ; il est probable même que des chevaux accoutumés à des rations plus concentrées auraient de la peine à les consommer intégralement.

(1) Extrait du *Traité d'alimentation rationnelle* de J. Crevat.

4.

ALIMENTS.	QUANTITÉ.	MATIÈRE SÈCHE totale.	ALIMENTS.	QUANTITÉ.	MATIÈRE SÈCHE totale.
	Kilogs.			Kilogs.	
1º Foin de pré.	21,400	18,3	11º { Foin....... / Son de froment.	13,500 / 4,000	15,0
2º Luzerne...	18,400	15,4	12º { Luzerne ... / Son........	12,600 / 4,000	14,1
3º Trèfle......	17,200	14,6	13º { Foin....... / Betteraves. / Maïs (grain)	11,900 / 15,000 / 4,000	15,7
4º Esparcette.	17,400	14,5			
5º { Luzerne.... / Avoine.....	6,400 / 7,000	11,3	14º { Luzerne ... / Betteraves. / Maïs.......	7,100 / 15,000 / 4,000	11,4
6º { Foin de pré. / Avoine.....	8,200 / 7,000	13,0			
7º { Trèfle...... / Avoine.....	5,900 / 7,000	11,0	15º { Foin....... / Carotte .... / Sarrasin (gr.).	12,700 / 15,000 / 4,000	16,6
8º { Foin........ / Avoine.....	10,000 / 6,100	13,8			
9º { Luzerne.... / Avoine.....	10,000 / 5,000	12,7	16º { Luzerne.... / Carotte .... / Sarrasin. ..	8,800 / 15,000 / 4,000	13,3
10º { Trèfle...... / Avoine.....	10,000 / 4,300	12,1			

Le principe des substitutions étant admis, il parais
sait indifférent que l'on en fît l'application à tel ou tel
cas de l'exploitation des moteurs. Pour les chevaux
destinés à fournir un travail considérable avec une
vitesse faible (chevaux de gros trait lent, chevaux de
trait semi-gros et semi-rapide) cette application ne
souffrit généralement pas de difficultés. Pour les
chevaux utilisés aux allures vives, des objections
furent présentées, tirées de la valeur énergétique
spéciale dont on croyait l'avoine pourvue grâce à un

principe excitant, l'*avénine* (1). Les propriétés de cette substance devaient faire de l'avoine l'aliment exclusif des chevaux de vitesse ; et cette préoccupation conduisit un grand nombre d'auteurs à formuler des restrictions pour la suppression de l'avoine dans les services rapides ; en voici des exemples :

Le Dr A. Stüzer, professeur et directeur de la station agronomique de Breslau, conclut à la nécessité de l'avoine pour les chevaux de course.

Le Dr R. Heinrich, directeur de la station agronomique de Rostock, nie la présence de l'avénine, mais considère l'avoine comme nécessaire pour les services durs et aux allures vives ; son remplacement partiel est possible avec un service modéré.

Pott nie l'existence de l'avénine, et reconnaît à l'avoine une composition chimique spéciale : elle renfermerait de la *trigonelline*, substance à laquelle le fenu-grec (Trigonella fenum-grecum) doit ses propriétés excitantes. Pott conclut que l'avoine n'est pas indispensable comme aliment ; mais il recommande une grande prudence dans les substitutions.

Les rations sans avoine ou à faible teneur en avoine, de chevaux utilisés aux allures vives (compagnies de transport) montrent que l'emploi judicieux des succédanés donne satisfaction aux exigences d'un service régulier ; les accidents qui ont été observés (troubles organiques, congestions, coliques, etc.) reconnaissent pour causes des substitutions irrationnelles, trop brusques, incomplètes, ou bien encore un mélange défectueux.

Les chevaux de course, eux-mêmes, peuvent ne pas être alimentés exclusivement à l'avoine. Le comte de

____

(1) Voir chap. de l'*Avoine*, § *Avénine*.

Sainte-Chapelle relate qu'en Autriche beaucoup de chevaux de course sont entraînés exclusivement au maïs, et se comportent aussi bien que leurs concurrents nourris à l'avoine. Lavalard cite le cas d'une pouliche « séchée » par l'avoine qui, nourrie au maïs, est arrivée seconde dans le grand prix de Paris. Depuis que les travaux des physiologistes ont mis en lumière le rôle important des hydrates de carbone dans la production de la force, les aliments sucrés sont employés avec succès pour les chevaux à l'entraînement.

EXEMPLES DE RATIONS SANS AVOINE

Allemagne. — 1°

    Paille hachée.
    Maïs 2/3
    Son de blé 1/3

2° A une ration composée de :

    Foin .... 4 kilos.
    Paille hachée 1ᵏᵍ,500
    Avoine .... 6 kilos.

La substitution suivante :

    Foin .... 5 kilos.
    Maïs 4   —
    Farine de viande 0ᵏᵍ,250

a procuré une économie de 100 marks (125 francs) par cheval et par an.

Dans plusieurs exploitations on emploie la ration suivante en substitution à l'avoine :

    1° Orge .... 4 kilos.
       Maïs 2   —

Compagnies de transport (d'après Lavalard).

ALIMENTS.	TRAMWAYS de Vienne.	TRAMWAYS DE BERLIN.			TRAMWAYS de Liverpool.	TRAMWAYS de Manchester.	OMNIBUS de Londres.
	kilos.	kilos.	kilos.	kilos.	kilos.	kilos.	kilos.
Foin.......	5	4,500	4	4,500	6,350	6,800	3
Paille......	2,500	1,500	2	3,500			4,500
Maïs.......	8,500	7,500	8	8,500	5,450	6,800	7,500
Féverole...	»	»	«	»	4,800	»	»
Son........	»	»	«	»	0,450	0,450	»

RATIONS AVEC FAIBLE PROPORTION D'AVOINE.

ALIMENTS.	COMPAGNIES ANGLAISES.			TRAMWAYS de Dublin.	TRAMWAYS de Berlin (1).	CHEVAUX autrichiens.	
	kilos.	kilos.	kilos.	kilos.	kilos.	kilos.	
Foin	3,150	5,450	5	5,150	3	7 à	9
Paille......	1,360	0,450	»	»	2	1 à	2
Avoine	1,360	1,360	1,360	1,360	1,500	2	
Maïs	5,900	3,200	5,450	6,350	4	2	
Fèves......	0,450	»	0,450	»	»	»	
Pois........	0,450	1,360	»	»	»	»	
Son........	»	»	0,450	0,225	2,500	»	

(1) Chevaux de 485 à 500 kilos, de la Prusse orientale, hongrois, danois,
français et belges. — En 1894, effectif 5 800 chevaux.

Dans ces rations l'avoine ne figure sur la quantité
totale de grains que pour une faible proportion (1/6 environ pour les quatre premières), les dominantes étant
le maïs et la fève.

La compagnie de tramways de Berlin à Charlot-
tenbourg (voitures à un cheval, poids de celui-ci

500 kilos environ) donne 9 kilos de grains comprenant : avoine 3 kilos, maïs 6 kilos ; en hiver on ajoute quelquefois un peu de seigle.

Rations des chevaux de la Compagnie Générale des Omnibus de Paris.

1° Ration classique :

Foin	4 à 5 kilos.
Paille	4 à 5 —
Avoine	8 à 8kg,500
Son	0kg,500 à 1 kilog.

2° Ration avec maïs :

Foin	3kg,750
Paille (1/2 p. litière)	4kg,700
Avoine	5 kilos.
Maïs	3 —

3° Ration avec plusieurs aliments concentrés :

Foin	3 kilos
Paille	6 — (litière comprise).
Avoine	3 —
Maïs	4 —
Féveroles	0kg,200
Tourteaux de maïs	2 kilos.
Son	0kg,200 (Lavalard).

4° Ration moyenne pour l'année 1901 :

	kg.
Avoine	3,639
Foin	1,834
Paille	2,076
Son	0,019
Maïs	4,160
Féveroles	0,531
Mélasse	0,340
Caroubes	0,032

Prix de revient... 1fr,8831

Compagnie Générale des Voitures à Paris.
Ration moyenne pour 1902 :

Foin........................	Néant.
	kg.
Paille.......................	2,457
Tourteaux (amidonnerie)........	0,795
Avoine.......................	0,955
Maïs........................	3,657
Drèche......................	0,364
Granules (drèches)............	0,258
Pain mélasse.................	0,299
Orge	0,151
Son........................	0,089
Divers......................	0,019
Prix de revient......	1fr,253

A remarquer dans cette ration, l'absence de foin, l'emploi exclusif comme aliment de lest, de la paille, le plus souvent de la paille d'avoine, et la diversité d'origine des aliments concentrés dans lesquels l'avoine entre pour une très faible part (moins de 1 kilo).

Le mode de distribution de cette ration comporte les observations suivantes :

La paille hachée, les tourteaux, une partie du maïs, de l'orge et de l'avoine, les granules, les drèches sont intimement mélangés pour former un poids d'environ 22 kilos pour deux rations et demie; c'est « le sac de mélange » que les chevaux consomment pendant leur journée de séjour à l'écurie.

Le reste des grains (avoine, orge, etc.) constitue le « sac de ville » que le cheval consomme pendant sa journée de travail; il reçoit en plus 1/10 du sac mélange et, actuellement, 3 kilos de paille mélassée.

Ration des chevaux de la Compagnie l'Urbaine, en 1899.

	kg.
Paille d'avoine...............	2,500
Foin.......................	2,500
Avoine......................	3,900
Maïs........................	3

Rations de la Compagnie des Omnibus de Londres.

		kg.
1°	Foin haché.......................	3,400
	Paille hachée....................	1,135
	Avoine aplatie..................	7,250
2°	Foin haché.......................	4,535
	Avoine aplatie..................	2,720
	Maïs concassé...................	5,440
	Fèves............................	0,900
3°	Foin haché.......................	4
	Avoine...........................	1.360
	Maïs.............................	4,535
	Orge.............................	1,810
	Féveroles........................	0,450

Ces trois rations sont intéressantes à comparer, parce qu'elles montrent exactement quel est le but visé par les substitutions, et de quelle manière il peut être atteint.

Rations pour chevaux de camionnage pesant 550 kilos en moyenne.

ALIMENTS.	N° 1.	N° 2.	N° 3.
	kilos.	kilos.	kilos.
Avoine.............	6,283	3	5
Orge...............	1,570	»	»
Seigle.............	0,857	1	1
Fèves.............	1,567	2,500	2,500
Maïs..............	»	2	»
Son...............	»	1,500	1,500
Foin..............	3,428	»	4
Luzerne...........	»	3	»
Paille d'avoine.....	»	4	3
Relation nutritive..	$\frac{1}{5,5}$	$\frac{1}{5}$	$\frac{1}{5,1}$

Rations pour chevaux de trait (puisées à des sources diverses).

ALIMENTS.	Chevaux de 600 kilos attelés 10 heures.	Chevaux de 550 kilos au trot.	500 kilos service au trot de 20 kilom.	Chevaux de Boussingault à Beckelbrönn.	Anciens omnibus.	500 kilos.	500 kilos.	Cheval de 700 kilos 8 heures de travail.	Cheval de 500 kilos au trot.
	kilos.	kilos.	kilos.	kilos.	kilos.	kilos.	kilos.	kilos.	kilos.
Foin......	7	5,500	5	10	4	5	6	5	5
Avoine...	10	9	8,500	3,300	7	»	»	5	4,500
Maïs......	»	»	»	»	1,350	3	4	3,750	»
Féveroles..	»	»	»	»	»	»	0,500	3	1,500
Orge......	»	»	»	»	»	3	»	»	»
Son......	1,500 à 2	0,600	0,800	»	»	»	»	»	4
Paille......	5	5,500	5	2,500	1	2.500	1	2,500 sur 6	4

Ces exemples prouvent que l'on peut, sans inconvénient, remplacer la totalité ou la plus grande partie de l'avoine par d'autres grains. La suppression de l'avoine n'est indiquée que dans les cas où cet aliment atteint un prix excessif, entraînant un écart considérable entre sa valeur nutritive réelle et sa valeur marchande. Lorsque les cours sont normaux, la substitution peut n'être que partielle, puisque le prix de l'unité nutritive est peu supérieur à celui des autres grains. Pratiquement, le remplacement est avantageux quand il porte sur la moitié ou le tiers de la ration en grains. Les mercuriales devant servir de bases aux substitutions économiques, le principe de celles-ci une fois compris et accepté, on ne peut pas tracer de règles absolues.

Les conclusions qui s'imposent sont celles que le professeur Baron a déjà formulées (1) :

« Dans le cas de moteurs spécialisés, on doit pousser l'alimentation jusqu'à la limite absolue de leurs forces digestives.

« Une ration réellement économique est celle qui assure aux moteurs vivants, dans les meilleures conditions commerciales, le maximum de substance dynamophore qu'ils sont aptes à transformer en énergie actuelle. »

(1) BARON, chapitre DYNAMOTECHNIE, dans le *Traité de Zootechnie générale de Cornevin*, p. 905.

CHAPITRE II

AVOINE

Caractéristique botanique. — Famille des Graminées, tribu des Avenacées. Espèce (la plus importante) *Avena sativa, avoine commune.*

Fleurs disposées en panicule lâche, épillets formés de deux ou trois fleurs hermaphrodites plus ou moins divergentes.

Grain allongé, terminé en pointe, marqué d'un sillon longitudinal, généralement velu au sommet, enveloppé de glumelles de coloration variable (noires, rousses, grises, jaunes, blanchâtres).

Culture. — L'avoine est une des céréales les plus utiles, car elle donne des récoltes abondantes dans des terres trop légères et trop pauvres pour qu'il soit possible d'en obtenir du froment et même du seigle. Son grain sert principalement à la nourriture des chevaux ; dans quelques pays, elle forme la base de l'alimentation de l'homme.

Par ordre d'importance des céréales, l'avoine vient après le froment ; elle occupe en France un quart de l'étendue consacrée aux céréales (en 1901, 4 millions d'hectares); la production moyenne de 1895 à 1900 a été de 92 millions d'hectolitres. En 1901, la production, un peu inférieure à la moyenne, a été de 89 millions d'hectolitres.

Les départements (voy. la carte) où la production

est le plus élevée sont : Pas-de-Calais, Somme, Seine-et-Marne, Seine-et-Oise, Eure-et-Loir, avec une moyenne comprise entre 3 millions et 3 700 000 hectolitres ; l'Aisne, l'Oise, le Nord, la Marne, le Loiret produisent entre 2 et 3 millions d'hectolitres. Les plus faibles rendements se rencontrent dans la région du Midi (Lozère, Ardèche, Hautes et Basses-Alpes, Alpes-Maritimes, Var, Bouches-du-Rhône, Hérault), la région pyrénéenne, la Corse.

Les régions les plus favorables à la culture de l'avoine sont le nord, le centre et le nord-ouest ; la région du nord fournit à elle seule le tiers de la production totale de la France.

L'avoine a donné, par la culture, un nombre considérable de variétés. Celles-ci sont distinguées :

Par leur *couleur* : avoines noires, brunes, grises, blanches, rouges, jaunes ;

Par leur *longueur* : avoines longues, courtes et moyennes ;

Par la *durée* de leur période de végétation : avoines hâtives, avoines tardives ;

Par leur *provenance* : avoines françaises, avoines exotiques.

Les variétés à grain blanc sont les plus répandues dans l'Europe septentrionale ; les variétés noires ou brunes sont cultivées dans les pays tempérés et méridionaux.

L'avoine est, au reste, la céréale qui jusqu'ici s'est le mieux adaptée aux conditions diverses dans lesquelles l'homme l'a fait végéter. En Écosse, où les parties montagneuses n'ont pas d'autre céréale, la culture a formé plusieurs variétés, recherchées les unes pour le volume et la qualité de leur grain, les autres pour la rapidité de leur végétation, faculté précieuse

dans une contrée où la belle saison est courte. La
sélection des grains et les soins de la culture ont

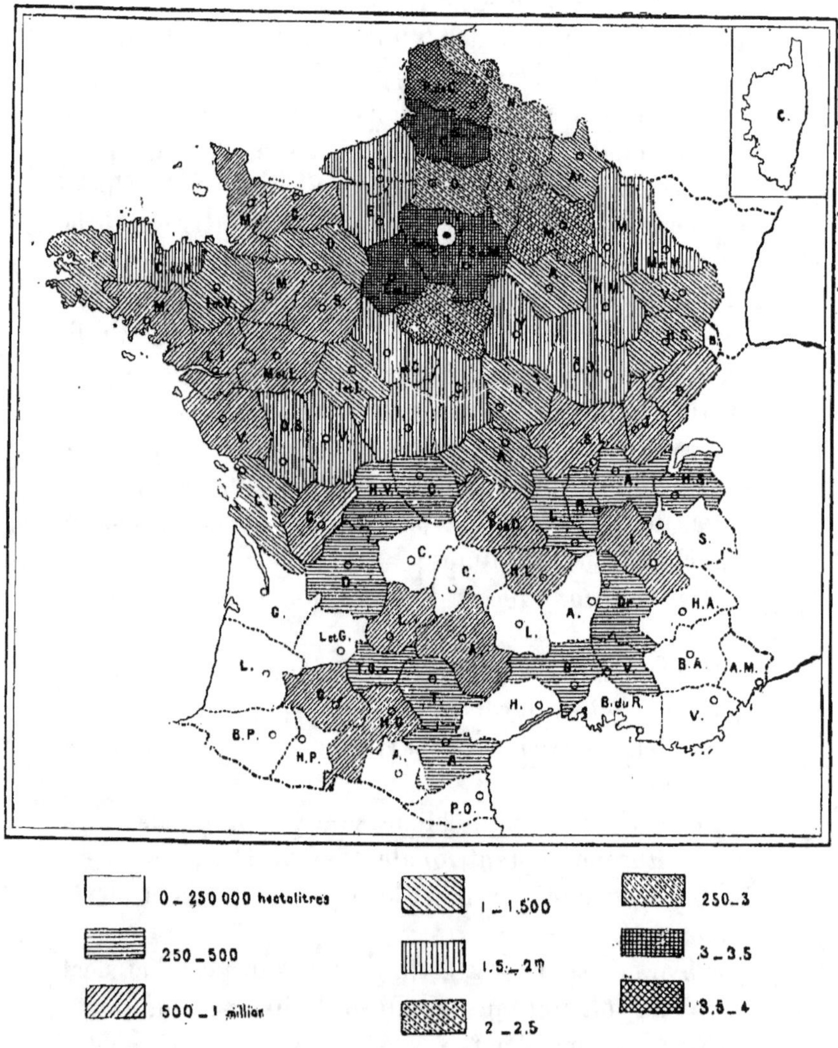

Fig. 2. — Production de l'avoine en France en 1901.

permis de fixer ces qualités de précocité et de bon rendement.

Au point de vue cultural, les variétés se répartissent en avoines de printemps et avoines d'hiver. Ces dernières se sèment en automne ; les autres en mars, avril. On récolte de juin à août.

Rendement. — On fauche avant maturité complète pour éviter l'égrenage. L'avoine se met en javelles, et on la laisse un certain temps sur le sol. On estime que pour acquérir toutes ses qualités l'avoine doit être mouillée par la rosée ou par la pluie ; le battage en serait plus facile, et le rendement plus fort, puisque les grains sont plus gros et plus renflés. Cette façon de procéder pouvait offrir des avantages lorsqu'on avait l'habitude de vendre à la mesure. Actuellement que la vente a lieu au poids, cette indication n'a plus de valeur, et le procédé, quand il est poussé à l'excès, présente même des inconvénients : l'avoine reste humide, s'échauffe et moisit facilement.

Dans les sols fertiles on obtient quelquefois des rendements énormes, de 80 hectolitres à l'hectare par exemple ; en grande culture on a souvent 60 à 70 hectolitres (65 hectol. à Grignon) ; dans le centre, on obtient 40 hectolitres en moyenne.

Pour 100 kilos de la plante entière on a trouvé :

	Boussingault.	Heuzé.
Grain........................	36,8	36
Paille.......................	51,8	52
Balles et menues pailles........	11,4	12

Poids. — L'avoine est la moins dense des céréales, en raison de la présence des glumelles qui augmentent le volume du grain. L'hectolitre dépasse rarement le poids de 55 kilos, il s'abaisse quelquefois à 38 ; la moyenne générale pour la France est de 47 kilos. Il est admis que la bonne avoine doit peser 50 kilos à l'hectolitre.

Production à l'étranger. — Le tableau ci-dessous donne par ordre d'importance la production en hectolitres pour l'année 1900 ; en regard nous plaçons le prix moyen du quintal.

ÉTATS.	Production en hectolitres.	Prix moyen du quintal.	
		1900	1902
		fr.	fr.
États-Unis..........	283 millions.	9,85	»
Russie d'Europe.....	248 —	12,20	»
Allemagne..........	157 —	19,20	»
France.............	88 —	17,20	19,90
Grande-Bretagne-Irlande.............	59 —	15,25	»
Autriche...........	37 —	12,50	»
Hongrie...........	24 —	11,15	»
Suède......	24 —	»	»
Belgique...........	10 —	»	20,45
Algérie et Tunisie...	»	15 »	»

Importations. — La production locale étant fort importante, les introductions ne sont pas très considérables ; les dernières statistiques donnent :

Année.	Quintaux.	Valeurs.
1900	2 200 049	36 234 000 francs.
1901	4 178 825	73 578 000 —
1902	2 065 547	35 352 000 —

Fluctuations du prix. — Le prix de l'avoine a suivi dans leurs mouvements de hausse et de baisse ceux des autres céréales (blé, seigle, orge).

Le graphique ci-contre enregistre ces variations.

Le cours moyen de 1902 est celui du mois de juin : le maximum a été de 25 fr. 55 dans l'Aube, et le minimum de 15 francs dans la Côte-d'Or.

Cours de Paris, fin 1902, début 1903, de 16 fr. 50

à 17 fr. 25 en avoines indigènes, suivant provenance.

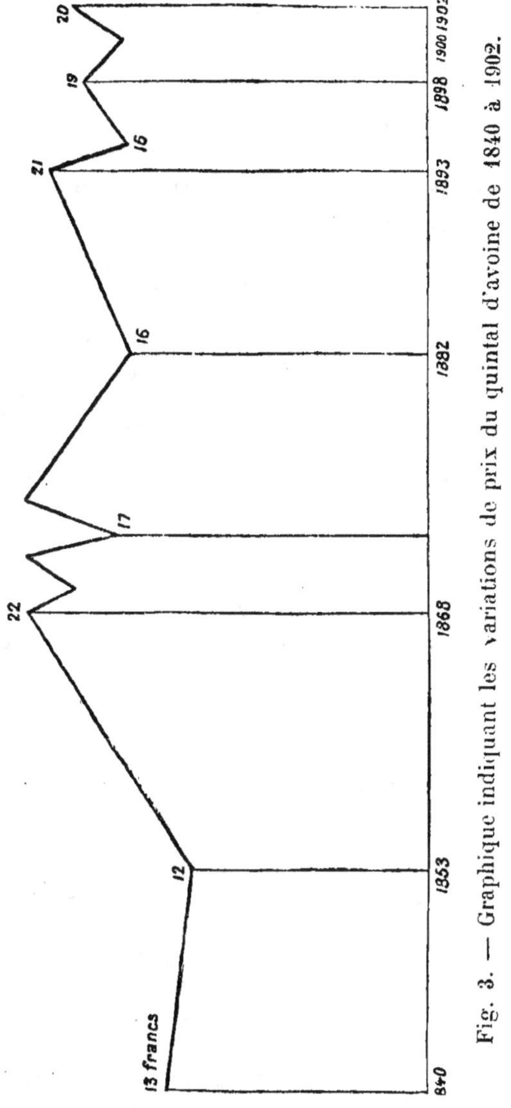

On remarquera, d'après le graphique, qu'à chaque

année de hausse succède une année de baisse très
sensible ; cela s'explique par la surproduction qu'a
entraînée l'attrait du bénéfice motivé par la hausse
précédente.

CONSTITUTION DU GRAIN D'AVOINE.

Nous examinerons la composition chimique, la constitution et les propriétés physiques du grain.

COMPOSITION CHIMIQUE.

Composition moyenne (d'après Wolff et Lehmann).

	Avoine moyenne.	Avoine à grains très pleins.
Matière azotée totale...............	10,5	8,5
— — digestible.........	8,3	7
— grasse totale............	4,8	4,0
— — digestible........	4,0	3,5
Extractifs non azotés bruts......	58	62,8
— — digestibles.	47,3	50,6

Moyenne de 120 analyses (Grandeau).

Matière sèche totale.........................	87,90
— azotée..............................	9,80
— grasse..............................	4,58
Extractifs non azotés........................	59,09
Cellulose....................................	11,20
Matières minérales..........................	3,32
Acide phosphorique..........................	0,75

Écarts de composition (d'après Kühn).

Matière sèche totale.................	de 79	à 93,8
— azotée......................	6,3	à 18,5
— grasse......................	2,1	à 10,3
Extractifs non azotés	48,0	à 65,7
Cellulose...........................	4,1	à 20,2

Ces derniers chiffres montrent le peu de stabilité de
composition de l'avoine ; certaines variations vont du
simple au triple ; l'analyse chimique d'un échantillon

est donc indispensable aussitôt qu'on opère, pour le rationnement, sur une quantité considérable de grain.

De l'avénine. — On désigne sous ce nom un alcaloïde qui existerait dans les enveloppes du grain d'avoine et auquel cet aliment devrait les propriétés excitantes spéciales qui en on' fait un aliment de choix pour les moteurs.

En tête des auteurs qui ont admis avec l'existence de l'avénine, l'action spéciale de cet alcaloïde sur les cellules nerveuses, il faut placer Sanson. En 1883, ce dernier, après avoir cru reconnaître et isoler l'avénine, a conclu de ses expériences :

1° Que, au-dessous de 3 p. 1000 du principe actif, la dose est insuffisante pour exciter le cheval ; qu'au-dessus de cette proportion l'action excitante est certaine ;

2° Que la durée totale de l'effet d'excitation a toujours paru, dans les expériences, être d'environ cinq heures par kilogramme d'avoine ingérée.

Les expériences de Sanson aboutissent à cette conclusion que la propriété excitante de l'avoine est proportionnelle à la quantité d'avénine qu'elle renferme ; or celle-ci est proportionnelle, ajoute-t-on, à la quantité de glumelles, puisque ces parties en sont le véhicule. Nous aboutissons donc à cette opinion paradoxale que les avoines les plus excitantes sont les moins nutritives, puisque ce sont celles qui doivent avoir les plus épaisses glumelles.

Wolff met en doute l'existence de l'avénine ; il n'est pas démontré, dit-il, dans quelle mesure l'avoine exerce sur le système nerveux l'action excitante qui serait uniquement due à l'avénine de Sanson. Lavalard fait remarquer que jusqu'à ce que l'on ait obtenu des données positives et institué des expériences comparatives avec des graines diverses, il convient de garder la plus grande réserve sur ce sujet.

L'observation journalière (compagnies de transports : Omnibus, Petites Voitures, Urbaine, équipages du commerce, etc.) montre que le pouvoir dynamogénétique des rations n'est pas proportionnel à la quantité d'avoine qu'elles contiennent. Les rations où la dominante est constituée par un mélange de grains (maïs, fève, orge), donnent la même aptitude au travail, tout en permettant de réaliser une économie considérable sur le prix de revient.

L'opinion que nous discutons a eu pour conséquence de faire considérer pendant longtemps l'avoine comme un aliment indispensable aux moteurs ; elle a fait hésiter souvent devant l'emploi de substances alimentaires qui étaient données comme dépourvues du principe excitant, par conséquent comme insuffisamment actives. C'est encore en considération des propriétés particulières de l'avoine (leur substratum mis à part) que dans la plupart des rations industrielles la substitution n'est jamais complète. Cette substitution partielle ou totale s'impose cependant et est parfaitement possible, toutes les fois que dans les années de faible production l'avoine atteint des prix excessifs.

PROPRIÉTÉS PHYSIQUES.

L'examen des propriétés physiques porte sur : la structure et la forme du grain, le poids, la couleur, la décortication.

Structure. — Le grain d'avoine est formé de deux parties distinctes : une portion centrale qui est le grain proprement dit, ou *amande*, et deux enveloppes, les *glumelles*, *glumes* (balles ou écales).

L'amande est la partie réellement nutritive du grain, puisqu'elle seule renferme les matériaux destinés à assurer le développement de la jeune plante. Les glumelles sont des organes de protection, à base de ligneux, de cellulose, et dont la valeur nutritive est excessivement faible.

Les meilleures avoines sont celles qui ont une forte amande et de minces glumelles ; les proportions relatives de ces deux parties fournissent sur la valeur de l'aliment des indications précieuses. (Voy. *Décortication.*)

Forme. — La forme du grain est, d'une manière générale, sous la dépendance de la variété. Nous avons donc des avoines à grain court, bombé, épais, des avoines à grains étroits et allongés. Mais dans chaque variété, ces grains peuvent être plus ou moins volumineux et présenter une amande plus ou moins développée. La forme et les dimensions des grains varient, en effet, avec leur position sur l'inflorescence ; les grains les plus gros occupent l'extrémité supérieure des épillets ; ce sont les grains formés les premiers.

Pour la semence, il y a avantage à éliminer les grains petits et avortés ; dans l'examen de l'avoine destinée à la consommation, il est nécessaire de tenir compte de l'homogénéité des grains et d'exiger des avoines avec une faible teneur en grains avortés, à amande atrophiée. (Voy. *Expertise de l'avoine.*)

Décortication. — Par cette opération simple et rapide, on obtient le rapport de la balle au grain.

Dans les avoines des fournitures de l'État, ce rapport doit être de 30 de balle et 70 d'amande p. 100 de grains.

Après l'analyse chimique, la décortication est la manipulation la plus importante et constitue une donnée précieuse dans la pratique ; elle permet d'émettre un avis rationnel sur la valeur nutritive, et ce procédé doit servir de base à l'appréciation des avoines, toutes les fois qu'on ne pourra recourir à l'analyse chimique.

Technique. — On opère sur un échantillon de 10 grammes, on décortique les grains et les pesées effectuées sur les glumelles et les amandes permettent de déterminer facilement le rapport de la balle au grain.

L'observation montre qu'il y a un rapport constant entre les résultats fournis par la décortication et ceux de l'analyse chimique, ce qui n'existe pas pour les données fournies par le poids à l'hectolitre.

Les proportions de balle et d'amande varient dans une large mesure ; dans certains lots le poids de la balle n'atteint que 22 p. 100 de l'avoine, dans d'autres il s'élève à 35 p. 100. Ces variations entraînent des changements nutritifs considérables, ces deux éléments ayant une valeur alimentaire très différente ; dans l'amande sont localisés les principes immédiats ; la balle est riche en cellulose, matière peu utilisée par l'organisme.

La décortication renseigne non seulement sur la valeur nutritive, mais encore sur la digestibilité, car celle-ci s'exercera d'autant mieux que les balles seront en moins grande quantité.

Le rapport de la balle au grain sert dans la diagnose des avoines. Voici les chiffres qui ont été relevés par Müntz et par Garola :

Garola.

Variétés.	Proportion de l'amande.	Balles.
Avoine bl. de Pologne..........	59,8	40,2
— canadienne.............	66,5	33,5
— hâtive de Sibérie.......	72,4	27,6
— de Géorgie...........	77	23
— jaune des Salines.......	74,4	25,6

Variétés.	Proportion de l'amande.	Balles.
Avoine grise de Houdan........	76,5	23,5
— noire Joannette.........	75,3	24,7
— — de Tartarie.......	67,5	32,5
— — de Hongrie.......	74,2	25,8
— — de Brie..........	76,6	23,4

Maximum de l'amande.

Avoine grise de Houdan.............	76,5
Avoine de Brie....................	76,6
Avoine de Géorgie	77

Minimum de l'amande.

Avoine de Pologne..............	59,8

Müntz.

Provenance.	Amande.	Balles.	Poids moyen de l'hectolitre.
Mer d'Azof....	69,2	30,8	44
Saint-Pétersbourg.........	71	29	47
Libau (noire).............	67	33	45
Suède (noire).............	»	»	52
— (blanche)........	68,8	31,2	48
Espagne..................	68,3	33,7	50
Hongrie......	»	»	45,5
Amérique du Nord (Chi-cago)..................	»	»	47

Teneur moyenne :

Amande..........	69
Balles...........	31
Poids	47^{kg},3 pour les avoines étrangères.

Au point de vue pratique il y a intérêt sous le rapport du pouvoir nutritif et de la digestibilité, à donner la préférence aux avoines où la proportion d'écales est le plus faible. On évitera ainsi une perte sèche représentée par l'achat à un prix élevé de la forte quantité de paille (35 p. 100) représentée par les balles.

Densité. — Le poids renseigne sur le rapport entre les glumelles et l'amande; les avoines lourdes sont plus riches d'amande que les autres et plus nutritives. Ceci explique pourquoi, dans la pratique, on accorde au poids une grande valeur ; mais cela n'est vrai que comme donnée générale, et souffre des exceptions. Il n'y a pas de relation fixe entre la valeur alimentaire de l'avoine et sa plus ou moins grande densité ; deux avoines de même poids n'ont pas forcément la même valeur nutritive, car les grains peuvent ne pas avoir les mêmes dimensions ; ce qui donne l'indication pratique la plus exacte est la proportion de l'enveloppe au grain (voy. *Décortication*). M. Grandeau a noté pour des avoines très lourdes (dépassant 55 kilos) des teneurs en matière azotée allant de 8,2 à 10,5 p. 100, avec tous les intermédiaires.

La considération du poids sert cependant de base dans le libellé des marchés ; l'examen des causes de ses variations va montrer suffisamment que cela donne à l'acheteur une garantie insuffisante.

Causes de variations du poids. — 1° Le *degré d'écartement* des balles ou leur épaisseur faisant varier le volume du grain.

2° La *teneur en eau* de l'avoine. La siccité est plus ou moins complète, ce qui fausse les renseignements obtenus par la pesée directe ; ceux-ci le sont quelquefois d'une manière très accentuée, quand, dans un but frauduleux, on a mouillé artificiellement la denrée.

3° Les *matières étrangères*. — Les criblures et poussières lourdes qui sont mélangées à l'avoine et en augmentent le poids sont tolérées dans des limites indiquées par les cahiers des charges. Cette teneur est en moyenne de 3 p. 100 dans les avoines indigènes et de 4 p. 100 dans les avoines exotiques.

Le mélange de criblures achetées à bas prix, de grains plus denses que l'avoine, mais d'une valeur moindre (seigle par exemple), a pour effet de relever le poids moyen de l'hectolitre au détriment de la qualité. Par contre, l'épousselage qui entraîne la brisure des glumes diminue le volume et augmente la densité.

La présence dans l'avoine de plus de 3 p. 100 de poussières, de criblures, de graines ou corps étrangers suffit pour la faire refuser sur certains marchés.

4° *L'étuvage de l'avoine.* — Le poids spécifique des avoines étuvées est plus fort que celui des avoines normales ; il est peu de grains soumis à cette préparation qui n'arrivent à 50-52 kilogrammes à l'hectolitre. Or il faut se garder de croire que le poids soit ici un indice sérieux de la qualité : l'avoine étuvée a diminué de volume, et les grains se tassent davantage.

Si le poids spécifique des avoines est en général une marque de qualité, ce renseignement n'a plus de valeur quand il s'agit des avoines exotiques. Ces dernières servent à adultérer les avoines légères, jusqu'à l'acquisition du poids exigé par les marchés. De même que pour les avoines étuvées, nous en indiquerons plus loin les caractères différentiels.

Couleur. — Ce signe n'offre aucune garantie sérieuse ; on peut trouver en France aussi bien qu'à l'étranger des avoines blanches ayant une valeur égale ou supérieure à celle des avoines noires ou grises pourtant si appréciées dans notre pays.

Les moyens de contrôle appliqués aux avoines blanches (analyse chimique, décortication) montrent que ces variétés ne sont pas inférieures au point de vue nutritif aux avoines noires ou grises.

Le discrédit que subissent les avoines non colorées repose en grande partie sur une donnée dont nous avons montré l'inexactitude : la présence de l'avénine dans les avoines foncées. Cette présence n'étant rien moins que vérifiée, cette défaveur ne s'explique pas.

LES VARIÉTÉS D'AVOINE.

Nous examinerons : 1° les avoines françaises, 2° les avoines exotiques et plus particulièrement celles qui sont introduites en France.

1° LES AVOINES FRANÇAISES.

Les principales variétés cultivées en France sont :

Dans le groupe des avoines d'hiver, l'*avoine grise de Provence*, variété rustique, à grain gris clair, allongé, plein, avec glumelles fines.

Dans le groupe des avoines de printemps :

L'avoine de Brie, très bonne variété répandue en Brie, Champagne et Picardie ; grain noir luisant ou noir rougeâtre, court, renflé, sans barbe, glumelles assez fines.

L'avoine Joannette, précoce, très estimée, à grain noir, gros, allongé et plein.

L'avoine hâtive d'Étampes, grain assez long et moins noir que celui de la Joannette.

L'avoine grise de Houdan, grain gros, bien rempli, gris foncé.

L'avoine grise de Beauce, sous-variété gris-noir peu différente de la précédente.

L'avoine jaune des Flandres ou *des Salines*, grain long et gros donnant de forts rendements dans les terres riches et fraîches.

2° LES AVOINES D'IMPORTATION.

Nous étudions à cette place les principales avoines exotiques qui arrivent sur le marché français ; avec les centres de production, nous indiquerons les caractères différentiels (1) (forme des grains, graines étrangères) qui permettront, dans la majorité des cas, d'aboutir à une diagnose exacte.

Les avoines importées en France proviennent en majeure partie de Russie, de Suède et d'Amérique ; ce sont du reste les seuls pays où la production soit assez considérable pour donner lieu à une exportation régulière.

Les avoines d'Amérique, qui, il y a une quinzaine d'années, étaient exportées en quantité relativement faible, font actuellement une concurrence sérieuse aux avoines de Suède et de Russie.

La quantité d'avoine utilisée en France en 1900 a été de 47 069 740 quintaux se répartissant en :

2 353 487 quintaux utilisés pour la semence.
44 716 253   —   —   — la consommation.

La production moyenne étant de 45 millions environ, le surplus est comblé par des importations dont les statistiques ont été mentionnées plus haut.

Les arrivages s'effectuent principalement par les ports du Havre, de Rouen, de Dunkerque et de Marseille.

Comparaison avec les avoines françaises. — Puisque la France est tributaire de l'étranger pour une partie des avoines qu'elle consomme, il est bon de savoir à quoi s'en tenir sur la valeur des avoines exotiques. Pour résoudre cette question, le Ministère de

(1) Pour compléter nos données sur ce chapitre nous nous sommes inspirés du livre de MM. Denaiffe et Sirodot, l'*Avoine*. Les lecteurs qui voudront étudier le sujet avec détails trouveront dans cet ouvrage les documents les plus complets (Description, classification, étude du grain des variétés françaises et étrangères, etc.). J.-B. Baillière et Librairie horticole.

la Guerre nomma en 1885 une commission chargée d'étudier les avoines exotiques comparativement aux avoines indigènes.

Du rapport de cette commission, rédigé par MM. Müntz et Lavalard, nous extrayons les passages suivants :

« Les avoines exotiques peuvent être comparées aux avoines indigènes en tant que valeur alimentaire et en tant qu'aptitude à la conservation.

« Il existe dans les avoines exotiques, aussi bien que dans les avoines françaises, des produits de bonne qualité et d'autres de qualité inférieure; la provenance seule n'est dans aucun cas une garantie de bonne qualité, et au point de vue de cette qualité il n'est pas logique de diviser les avoines suivant qu'elles sont récoltées ou non sur le territoire français. »

En un mot, la question ne doit pas se poser entre les avoines indigènes et les avoines exotiques, mais entre les avoines de bonne qualité et celles de mauvaise qualité.

D'autres considérations que la provenance doivent donc être invoquées et donnent des renseignements plus précis que celles qui sont tirées du lieu de production. Ce sont : la composition chimique, le degré de digestibilité, la siccité.

Conclusions. — « 1° Les avoines exotiques présentent des différences de qualités, aussi bien que les avoines indigènes; elles ne doivent pas être systématiquement exclues de la consommation de l'armée, pour plusieurs raisons :

a. Parce que le territoire français ne produit pas toujours une quantité d'avoine suffisante pour nourrir les chevaux qu'il renferme.

b. Parce que les avoines exotiques peuvent être

aussi bonnes que les avoines indigènes; qu'elles peuvent entrer au même titre dans la consommation, en excluant toutefois les avoines de qualité inférieure, comme aussi il conviendra d'exclure les avoines françaises de qualité inférieure.

2° Il n'y a donc aucun inconvénient à faire consommer les avoines dites exotiques aux chevaux de l'armée, à condition qu'elles soient de bonne qualité.

3° L'analyse chimique, la décortication qui donne le rapport de la balle à l'amande sont des moyens beaucoup plus sûrs pour apprécier la qualité de l'avoine que la détermination de leur provenance, leur densité, leur apparence extérieure et leur couleur.

4° Sous le rapport de l'alimentation, de la mastication et de la digestion, les avoines exotiques de bonne qualité ne présentent que des différences insignifiantes avec les avoines indigènes de qualité analogue. Si quelques-unes sont plus dures et plus résistantes à la dent, cela tient surtout à ce qu'elles contiennent une moins grande quantité d'eau.

5° Cette propriété particulière à quelques avoines exotiques, de contenir une moins grande quantité d'eau, leur permet de se conserver dans de meilleures conditions. »

Ce remarquable rapport montre que les reproches adressés aux avoines exotiques (pouvoir nutritif et digestif faible) ne sont pas mérités. Ce préjugé qui persiste encore a causé un grave préjudice dans le domaine économique en permettant à l'avoine indigène, dans les années de disette, d'acquérir un prix très élevé. L'avoine exotique est un modérateur des mercuriales dans les crises agricoles et empêche à la spéculation de produire ses effets néfastes.

Les avoines exotiques sont présentées sur le marché

français avec un abaissement de prix de 1 à 2 francs
par 100 kilogrammes. Aussi les administrations,
soucieuses de réaliser des économies, ont-elles avantage à employer ces grains en faisant, dans les diverses
provenances, une sélection qui leur permettra de
réaliser une économie considérable, sans diminuer la
valeur alimentaire de la ration.

Les données comparatives des avoines indigènes et
des avoines exotiques résultant de l'analyse chimique,
de la décortication et de la densité montrent que les
mêmes écarts existent et qu'il y a, *à pureté égale*, une
identité parfaite. Un facteur important dans les
avoines exotiques, le taux des impuretés, peut, dans
certaines provenances, faire varier les résultats.

Les frais de transport et de douane pour les avoines
exotiques représentent environ 5 francs par quintal,
ce qui, au cours de 15 à 16 francs pratiqué en France
pour les avoines exotiques, reporte le prix à 10 ou
11 francs dans les pays de production.

Il existe des contrées, Russie, États-Unis, où ces
prix et même des prix très inférieurs sont pratiqués :

États-Unis.

Année.	fr.	Année.	fr.
1888	7,50	1897	9
1889	7	1898	8,78
1891	10,20	1899	9,52
1895	7,62	1900	9,85
1896	9,24		

Amérique. — On rencontre deux variétés d'avoine :
A. bigarrée et A. Blanche.

Avoine bigarrée. — Ces avoines sont composées
d'un mélange d'avoine blanche à petit grain et d'avoine
à petit grain brun, brun roussâtre ou roux et très
rarement noir.

Le taux des impuretés que l'on rencontre dans ces avoines s'élève de 2 à 4 p. 100.

Les graines étrangères les plus caractéristiques sont des grains de maïs jaune gros (dent de cheval), des grains de blé de petite dimension.

Absence de grains blancs d'avoine orgeuse, grains que l'on rencontre souvent dans les avoines blanches de Saint-Pétersbourg, de Libau, de Riga, etc.

Rapport de l'amande, 73,7 p. 100.

Avoine blanche d'Amérique. — Ces avoines sont bien distinctes de la forme blanche qui entre dans la composition des avoines bigarrées d'Amérique. Les grains sont généralement blancs, parfois d'un blanc plus ou moins jaunâtre (avoine jaune d'Amérique), ils sont effilés.

Les impuretés que l'on y rencontre sont : quelques grains de maïs, petits grains de blé, orge.

Rapport de l'amande, 71,30 p. 100.

Avoine blanche du Canada. — Elle est à grains généralement plus gros et plus lourds que les avoines blanches d'Amérique ; proportion notable d'avoine orgeuse (1).

Impuretés : vesces et pois.

Avoine noire de la Plata. — Elle se distingue facilement des autres avoines noires par son grain petit, noir mat, aristé, à longs poils roussâtres sur le dos et à rainure profonde, depuis la naissance de l'arête jusqu'au sommet du grain. Souvent les poils roussâtres du dos du grain sont détachés, mais il est facile de constater leur point d'insertion avec une petite loupe.

0/0 de l'amande : 73.

(1) Les avoines orgeuses, ou *av. à grain d'orge*, sont des avoines blanches dont le grain est court et très renflé et où les glumelles sont épaisses et dures.

Ces avoines ne renferment que très peu d'impuretés.

Russie. — La culture de l'avoine est localisée dans les régions du nord et de l'est. Les rendements, moitié moindres que ceux obtenus en France et en Amérique, reconnaissent pour cause, non une mauvaise qualité des terres, mais une culture défectueuse (emploi restreint des engrais).

Il est importé actuellement sur le marché français environ 2 800 000 pouds (pouds = 16^k,380) (375 000 quintaux).

Les centres d'expédition sont : Saint-Pétersbourg, Libau, Riga, Revel, Arkangel, Odessa, etc.

Avoine bigarrée de Libau. — Ces avoines se distinguent des avoines bigarrées d'Amérique par leurs grains plus gros, plus lourds ; par la teinte plus accusée des grains colorés, par des glumelles plus dures et plus épaisses ; par la présence d'une certaine proportion d'avoine orgeuse.

Impuretés : Nielle des blés, des grains toujours nombreux de vesces, de millet rouge et blanc.

Ces avoines bigarrées ne peuvent être confondues, même en considérant les grains d'une seule couleur séparément, avec aucune variété cultivée en France ; aucune race de notre pays ne présente des grains aussi petits que ceux des avoines bigarrées d'Amérique, aucune variété à grain noir ne possède un grain aussi petit et des glumes aussi dures et aussi épaisses que les avoines bigarrées de Libau où la proportion est de 32 à 33 p. 100.

Avoine noire de Libau. — Les grains de ces avoines sont brun foncé et sans barbes ; ces grains sont caractérisés par un maximum d'épaisseur à la base et se terminent généralement en pointe assez aiguë. Les glumes épaisses et dures représentent 34 p. 100 du poids du grain.

Impuretés : Nielle des blés, vesces, grains de millet.

Leur taux varie de 3 à 5 p. 100.

L'*Avoine noire dite de Russie* présente les mêmes caractères.

Avoine blanche de Russie. — A cette avoine se rattachent les avoines de Riga, de Revel, de Libau, de Courlande, de Saint-Pétersbourg.

Leur caractère général est une couleur irrégulière, certains grains étant blancs, d'autres blanc jaunâtre, d'autres d'un jaune plus accentué.

Les grains blanc jaunâtre constituent le fond du lot ; ils sont mélangés à des grains d'avoine orgeuse.

Impuretés : Nielle des blés, vesces, millet.

Suède. — *Avoine noire de Suède*. — Ces avoines possèdent un grain noir luisant, aristé ; les grains externes sont assez pleins et légèrement déprimés sur la face supérieure.

Impuretés : Vesces, pois, orge.

Rapport p. 100 de l'amande au grain, 70.

Le taux des impuretés est faible : 2 à 3 p. 100.

Les avoines de Suède se rapprochent un peu des avoines de Beauce avec lesquelles elles sont parfois mélangées dans le commerce ; toutefois, il est facile de les distinguer par la couleur noir luisant de leur grain et leur barbe caduque, dont on reconnaît l'existence par la présence sur le dos du grain d'une petite cicatricule qui en était le point d'attache. Les avoines de Beauce ne sont pas aristées, leur grain est moins noir, moins luisant, plus plein et moins hydraté.

Hollande. — *Avoine de Groningue*. — Avoine à grain brun foncé, sans barbe, assez plein, sensiblement plus lourd et plus riche en amande que celui des avoines noire de Libau et noire de Russie.

Rapport p. 100 de l'amande au grain : 72,2.

Impuretés : renouée à feuille de patience, renouée persicaire, chénopode, orge.

Les graines de nielle, vesce, millet, caractéristiques des avoines de Russie ne s'y rencontrent pas.

Avoine jaune de Groningue. — Ces avoines ont dans un même lot une teinte irrégulière allant du blanc jaunâtre à un jaune plus ou moins accentué ; les grains sont renflés, pleins, un peu gibbeux, rarement aristés.

Ces avoines possèdent les plus beaux grains de toutes les avoines d'importation, elles renferment très peu d'impuretés.

Irlande. — Ces avoines ont un grain brun noir un peu moins foncé que les avoines noires de Suède, et un peu plus terne ; il est généralement barbu et à barbe souvent persistante, fine, droite.

Rapport p. 100 d'amande : 69,80.

Ces avoines sont toujours mélangées de grains blancs d'avoine orgeuse.

Les impuretés peu nombreuses (moins de 1 p. 100) ne sont pas caractéristiques.

Avoines d'Algérie et de Tunisie. — Les avoines produites par nos possessions de l'Afrique du nord sont entrées dans les importations pour 377 000 quintaux en 1899, 607 000 quintaux en 1900. L'avoine algérienne pénètre en franchise quand elle vient directement de la colonie ; il en est de même pour les avoines de Tunisie, à la condition qu'elles viennent ...ns escale d'un port désigné de la Régence au point de débarquement.

Caractères. — Les avoines d'Algérie et de Tunisie sont de forme allongée, de couleur rougeâtre, elles ont l'écorce dure et sont légères ; leur caractéristique essentielle est la présence de grains multiples, doubles ou triples, dus à ce que les grains de l'épillet se désarticulent très difficilement les uns des autres ; le grain externe porte deux pointes grêles ; il existe souvent des poils à la base du talon.

Les impuretés typiques sont : quelques grains de *rapistre oriental*, globuleux et un peu côteleux ; de *Buplevrum protractum*, ombellifère à grains noirs réunis généralement par deux ; des grains de *Krubera leptophylla*, plats, durs, pourvus de trois côtes dorsales, et des grains d'orge.

Rapport p. 100 de l'amande : 67.

Lorsque ces avoines sont aplaties, elles constituent un bon aliment, car l'amande est très saine et de bonne teneur en principes nutritifs.

Les ensemencements d'avoine augmentent progressivement dans ces colonies ; cette céréale fournira dans quelques années la base d'un trafic important.

Les avoines de *Smyrne*, de *Chypre*, de *Grèce* se rapprochent énormément des avoines algériennes et tunisiennes ; elles sont encore plus sèches ; leurs glumes sont très épaisses et leur rendement en amande inférieur à 70 p. 100.

ÉTATS DIVERS DE L'AVOINE.

L'avoine peut être : saine, nouvelle ou surannée, étuvée ou avariée. Nous allons l'examiner sous ces divers états.

Avoine saine. — L'avoine saine est luisante, homogène ; elle coule facilement dans la main et fait entendre un bruit sec quand elle est versée d'une certaine hauteur sur une surface dure.

Quelles que soient sa variété et sa provenance, l'avoine doit être lustrée, sans rides, et son amande, blanche et farineuse, laisse, quand on l'écrase dans la bouche, une saveur agréable.

Avoine nouvelle. — Caractères. — L'avoine nouvelle a une odeur franche et un aspect plus brillant que les avoines anciennes. Dans ces dernières, même bien conservées et non altérées, on trouve toujours un léger déchet poussiéreux provenant des téguments externes qui se sont effrités.

L'avoine nouvelle est toujours mélangée de graines messicoles non encore complétement desséchées, et présentant une teinte verte ou verdâtre ; on ne rencontre jamais ces graines avec cette couleur dans les avoines vieilles.

Emploi. — On a longtemps considéré l'avoine nouvelle comme étant d'un emploi dangereux. Il fallait, disait-on, lui laisser jeter son feu et attendre au moins deux mois avant de la livrer à la consommation, sans quoi on risquait de voir survenir des troubles digestifs, des érythèmes, des échauffements, de l'affaiblissement, des symptômes nerveux (vertige).

La commission d'hygiène hippique du Ministère de la Guerre a reconnu, après de nombreuses expériences, qu'on peut sans inconvénient et peut-être avec avantage substituer l'avoine nouvelle à l'avoine ancienne ; et qu'il n'est pas utile pour en permettre l'usage d'attendre que deux mois se soient écoulés depuis la récolte.

Toutefois, si cette avoine ne présente aucun inconvénient pour des chevaux bien rationnés comme ceux de l'armée, surtout si on l'emploie en augmentant progressivement la dose, il n'en est plus de même dans les écuries où l'avoine est donnée sans mesure. Dans ce dernier cas, il survient facilement des indispositions qui peuvent avoir des conséquences fâcheuses, lorsque l'avoine, mal récoltée, est donnée encore humide.

Les chevaux qui reçoivent sans transition ménagée une ration complète d'avoine nouvelle, la mangent avec avidité et ne la broient pas suffisamment ; il survient, de ce fait, des indigestions, des coliques, du vertige, que l'on attribue à l'avoine nouvelle, alors que ces troubles sont uniquement causés par un changement de régime trop brusque.

Avoine surannée. — **Caractères**. — En vieillissant, l'avoine perd de son brillant, devient mate, terne, et présente une couleur plus foncée ; les avoines blanches deviennent jaunâtres ; les avoines jaunes passent à un jaune plus foncé ou acajou clair ; ce changement de couleur est peu sensible dans les avoines noires.

L'amande subit avec l'âge des modifications importantes ; elle prend un aspect corné, devient plus sèche et moins farineuse

Pour faire disparaître l'aspect mat des avoines vieilles ou des grains avariés, on les soumet à un lustrage mécanique en présence de l'huile qui donne un brillant factice.

Cette manipulation frauduleuse peut être mise en évidence par le procédé suivant: On place à la surface d'un vase plein d'eau un petit morceau de camphre ; ce dernier est immédiatement animé d'un mouvement de giration qui dure une à deux secondes. Aussitôt après avoir placé sur l'eau le fragment de camphre, on dispose à côté un grain d'avoine ; si le mouvement s'arrête on peut en conclure que le grain a été huilé par un vernissage spécial.

Emploi. — Lorsque les avoines vieilles ont été

conservées dans des conditions telles qu'elles soient exemptes d'altérations, de poussières et de mauvaises odeurs, elles peuvent être livrées sans inconvénient à la consommation. Il a été envoyé souvent sur les marchés des avoines conservées pendant plus de cinq ans, et leur consommation n'a donné lieu à aucun mécompte.

L'armée n'accepte pas les avoines âgées de plus de deux ans.

Avoine étuvée. — L'opération de l'étuvage s'applique surtout aux avoines de Russie (Libau, Livonie, Revel, Arkangel, Odessa); elle se pratique plus rarement sur les avoines de Suède, de Belgique et de Hollande.

Le procédé le plus ancien consiste à chauffer les avoines à 70° dans des soutes ; mais cette méthode assez primitive, a pour inconvénient, dans les pays comme la Finlande et la Suède, où on emploie des bois résineux, de faire contracter à l'avoine une odeur pyrogénée qui la rend désagréable au goût et la fait refuser par les chevaux.

Un procédé plus économique, et qui n'expose pas l'avoine à contracter de mauvaise odeur, consiste à faire passer le grain dans des cylindres chauffés par la vapeur.

Par l'étuvage on assure la bonne conservation des avoines, qui serait douteuse par suite de la durée du transport par navires.

Digestibilité. — Les avoines étuvées acquièrent par la dessiccation une dureté qui en rend la mastication difficile pour les vieux chevaux, et qui, dans une certaine mesure, en abaisse la digestibilité.

Caractéres. — Diminution du volume du grain, souvent odeur de fumée ; glumelles ridées, collées sur l'amande, à décortication difficile, à pointes friables, se brisant facilement.

Avoine avariée. — Les altérations de l'avoine sont produites par : l'humidité, les organismes inférieurs, les insectes.

a. **Humidité**. — 1° *Avoine mouillée* : On mouille l'avoine petite pour la rendre grosse et lui donner du poids. L'écorce devient molle, spongieuse, ridée, de couleur terne ; les grains ne glissent plus aussi facilement entre les doigts ; ils moisissent vite.

Les grains mouillés ne reprennent plus par la dessiccation leur volume primitif ; ils présentent une surface rugueuse.

2° *Avoine moisie*. — Taches verdâtres dues à la présence d'un champignon de la famille des Mucorinées, envahissant les glumelles et l'amande ; odeur désagréable, saveur âcre.

Les avoines qui après le fauchage séjournent longtemps sur le sol et qui sont mouillées par la pluie, s'échauffent, moisissent et dégagent une odeur piquante, caractéristique.

3° *Avoine fermentée*. — Grain gonflé, odeur vineuse, saveur sucrée, dégagement d'acide carbonique de la masse des grains.

4° *Avoine germée*. — Grain gonflé, ramolli, avec des glumelles écartées ; très facile à reconnaître même lorsque la radicelle n'est pas apparue à l'extérieur.

Pour détacher les germes et sécher l'avoine qui a commencé à germer, on la remue vigoureusement et on la projette sur une surface dure ; quelques grains sont brisés, la plupart ont la pointe émoussée.

b. **Organismes inférieurs**. — 1° *Avoine charbonnée*. — Les grains infectés, parfois déformés et tuméfiés, sont entièrement remplacés par une poudre noire ou brune, comparable à la poussière de charbon et formée par les spores du champignon *Ustilago carbo*.

2° *Avoine cariée*. — La carie des céréales est l'altération grave des grains par le *Tilletia caries*. Les grains ainsi transformés possèdent une odeur repoussante qui se communique à la farine ; à l'époque de la maturité, les grains cariés sont complètement remplis d'une poudre foncée, résultant de l'accumulation d'une quantité innombrable de spores. Ces spores sont environ deux fois plus volumineuses que celles du charbon des céréales.

Ces différentes altérations (charbon, carie) peuvent provoquer des symptômes de gastro-entérite. En outre les graines charbonneuses ont évidemment perdu toute valeur nutritive (Voir *Intoxications alimentaires*).

c. **Insectes**. — Les principaux ennemis du grain sont : le charançon du blé, la teigne des grains, l'alucite des céréales, qui vivent aux dépens des substances végétales ; la larve vide l'amande et détruit progressivement tous les principes nutritifs du grain.

Les pelletages réitérés et l'emploi du sulfure de carbone permettent d'enrayer leurs ravages.

d. Outre ces altérations, l'avoine peut présenter quelques *odeurs spéciales*, qui ont une action néfaste sur l'appétence.

Od. de souris. — Se contracte dans les magasins mal entretenus où les rongeurs ont fait irruption ; cette odeur est très tenace et disparaît difficilement.

Od. de magasin. — Reconnaît pour cause le défaut d'aération.

Od. de bateau. — Spéciale aux avoines exotiques, elle est contractée pendant le transport et rappelle l'odeur du goudron.

On peut dire, d'une façon générale, que ces trois odeurs disparaissent des magasins bien aérés et à l'aide de pelletages fréquents.

EXPERTISE DE L'AVOINE.

L'expert auquel est soumis un échantillon d'avoine en fera l'examen méthodique pour se renseigner sur les points suivants :

Provenance...................... { indigène. / exotique.

Age............................ { nouvelle. / vieille.

Taux des impuretés.
Altérations.
Poids.

Nous avons essayé de grouper systématiquement ces données, de manière à dresser un tableau tout à fait comparable aux tableaux de pointage qui sont employés pour le jugement, l'appréciation zootechnique des animaux. On sait que la méthode des points consiste à adopter un nombre maximum (100) obtenu par le produit des notes particulières et des coefficients qui leur sont accordés. On note toujours de 0 à 20 et on donne un coefficient qui exprime l'importance relative des considérants. Voici le tableau de pointage qui pourrait convenir pour l'avoine.

	CONSIDÉRANTS.	COEFFICIENTS.
1º	Couleur........................	1/2
2º	Densité........................	1/2
3º	Propreté.	1
4º	Homogénéité....................	1
5º	Décortication.	2

Commentaire. — La *couleur* reçoit un coefficient faible (1/2) comme conséquence de ce qui a été dit sur le degré d'importance qu'il convient de lui accorder.

Nous en dirons autant de la *densité*, qui n'est pas un critérium absolu de la qualité de l'avoine.

L'avoine *propre*, brillante, exempte de graines étrangères, est la meilleure et la plus avantageuse. La proportion de graines nuisibles ne doit jamais dépasser 2 p. 100 ; il y a une tolérance un peu plus large (3-4 p. 100, suivant les conventions des cahiers des charges) en ce qui concerne les graines étrangères non nuisibles (légumineuses, orge, seigle, etc.), dont la présence peut être accidentelle ou voulue.

Les altérations seront passées en revue à cette place dans l'ordre mentionné plus haut.

Les dimensions et l'aspect des grains pouvant différer sensiblement, l'*homogénéité* de l'échantillon doit être examinée.

On rencontre de gros grains et des grains petits ; des grains avortés, secs, sans amande, mêlés à des grains bombés, pleins, de première qualité ; cela indique un mélange, quand la proportion des grains petits dépasse ce qui existe normalement par suite de la différence de volume des grains de l'épillet.

La *décortication* reçoit le coefficient le plus fort (2) parce qu'elle fournit les renseignements les plus intéressants.

Ce considérant pour être correctement appliqué réclame une attention spéciale ; on peut, à la rigueur, opérer sur quelques grains pris au hasard ; pour un examen sérieux, il est nécessaire d'avoir recours à la balance et d'opérer la décortication de 10 grammes de grains.

Rappelons que l'avoine de bonne qualité donne pour 100, 30 grammes de glumelles et 70 grammes d'amande.

Prenons un exemple afin de compléter cette démonstration :

1° Nous reconnaissons une avoine mélangée, la plus grande partie est de l'avoine noire, mais les grains d'avoine grise et jaune sont assez nombreux pour qu'il en soit tenu compte. — Assez bon ; ci 14.

2° Emplissons sans le tasser un double-litre ; versé sur le plateau de la balance, il accuse un peu moins de 1 kilogramme, ce qui donnerait fort peu au-dessous de 50 kilogrammes à l'hectolitre. Voilà un poids favorable. Note : 18.

3° En faisant couler doucement du creux de la main une poignée de grains, il s'en échappe de la poussière ; on trouve de petites graines noires provenant des crucifères messicoles, moutarde des champs ou sanve, ravenelle, des graines de vesce, quelques grains de blé et de seigle ; l'attention étant attirée sur celui-ci, on prélève un second échantillon où l'on voit que le seigle est rare. C'est une avoine poussiéreuse, avec peu de graines étrangères. — Note : 15.

4° Quelques grains jaunes et blancs sont plus petits que les autres ; mais les grains noirs sont homogènes et même gros ; l'ensemble est bon ; peut-être serons-nous sévères en ne donnant que la note 16.

5° La décortication a fourni 31 grammes de glumelles et 68 grammes d'amande ; il y a eu un léger déchet provenant des pointes brisées ou de particules qui se sont échappées. Ce résultat, peu inférieur à la moyenne, vaut 16.

Nous totaliserons ainsi les notes obtenues :

Couleur...............	14 × 1/2 =	7 points.
Densité...............	18 × 1/2 =	9 —
Propreté.............	15 × 1 =	15 —
Homogénéité.........	16 × 1 =	16 —
Décortication........	16 × 2 =	32 —
Total.....		79 points.

En supposant (consulter les mercuriales) que l'avoine absolument parfaite, qui mériterait 100 points, vaille 20 francs le quintal, notre échantillon qui représente une bonne moyenne, vaudra les 79 centièmes du prix de l'avoine parfaite, soit $20 × 0,79 = 15$ fr. 80.

Sans pousser jusqu'à cette détermination, on peut tirer un excellent parti de cette méthode de pointage, tant pour l'examen d'un échantillon unique que pour la comparaison de plusieurs arrivages ; dans ce dernier cas, on peut préciser sous quel rapport telle avoine est inférieure à telle autre. Cela peut permettre aussi d'établir une cote d'élimination, si l'on convient que toute avoine qui reçoit moins de 10 sur un considérant, ou bien moins de 66 au total (les 2/3 de la perfection), devra être refusée.

On conçoit que la même méthode puisse être suivie pour un aliment quelconque, dès que la liste des qualités requises est parfaitement établie. On trouvera à l'article *Foin*, un tableau de pointage analogue à celui que nous venons de présenter.

MARCHÉS

Le libellé des marchés pour fournitures de grains et de fourrages comprend les indications essentielles suivantes :

Denrée. — Désignation de la denrée ; sa provenance.

Quantité. — Nombre de quintaux.

Qualité. — Saine, loyale et marchande. Bonne ou moyenne.

Conditions de livraison. — Sur X mois ou au fur et à mesure des besoins.

Prix. — Indication du prix.

Lieu d'enlèvement. — Gare, quai, magasin.

Octroi. — Hors octroi ou octroi à la charge du vendeur.

Toiles de location. — Indication du délai dans lequel elles doivent être rendues.

Paiement. — Mode de paiement.

Les désignations relatives à la provenance et à la qualité doivent être stipulées nettement, car elles constituent la garantie pour l'acheteur et jouent un rôle considérable dans les expertises.

Pour les grains indigènes : Spécifier la variété.

« grains exotiques : Spécifier la sorte d'origine.

Pour les fourrages, on spécifie la qualité demandée (1re ou 2e, etc.). On peut ajouter que la marchandise devra être livrée sans mélange, telle qu'elle est venue de la culture.

Le poids à l'hectolitre pour les grains (avoine) n'est jamais indiqué dans les marchés ; il est régi par le règlement du marché d'avoine de Paris.

Règlement du marché d'avoine de Paris. — Est considérée comme avoine noire celle qui ne contient pas au delà de 10 p. 100 (en poids) de grains blancs.

Les avoines grises de printemps de Beauce sont assimilées à l'avoine noire.

Les avoines étuvées sont exclues.

Le mélange d'avoines de diverses provenances est interdit.

Les différentes avoines françaises sont considérées comme de même provenance ; il en est de même des avoines provenant des diverses parties d'un même État étranger.

Toute déclaration de provenance fausse ou erronée entraîne le refus de la marchandise.

La présence dans l'avoine de plus de 3 p. 100 de poussières, criblures, grains, graines ou corps étrangers, suffit pour la rendre refusable.

L'avoine doit peser au moins 47 kil. à l'hectolitre ; toutefois, une tolérance de 2 kil. par hectolitre est accordée au livreur, mais il a à bonifier de :

				kg.		kg.
1/2 p. 100 si l'avoine pèse entre....				47	et	46,750
1 —	—	—	....	46,750	et	46,500
1 1/2 —	—	—	....	46,500	et	46,250
2 —	—	—	....	46,250	et	46
2 1/2 —	—	—	....	46	et	45,750
3 —	—	—	....	45,750	et	45,500
3 1/2 —	—	—	....	45,500	et	45,250
4 —	—	—	....	45,250	et	45

L'avoine, en magasin, doit former une couche parfaitement homogène, de 1$^\mathrm{m}$,10 au plus de hauteur.

Ce règlement contient des renseignements précieux pour l'expert, car l'expression : loyale et marchande, qui figure dans les marchés, donne les garanties indiquées dans ce règlement.

Droits d'octroi. — En plus de frais de transport assez élevés, les grains sont grevés de frais d'octroi onéreux qui atteignent jusqu'à 12 p. 100 de leur valeur ; le taux s'élève à 16 p. 100 pour la paille.

Pour les grains qui arrivent dans les entrepôts ou des magasins similaires, l'octroi n'est acquitté que si la denrée est vendue sur place. En cas de réexpédition ailleurs que dans la ville où l'avoine est entreposée, il n'est perçu aucun droit.

L'octroi est remboursé à partir d'un minimum de poids déterminé, sur les grains, qui, après avoir acquitté les droits, sont réexpédiés en dehors des limites de perception de ces derniers.

Dans un mélange de grains (avoine, maïs, orge, fève), l'octroi est perçu sur le poids total d'après le droit payé par la denrée le plus imposée ; d'où la nécessité d'installer les manutentions dans l'intérieur des villes rédimées.

Le montant des droits d'octroi est partagé entre l'État et les communes ; l'importance fort variable des dettes de celles-ci explique la diversité des droits, la franchise totale ou limitée à quelques denrées.

Droits d'octroi pour Paris.

DENRÉES.	Droit principal.	Décime.	Droit total.
	fr.	fr.	fr.
Foin, luzerne, sainfoin et autres fourrages secs, par 100 bottes de 5 kilos...	5	1	6
Paille, par 100 bottes de 5 kilos.	2	0,40	2,40
Avoine en grains, par 100 kilos.	1,25	0,25	1,50
Orge en grains, par 100 kilos...	1,60	0,32	1,92
Maïs en grains, par 100 kilos...			
— concassé, par 100 kilos....	1,50	1,50	1,50
— en tourteaux, par 100 kilos.			

Les foins et fourrages verts sont exempts de droits.

L'avoine et l'orge moulues acquittent les mêmes droits que les grains.

L'avoine et l'orge en gerbe acquittent séparément les droits sur la paille et sur le grain.

Droits de douane. — Depuis la mise en vigueur de la loi du 11 janvier 1892, les grains de provenance étrangère sont frappés à leur entrée en France d'un droit fixe de 3 francs par 100 kilos ; ils acquittent en plus un droit dit de statistique, de 0 fr. 10 par 1000 kilos.

Les grains destinés à être livrés de suite à la consommation, doivent être immédiatement « acquittés de droits » ; mais pour éviter l'immobilisation improductive du capital que ces droits représentent, l'importateur met sa marchandise « en entrepôt » afin de n'acquitter les droits qu'au fur et à mesure de la vente.

On peut faire voyager les grains des entrepôts des ports sur les entrepôts de l'intérieur, en obtenant la délivrance d'un acquit-à-caution.

RÈGLEMENT RELATIF A LA QUALITÉ DE L'AVOINE ACHETÉE PAR L'INTENDANCE MILITAIRE.

Les denrées doivent rentrer en magasin telles qu'elles ont été récoltées. La seule préparation à donner par l'entrepreneur aux denrées mises en distribution est celle qui est indispensable pour l'extraction de la poussière et des graines non nutritives ou malfaisantes.

Sont formellement interdits :

1° Le mélange d'avoine d'une qualité inférieure avec des denrées de bonne qualité ;

2° L'introduction dans l'avoine de graines étrangères à sa production, alors même qu'elles ne seraient pas malfaisantes, les seules qui puissent s'y trouver ne devant résulter que de la nature du terrain qui les a produites avec la denrée elle-même.

L'avoine doit être de bonne qualité, pesante, bien sèche et couler facilement entre les doigts ; son écorce doit être mince, brillante et lustrée, sans rides ; son amande, serrée, blanche et laissant, quand on l'écrase dans la bouche, une saveur agréable et farineuse ; versée d'une certaine hauteur sur une surface dure, elle doit rendre un bruit sec.

L'avoine doit être exempte de mauvaise odeur, d'avarie ou d'altération quelconque ; au moment de sa livraison ou de son entrée en magasin, elle doit être homogène, c'est-à-dire dans les conditions où elle a été récoltée en ce qui concerne l'essence, la provenance et l'année de la récolte.

Suivant la nature du terrain, les avoines ou les orges peuvent se trouver mélangées de graines de sanve, de coquelicot, de jacée, de bluet ; si ce mélange, quoique naturel, excède $\frac{1}{20}$ (5 p. 100), il rend la denrée non recevable. Les avoines sont refusées lorsque, sans être avariées, elles conservent une odeur persistante de grenier.

L'avoine formant les approvisionnements doit être dans son état naturel et ne pas donner au criblage un déchet supérieur à celui qui est fixé par le Directeur de l'intendance.

Parmi les graines récoltées avec l'avoine, on doit distinguer celles qui sont propres à l'alimentation et celles qui sont nuisibles ou seulement inertes.

Les premières sont : le froment, l'orge, le seigle, le maïs, le sarrasin, la vesce, les pois, les féveroles.

Les secondes, destinées à disparaître en partie dans le criblage, sont les graines de sanve, de coquelicot, de jacée, de bluet, de nielle, de liseron, de trèfle.

Les proportions tolérées des unes et des autres,

après criblages, sont fixées par le Directeur de l'intendance.

Mesurée à la trémie conique, l'avoine doit, avant nettoyage opéré ainsi qu'il est dit ci-dessus, peser au moins par hectolitre (poids naturel) le nombre de kilogrammes déterminé par le Directeur de l'intendance.

Les avoines à écorce dure et piquante, dont la provenance algérienne ou tunisienne ne serait pas suffisamment établie, sont exclues.

Les avoines d'Algérie et de Tunisie sont admises dans les distributions et dans les approvisionnements dans la proportion du quart.

Les avoines ergotées, si faible que soit la proportion d'ergot, sont exclues.

Règles à suivre pour faire l'examen des fournitures militaires. — On pèse 100 grammes d'avoine. Cette avoine, déposée sur une feuille blanche, est triée à la main ; on en sépare :

1° Les grains verdâtres et non arrivés à maturité ;

2° Les grains rachitiques ou avortés ;

3° Les graines étrangères.

La proportion doit être inférieure à 2 grammes (2 p. 100 du poids de l'avoine).

Après ce triage, on pèse de nouveau les grains jugés bons. On sépare l'amande de la balle ; on pèse les amandes recueillies, dont le poids doit être au moins de 69 p. 100 du dernier poids trouvé (1).

Rations des chevaux de l'armée. — Le foin, la paille et l'avoine sont les seules denrées alimentaires qui entrent, à l'heure actuelle, dans la ration normale des chevaux de l'armée française. Quelques substitu-

____

(1) Note ministérielle du 15 janvier 1889.

tions sont autorisées, dont on trouvera la mention aux différents succédanés de l'avoine et du foin. Les tableaux ci-contre donnent le taux des rations habituelles pour les principales catégories et les éventualités des services militaires ; nous y joignons la ration des chevaux de remonte, telle qu'elle vient d'être fixée par une récente circulaire.

Rations des jeunes chevaux de remonte. — Les rations ci-après sont accordées pour toutes les journées de nourriture des jeunes chevaux, régularisées au titre d'un établissement de remonte, tant à l'intérieur qu'en Algérie et en Tunisie, savoir :

Arme.	Foin.	Paille.	Avoine.
Cuirassiers.....................	4kg,500	4 kilog.	4kg,150
Dragons et Artillerie...........	4 kilog.	4 kilog.	3kg,650
Cavalerie légère { en France...	3kg,500	4 kilog.	3kg,150
Cavalerie légère { en Algérie et en Tunisie...	3 kilog.	4 kilog.	3kg,150

Ces rations sont des moyennes que les commandants et directeurs d'établissements auront à répartir en tenant compte de l'état des chevaux, de façon à livrer ceux-ci aux corps dans de bonnes conditions(1).

EMPLOI DE L'AVOINE DANS L'ALIMENTATION.

L'avoine est habituellement donnée au cheval sans avoir subi d'autre préparation qu'un passage sommaire à la vannette, à sa sortie du grenier ou du coffre à grains. A l'écurie, on la dépose dans la mangeoire, après que le cheval, ayant pris sa ration de foin, a absorbé sa boisson. Opérer autrement serait

(1) Circulaire du 16 janvier 1903,

Rations à base d'avoine des chevaux de l'armée en France.

CATÉGORIES.	PIED DE PAIX.			MANŒUVRES.			ROUTE.		PIED DE GUERRE.		
	Foin.	Paille.	Avoine.	Foin.	Paille.	Avoine.	Foin.	Avoine.	Foin.	Paille.	Avoine.
	kilos.	kilos.	kilos.	kilos.	kilos.	kilos.	kilos.	kilos.	kilos.	kilos.	kilos.
État-major, intendance, Cavalerie de réserve, Trains d'artillerie, du génie et des équipages....	4	4	5	4	4	5,550	5	5,550	4	2	5,800
Artillerie................	4	4	4,850	4	4	5,350	5	5,350	4	2	5,600
Cavalerie de ligne........	3	4	4,550	3	4	5,050	4	5,050	4	2	4,800
Cavalerie légère..........	3	4	4	3	4	4,500	4	4,500	3	2	4,750
Chevaux de race arabe..	2,500	4	4	2,500	4	4,750	3	4,750	3	2	4,500
Mulets................	3	4	3,750	3	4	4,20	3	4,250	2	2	4,500

contraire à la bonne utilisation de ce grain : quand l'animal boit après avoir mangé son avoine, une partie de cette dernière est entraînée vers l'intestin sans avoir été attaquée par le suc gastrique ; d'où un abaissement de la digestibilité de la ration de grains. Le meilleur serait, évidemment, de permettre au cheval de s'abreuver quand il en éprouve le besoin ; mais cette organisation ne peut pas être partout réalisée.

L'avoine offre aux dents assez de résistance pour que des grains échappent à l'action triturante des molaires ; on s'en rend compte facilement en examinant les excréments des chevaux, dans lesquels on trouve constamment des grains non attaqués. Chez les animaux âgés, chez ceux qui ont l'appareil dentaire en mauvais état, la proportion de grains qui passent entiers est assez considérable pour que la nutrition soit défectueuse, bien que la ration distribuée paraisse largement suffisante ; on a, dans ces conditions, avantage à faire subir à l'avoine des préparations qui en augmentent la digestibilité.

On considère habituellement que les chevaux bien portants ne rejettent pas dans leurs déjections assez d'avoine non utilisée pour commander une préparation préalable et par suite une dépense supplémentaire ; pour les vieux chevaux ou pour ceux qui digèrent mal, cette dépense doit être compensée par les avantages que l'on retire d'une meilleure santé de l'animal. Aux données peu précises que l'on possédait sur ce point, les recherches de P. Gay sur la digestibilité comparée de l'avoine entière, aplatie ou concassée, ont substitué des indications rationnelles dont voici les conclusions (1) :

(1) P. GAY, *Recherches sur la digestibilité des avoines*, etc. *Annales agronomiques*, 1896.

La ration (2 kilos foin et 3 kilos avoine, pour un cheval de 350 kilos au repos) possède avec l'*avoine entière* un coefficient de digestibilité égal à 64,58 p. 100.

Avec l'*avoine aplatie* : 68,58 p. 100.

Avec l'*avoine concassée* : 72,73 p. 100.

Le coefficient de digestibilité de la protéine suit une progression ascendante remarquable surtout avec l'avoine concassée :

Avoine entière.... Coefficient de digestibilité
                   de la protéine.......... = 74,30 p. 100.
  — aplatie...   —   —   = 79,45   —
  — concassée.   —   —   = 94,11   —

Pour la cellulose, on obtient les chiffres suivants :

Avoine entière................. Coefficient = 42   p. 100.
  — aplatie..................   —   = 48,87   —
  — concassée................   —   = 63,60   —

« L'avoine concassée se montre donc de beaucoup supérieure aux deux autres et semble devoir leur être préférée dans l'alimentation des chevaux. »

En comparant le prix de revient des avoines aplatie et concassée, à leur augmentation de digestibilité, P. Gay montre « que dans aucun cas, quelle que soit la force motrice utilisée, on n'a intérêt à donner de l'avoine aplatie aux chevaux; que l'avoine concassée se trouve dans le même cas si elle a été réduite à cet état par un concasseur à bras; mais que si ce travail a été effectué au moyen d'une machine à vapeur, l'économie est de 0 fr. 88 par 100 kilos et de 0 fr. 92 si le concasseur est actionné par un moteur à pétrole ».

Une remarque pratique s'impose au sujet de la distribution des avoines aplaties ou concassées.

7.

Après ces opérations, le grain augmente considérablement de volume et le poids de l'hectolitre diminue de plus de moitié :

Poids de l'hectolitre d'avoine (Expériences de P. Gay).

	kg.
Grain normal......................	50,930
Grains aplatis....	21,760
— concassés.	19,200

Il est donc tout à fait indispensable de rationner en *poids* et non en *volume*. Si, à un cheval qui recevait 10 litres d'avoine brute, on donne 10 litres d'avoine concassée, on tombe fort au-dessous de la quantité nécessaire à l'animal ; à 5 kilos d'avoine normale, on substituera 5 kilos d'avoine concassée, qui occuperont évidemment une plus grande place dans la mangeoire. En tenant compte, toutefois, de l'élévation du coefficient de digestibilité, on peut admettre que 100 kilos d'avoine ordinaire seront remplacés par 92 kilos d'avoine concassée.

Dans les grandes administrations où l'avoine est donnée après concassage, on fait la substitution poids pour poids ; on cherche ainsi à bénéficier, non d'une économie sur le prix de revient de la ration, mais d'une meilleure utilisation du grain. Grâce à l'augmentation de la digestibilité, cette ration devient plus nutritive et l'on estime que cet avantage physiologique compense largement les frais supplémentaires de préparation.

CHAPITRE III

A. — LE MAÏS.

Caractéristique botanique. — Famille des Graminées, tribu des Phalaridées.

Espèce : *Zea maïs.*

Tige simple à racines traçantes ; feuilles alternes, grandes ; fleurs unisexuées, les femelles en épi composé d'une râfle supportant les grains.

Fruit lisse, luisant, variable dans sa couleur et dans sa forme ; irrégulièrement globuleux, piriforme ou comprimé latéralement.

Culture. — Le maïs est originaire d'Amérique ; c'est donc bien à tort qu'on l'a nommé blé de Turquie. Il était cultivé très anciennement au Pérou, avant la découverte du Nouveau-Monde ; il s'est parfaitement acclimaté en Europe dans la zone tempérée chaude ; sa culture présente le plus grand développement en Hongrie et en Amérique.

Culture en Amérique. — Le maïs tient la première place parmi les récoltes des États-Unis comme superficie cultivée et valeur productrice ; il est actuellement ensemencé sur plus de 80 millions d'acres et la récolte normale dépasse deux milliards de bushels, soit environ 700 millions d'hectolitres (le bushel vaut 35^l,238). Cette importance culturale est en rapport avec les utilisations multiples du grain. Le maïs est un excellent aliment pour l'homme et pour les animaux, et il est la matière première d'industries puissantes, la distillerie et l'amidonnerie.

La farine de maïs est blanche ou jaune suivant la variété d'où elle provient ; obtenue avec le grain entier elle possède une teneur en huile assez élevée pour que sa conservation soit difficile ; par des procédés spéciaux on est parvenu à enlever le germe du grain avant la mouture, et à supprimer ainsi cet excès de matière grasse. Les germes traités à part donnent une huile employée dans l'industrie ; en la vulcanisant on obtient une matière qui remplace le caoutchouc.

La transformation en farine n'utilise que 15 à 20 p. 100 du grain ; elle laisse donc un important résidu qui est utilisé soit pour l'alimentation du bétail, soit pour de nouvelles transformations industrielles. Les amidonneries et les glucoseries consomment annuellement plus de 50 millions de bushels de maïs, et laissent des résidus qui sont consommés par les animaux (voir *Résidus industriels*).

Les tiges broyées et les feuilles servent à l'alimentation du bétail ; la partie intérieure des tiges, la moelle, très élastique et poreuse, est employée au calfatage des navires de guerre ; les enveloppes de l'épi, les spathes qui ne sont pas utilisées par le bétail, servent à la confection de paillasses.

Les dictons suivants montrent la valeur économique du maïs, considéré en Amérique comme le roi des céréales, « King of the cereals ».

« Le maïs est la colonne vertébrale de l'agriculture de notre nation. » (James G. Blame.)

« Le maïs depuis l'épi jusqu'à la tige est littéralement un soutien pour la vie. »

Aux États-Unis le maïs est semé partout, sauf dans la région des Montagnes Rocheuses, pays trop élevé et par conséquent trop froid, et sur les côtes du Pacifique où il ne constitue qu'une récolte secondaire.

Culture en France. — Le maïs est une plante très exigeante qui demande un terrain frais, bien ameubli et fortement fumé. Il craint les gelées, et pour cette raison s'avance moins vers le nord que les autres céréales. En France sa limite nord est très irrégulière ; elle s'arrête à une ligne allant de la Rochelle à Cahors, remontant vers le Rhône puis la Champagne, dans l'est jusqu'à Lunéville, redescendant par les Vosges et le Jura pour suivre jusqu'à la Méditerranée la vallée du Rhône. Grâce aux étés chauds de la région de l'est, la culture s'y étend, comme on le voit, assez loin.

Le rendement varie selon les climats ; dans le midi il est de 25 à 30 hectolitres par hectare ; dans l'Aveyron et le Gard, seulement de 6 à 7 hectolitres.

Le rendement moyen pour la France est de 16 hectolitres, et le poids de l'hectolitre de 75 kilos (écarts de 60 à 80).

Les pays d'Europe dans lesquels la culture du maïs a quelque importance sont la Hongrie (46 millions d'hectolitres), l'Italie (25 millions d'hectolitres) et la Roumanie (10 millions d'hectolitres) ; en France (9 millions d'hectolitres) la culture reste stationnaire et marque même une tendance à la diminution. Les maïs français ne suffisant pas pour les besoins de la consommation et de l'industrie, les importations sont considérables (environ 3 millions de quintaux),

Variétés. — Par la culture et la fécondation croisée qui est facile dans l'espèce, on a obtenu de nombreuses variétés de maïs ; elles sont à *grains jaunes*, à *grains blancs*, à *grains rouges*, ou à *grains bigarrés*.

Le *maïs jaune des Landes* porte un épi compact, son grain est assez gros, et arrondi.

Le *maïs jaune gros*, très cultivé dans le midi et en Italie, a un grain très gros, de couleur jaune orangé (grande dimension, 13 millimètres).

Le *maïs quarantain* donne un grain petit, globuleux, de couleur jaune pâle. Il est le seul qui puisse mûrir dans toute la France.

Le *maïs blanc des Landes* donne un beau grain, brillant, nacré, de grosseur moyenne (9-10 millimètres) dont la farine, très appréciée, sert à confectionner des gâteaux ; on l'emploie aussi pour l'engraissement des oies et des porcs.

Le *maïs dent de cheval* est une variété blanche cultivée en Amérique et qui donne lieu à une forte exportation. Le grain est très comprimé et concave à l'extrémité libre ; sa forme lui a valu son nom.

Le *maïs rouge Guzco*, cultivé en Amérique, donne de grands rendements.

Le *maïs rouge gros* donne des grains rouge foncé ; il est cultivé surtout dans le Tarn-et-Garonne.

En Roumanie on cultive un *maïs orangé* très apprécié.

Importations (Ministère de l'agriculture).

PAYS de provenance.	1900	1899	1898
Russie	360 765	502 403	655 544
Roumanie	326 438	1 119 179	1 122 016
Turquie	43 671	»	16 672
États-Unis	1 200 817	1 513 133	2 481 888
Argentine	1 367 805	2 010 553	1 292 675
Autres pays	41 646	72 271	38 682
Totaux	3 340 842	5 220 539	5 607 477
Valeur	44 443 199	68 911 115	75 700 940

Composition chimique.

PRINCIPES.	Gohren.	Kühn.	WOLFF.	
			Bruts.	Digestibles.
Eau................	12,7	13,7	12,7	8
Matière azotée........	10,6	9,4	10,1	8
Matière grasse........	6,8	4,3	4,7	4
Extractifs non azotés..	61	69,3	68,6	68,4
Cellulose............	7,6	2,3	2,3	0,5
Matières minérales....	1,5	1,3	»	»

Analyses de M. Müntz (Laboratoire
de l'Institut agronomique).

PRINCIPES.	Danube.	Amérique.	Bourgogne.	Landes.
Eau..............	15,76	12,55	11,20	9,80
Matière azotée.....	9,93	9,31	9,14	9,03
Matière grasse....	6,06	3,92	4,50	4,73
Extractifs (cellulose comprise)...	66,93	72,90	72,37	75
Matières minérales..........	1,32	1,32	2,74	1,44
Poids à l'hectolitre.	79	81	80	80

Analyses de M. Balland.

PRINCIPES.	MAÏS INDIGÈNES.		MAÏS EXOTIQUES.	
	Minima.	Maxima.	Minima.	Maxima.
Eau................	12,20	14,40	10,00	12,90
Matière azotée........	8,10	9,67	8,90	11,10
Matière grasse........	4,25	5,50	3,35	5
Extractifs non azotés..	68,66	71,32	68,76	72,84
Cellulose............	1,38	2,04	1,38	2,26
Cendres............	0,94	1,68	0,92	1,46

100 grammes de maïs donnent approximativement :

Amande farineuse (albumen)........... 71,1
Germes (embryon)...................... 13,5
Enveloppe (péricarpe et épisperme)..... 12,4 Avoine 25-30.

La proportion de germe comparée à celle des autres éléments est beaucoup plus élevée dans les grains de maïs que dans ceux des autres graminées ; la matière grasse du grain se trouve localisée presque entièrement dans les germes. (Balland.)

En juillet 1902, M. Balland a communiqué à l'Académie des Sciences un tableau d'analyses des maïs des colonies françaises provenant de l'Exposition de 1900. En rapprochant ces résultats de ceux des analyses qu'il a effectuées en 1896, et que nous venons de mentionner, il est conduit à cette conclusion :

« Malgré la diversité des modes de culture et les différences des climats, les graines de maïs présentent une composition chimique beaucoup plus uniforme que celle des blés. »

De tous les chiffres qui précèdent il découle en effet que le maïs a une composition relativement peu variable.

Digestibilité. — Les principes immédiats du maïs sont digérés avec des coefficients élevés (Müntz) :

Matière azotée..........	Coefficient.	86,1 (avoine	79).
— grasse......	—	93,9	— 83,33
Sucre et amidon........	—	100	
Cellulose saccharifiable..	—	86,9	
— brute.........	—	82,8	
Substances indéterminées.	—	85,2	

D'après Kühn, c'est dans le maïs que les amides se trouvent en plus faible proportion.

Valeur alimentaire. — La valeur du maïs comme succédané de l'avoine ayant été très discutée, nous allons présenter les opinions émises par des auteurs d'une autorité reconnue.

Magne s'exprime comme suit dans son livre sur « la Nourriture des chevaux de travail ».

« Le maïs en raison de la facilité avec laquelle il est cultivé, en raison de sa fécondité et de sa valeur commerciale, fournit l'azote et le carbone à très bas prix. En outre, par sa composition, il se rapproche beaucoup des aliments types ; c'est le seul grain qui puisse remplacer l'avoine sans nécessiter de ces mélanges d'aliments que l'on aime à éviter pour ne pas compliquer les services. Ses propriétés nutritives sont connues depuis longtemps, mais elles ne sont pas généralement admises.

« De Humboldt nous a appris qu'en Amérique des chevaux et des mulets nourris de maïs résistent à de très pénibles travaux ; pendant l'expédition du Mexique les chevaux et les mulets de l'armée française ont pu faire une rude campagne sous le climat le plus inclément avec la même nourriture.

« Nous savons qu'à Londres, d'après une enquête minutieuse et des expériences positives, la cavalerie

des omnibus est en bon état tout en consommant du
maïs ; qu'avec ce régime la mortalité a diminué, ce
qui a produit dans un semestre une économie de
176 000 francs ; dernièrement encore (décembre 1874)
le directeur de cette compagnie écrivait que « les
qualités nutritives du maïs sont égales sinon supérieures à celles de tout autre grain.

« Cependant en France on soutient encore que le maïs
ne peut entrer dans la nourriture des chevaux. Dans
plusieurs des établissements où j'ai pris des renseignements, j'ai trouvé les employés subalternes, les
piqueurs, très formellement opposés au nouveau
régime ; le maïs, disent-ils, produit des coliques, occasionne des indigestions, donne la diarrhée, affaiblit les
animaux.

« Quoique très positivement formulé, le jugement
contre l'usage du maïs n'est pas sans appel. Il serait
bien singulier qu'un phénomène physiologique qu'on
observe sous le climat brûlant du Mexique et sous le
ciel brumeux de Londres ne pût se reproduire en France
où nous avons tous les climats, mais surtout un climat
tempéré ! Des faits positifs, qui se produisent sur une
très grande échelle, qui sont affirmés par des hommes
compétents, ne sauraient être infirmés par des faits
négatifs passagers, observés sur des animaux qui ne
prenaient le maïs qu'avec répugnance ! La question doit
être reprise et elle l'est.

« Depuis plusieurs mois la Cⁱᵉ Générale des Voitures
de Paris a fait entrer le maïs et les féveroles dans la
nourriture de ses chevaux. « Les chevaux s'en trouvent
très bien », écrivait en janvier dernier, le directeur de
cette administration au chef d'un établissement qui,
désirant imiter cet exemple avait voulu préalablement
consulter l'expérience des autres.

« La Cie des Omnibus expérimente en donnant poids pour poids le quart de la ration en maïs ; sous l'influence du nouveau régime les chevaux ont pris très beau poil, ils n'ont pas perdu en poids et ils ont continué à faire le même service.

« La science nous enseigne et l'expérience de la Cie des Omnibus de Londres nous prouve que le remplacement, dans la nourriture des chevaux, d'une grande partie de l'avoine, sinon de la totalité, par d'autres aliments et en particulier le maïs, peut se faire sans inconvénients ; mais la substitution exige de grandes précautions, et quand il s'agit de la conservation de plusieurs centaines ou même plusieurs milliers de chevaux, ceux qui ont la responsabilité des changements sont obligés d'agir avec une prudence qu'on ne peut que louer.

« Le rejet du maïs de la nourriture des chevaux provient en partie de la mauvaise volonté des gens sur lesquels incombent les embarras qu'entraîne toute innovation introduite dans un établissement hippique. La science n'a rien à faire en ceci : c'est aux personnes intéressées à surveiller leur entreprise, à scruter les motifs qui font agir leurs employés.

« Comme seconde cause, je signalerai l'usage que nous faisons généralement du maïs en France depuis qu'il a été cultivé en grand. Le donnant avec un si grand avantage aux bêtes à l'engrais, on est convaincu qu'il empâte les animaux, qu'il les engraisse, les relâche et ne peut convenir aux chevaux qui travaillent.

« Les propriétés nutritives de ce grain sont admises partout et l'opinion qui disait que l'agriculture seule pouvait se servir du maïs, mais le roulage le proscrire, a fait son temps. »

M. Lavalard (*Le Cheval*, T. Ier) assure « qu'en tête des aliments succédanés de l'avoine, l'expérimentation pratique de ces dernières années a placé le maïs. Aujourd'hui il n'est pas une compagnie de tramways ou de transport qui n'ait fait entrer le maïs dans la ration de ses chevaux. On l'a donné concassé, macéré, bouilli et mélangé avec de la paille hachée en Angleterre. Mais il faut arriver jusqu'à ces dernières années pour trouver des études très complètes et des expériences sur une très grande échelle faites par des compagnies industrielles qui utilisent le cheval comme moteur, et qui doivent nécessairement envisager le point de vue économique de la ration, afin de produire le plus de travail possible avec le moins de frais ».

M. Lavalard ajoute qu'en tête des zootechniciens qui ont soutenu la valeur du maïs « il est juste de placer Magne qui, par sa parole et par ses écrits, s'est efforcé, depuis près de trente ans, de démontrer les services que l'on pouvait tirer du maïs, dans l'alimentation du cheval de travail ».

La substitution du maïs à l'avoine se fait à poids égaux; bien que la teneur du maïs en matière azotée soit un peu inférieure à celle de l'avoine, la substitution fournit aux opérations transformatives de l'intestin la même quantité de principes, parce que le coefficient de digestibilité est plus fort dans le maïs que dans l'avoine.

L'avoine renferme en moyenne 12 de protéine, digérée avec le coefficient 79, ce qui donne 9,48 p. 100 de protéine digestible.

Le maïs renferme 10,5 de protéine digérée avec le coefficient 86, ce qui donne 9,08 de protéine digestible. Le faible écart ainsi constaté, compensé d'ailleurs par les autres principes, permet d'établir une substitution rationnelle à poids égal.

Les expériences comparatives faites dans l'armée française sur deux escadrons dont les chevaux ne recevaient que de l'avoine, et deux autres dont les chevaux recevaient 2 kilos de maïs en remplacement de 2 kilos d'avoine, ont été tout à l'avantage de la substitution. Le poids des chevaux nourris au maïs a presque toujours été supérieur à celui des chevaux nourris à l'avoine au cours des dix-huit mois qu'a duré l'expérience ; les chevaux ont subi les mêmes fatigues sans que les uns se fussent plus mal comportés que les autres.

Dans le numéro de décembre 1887 du journal officiel du ministère de l'agriculture de Prusse (*Landwirths-chaftliche Jahrbücher*), Wolff rend compte des expériences comparatives faites sur un cheval du poids de 475 kilos, attelé au manège dynamométrique en effectuant un travail de 75 kilogrammètres par seconde.

Wolff a noté les rations distribuées et a fait faire au cheval le nombre de tours de manège nécessaire pour lui conserver son poids vif. Voici les rations expérimentées :

	N° 1.	N° 2.
Foin......................	6 kilos.	6 kilos.
Paille hachée.............	1 —	1 —
Avoine....................	5 —	2^{kg},500
Maïs......................	»	2^{kg},500

Voici les résultats obtenus :

	Nombre de tours au manège.	Travail correspondant.	Principes nutritifs dépensés par ce travail.	Principes servant à l'entretien de l'animal.
		kgm.	gr.	gr.
R. n° 1.	600	1 599 000	1 872	3 914
R. n° 2.	725	1 932 100	2 262	4 094

Wolff conclut en disant que dans le remplacement de la moitié de la ration d'avoine par une quantité égale de maïs, il a obtenu du cheval plus de travail et il est resté dans la ration un peu plus de matières disponibles pour l'entretien.

Donc, pour produire le même travail, avec la ration n° 2 les animaux s'entretiendront mieux et augmenteront en poids.

Dans le *Manuel des officiers* de l'armée allemande où sont prévues les substitutions alimentaires à effectuer en cas de guerre, il est dit au sujet du maïs : comme le maïs n'est cultivé ni en Allemagne, ni sur les lieux prévus pour le théâtre de la guerre, il n'est pas nécessaire d'en suivre l'emploi régulier. En cas de besoin, l'avoine pourra être remplacée totalement par le maïs suivant les quantités ci-dessous :

Grosse cavalerie.	Cavalerie moyenne.	Cavalerie légère.
kg.	kg.	kg.
7	6,500	6

Conclusion. — La composition chimique, la digestibilité, l'équivalence nutritive du maïs en font un précieux succédané de l'avoine dans l'alimentation des moteurs animés ; le bannir de cette alimentation serait une faute économique. L'examen des mercuriales servira de base constante pour la mesure des économies qu'il est possible de réaliser sans porter atteinte à l'intégrité du moteur.

Mode d'emploi. — Le maïs est donné en nature, macéré ou concassé.

La Compagnie Générale des Omnibus fait consommer le maïs en nature.

Avec son système de distributions très fractionnées, cela est possible parce que les chevaux ont le temps voulu pour mastiquer leurs grains ; on économise en outre les frais de concassage.

On le donne quelquefois après macération ; mais c'est le plus souvent à l'état concassé que le maïs est mis en distribution ; il suffit que les grains soient cassés grossièrement ; la division sommaire est même préférable à une semi-pulvérisation.

La substitution à l'avoine, du maïs ou de tout autre succédané, se fera toujours progressivement ($0^{kg},500$, puis 1 kilo, puis $1^{kg},500$, etc., etc.), de manière à accoutumer peu à peu l'animal à son nouvel aliment.

Conservation. — La bonne conservation des approvisionnements de maïs réclame une surveillance constante et des soins réguliers, surtout au printemps et à l'automne.

Les maïs d'Égypte et de la Plata sont les plus difficiles à garder en magasin par suite de la grande proportion d'eau de végétation qu'ils contiennent. Il importe, lors d'un approvisionnement de quelque durée, de déterminer la siccité des grains afin de pouvoir en surveiller la conservation en connaissance de cause.

Dans les pays de production, le maïs est gardé en épi dans des locaux bien aérés, soit posé sur des claies, soit suspendu à des fils métalliques ; sous cette forme la conservation est parfaite ; l'égrenage n'a lieu qu'au moment de la consommation ou de la livraison.

Altérations. — Le maïs peut être altéré par la fermentation, par des parasites végétaux et animaux.

Fermentation. — Cette altération se produit pendant le transport en vrac dans les navires, ou la conservation en tas dans les greniers. Le grain fermenté ne tarde pas à prendre une couleur verdâtre due à l'envahissement par un champignon (sporisorium maïdis) ; il est devenu impropre à l'alimentation ; la *pellagre* de l'homme est causée par la consommation de farine de maïs avariée.

Parasites. — Le *charbon* est produit par une ustilaginée (ustilago maïdis) et se caractérise par la formation à l'aisselle des feuilles ou sur les épis, de grosses tumeurs charnues remplies d'une poussière noire constituée par les spores. Ces tumeurs atteignent quelquefois, sur la tige ou sur l'épi de grains, la grosseur du poing.

L'*ergot* est assez fréquent sur le maïs en Amérique.

Le maïs est entamé quelquefois par la *Teigne des grains* (*Tinea granella*) et l'*alucite* (*Sitotroga cerealella*). Des pelletages énergiques et répétés ou le sulfure de carbone sont indiqués pour débarrasser les grains de ces parasites.

B. — ORGE.

Caractéristique botanique. — Famille des Graminées, tribu des Hordéacées. Espèce : *Hordeum vulgare*.

Fruit elliptique, acuminé aux deux extrémités, anguleux, à face dorsale convexe, de couleur jaune clair, recouvert dans la plupart des variétés de glumelles adhérentes, dont l'une est prolongée par une longue barbe bordée de pointes fines.

Culture. — L'orge s'accommode de toute espèce de terrains pourvu qu'ils ne soient pas trop humides ; elle nous donne ses plus forts rendements dans des sols de consistance moyenne. C'est la céréale dont la culture s'avance le plus au nord et au midi, parce que la rapidité de sa végétation lui permet de mûrir avant la période de sécheresse dans les pays chauds, et, dans les pays froids, avant les gelées automnales.

En France, la culture de l'orge s'étend sur une

moyenne de 850 000 hectares ; le rendement moyen est de 15 à 17 millions d'hectolitres.

Les départements les plus forts producteurs sont : Mayenne, Manche, Pas-de-Calais, Ille-et-Vilaine, Sarthe, Aube, Finistère. Ceux qui cultivent le moins d'orge sont : Ariège, Rhône, Landes, Gironde.

Les pays où la bière est la boisson le plus généralement en usage, sont ceux qui produisent le plus d'orge. C'est d'abord la Russie avec 60 millions d'hectolitres, puis le Royaume-Uni, l'Allemagne et l'Autriche-Hongrie.

Orge. — Production dans les principaux pays de culture.

France (1899)...............	16 838 000	hectolitres.
Russie....................	59 000 000	—
Royaume-Uni.............	27 000 000	—
Allemagne................	24 000 000	—
Autriche.................	21 000 000	—
Hongrie..................	19 000 000	—
États-Unis...............	24 000 000	—

En France l'orge est peu employée dans l'alimentation du bétail ; elle sert à la fabrication de la bière, de l'eau-de-vie de grains, et donne aussi une partie de l'amidon du commerce. Ces usages industriels nécessitent des importations qui s'élèvent en moyenne à un million de quintaux.

L'Algérie et la Tunisie produisent chaque année une récolte d'orge considérable ; elles en exportent de grandes quantités, non seulement en France, mais aussi en Angleterre, dans les années d'abondance. Les meilleures qualités sont employées pour la fabrication de la bière ; les brasseurs du Nord introduisent chaque année par Dunkerque un grand nombre de chargements. Les qualités ordinaires, utilisées pour l'alimentation du bétail, sont récoltées en telle abondance que, dans certaines années, elles suffisent presque exclusivement à approvisionner la métropole en cette denrée. Les ensemencements augmentent progressivement et la culture s'améliore en même temps, de sorte que la récolte d'orge constitue maintenant un gros revenu pour ces colonies.

Importations.

Quantités livrées à la consommation.

	1898	1899	1900
Russie............	647 931	144 907	12 631
Belgique.........	19 836	5 238	»
Roumanie........	137 447	7 610	385
Turquie..........	229 303	8	78
Algérie...........	400 676	967 385	744 401
Tunisie...........	193 235	215 356	87 221
Autres pays......	73 432	19 546	11 860
Totaux..........	1 701 860	1 360 097	856 586
Valeur..........	27 972 000	22 592 000	13 097 000

Prix de vente. — Les variations du prix de l'orge suivent sensiblement celles des autres céréales (voir le graphique de l'avoine) ; après avoir monté jusque vers 1880, ces prix ont subi une baisse régulière ; en ces dernières années ils se sont relevés. Le prix moyen du quintal d'orge était en 1895 de 15^{fr},15 ; il était en mai 1902 de 18^{fr},40, avec un maximum de 20^{fr},60 (Jura) et un minimum de 13^{fr},76 (Gard).

Le poids moyen de l'hectolitre est de 64 kilos.

Variétés d'orge. — M. Pelletier dans son étude sur les orges russes donne les caractères suivants :

Les *orges russes* n'ont pas de barbe à l'extrémité de leurs glumelles, leur longueur dépasse rarement 11^{mm}

contre 12 et 14 dans les orges de France ; elles sont plus dures que nos orges indigènes, de couleur jaune orangé plus accentuée ; la proportion de graines étrangères (moutarde sauvage, avoine, liseron, vesce, centaurée, jacée) est plus forte que dans les orges de France ; enfin elles exhalent une odeur de goudron ou de bateau assez appréciable.

La présence de grains d'avoine permet de reconnaître la provenance de l'orge quand on connaît les caractères différentiels du premier grain. Cette indication est particulièrement utile pour les orges d'*Algérie* et de *Tunisie* ; la présence d'avoine à grains doubles et triples, de couleur rougeâtre, est caractéristique, ainsi que celle des graines étrangères qui existent également dans l'avoine (V. *Avoines exotiques*). Les orges d'Afrique ont des glumes plus dures, plus épaisses et atteignent un degré de siccité plus grand que les avoines indigènes.

Les impuretés typiques des orges de provenance tunisienne sont quelques grains de :

Rapistre oriental (Rapistrum orientale), crucifère à silique globuleux et un peu côtelé.

Krubera leptophylla, ombellifère à graines plates et dures présentant trois côtes dorsales.

Buplevrum protractum, ombellifère à grains noirs réunis généralement par deux.

Les orges de provenance étrangère valent toujours de un à deux francs de moins que les orges françaises ; on cherche donc à les substituer à celles-ci ou à les mélanger avec elles ; les fraudes par mélange sont fréquentes. Nos orges étant presque toutes utilisées par l'industrie (brasserie, distillerie, amidonnerie), les orges exotiques jouent un rôle important sur le marché français des denrées alimentaires.

Composition chimique.

	GOHREN		WOLFF ET LEHMANN.	
	Orge de printemps.	Orge d'hiver.		
Eau..............	14,3	14,3	14,3	
			Bruts.	Digestibles.
Matière azotée......	10	9	9,5	7
Matière grasse......	2,3	2,5	2,4	1,9
Extractifs non azotés.	64,1	63,4	67,7	63,5
Cellulose	7,1	8,5	3,9	1,2
Cendres............	2,6	2	2,7	»

	MÖNTZ ET GIRARD.	BALLAND.		ORGE de France.	ORGE d'Algérie.
		Minimum.	Maximum.		
Impuretés.. .	1				
Grains........	85,66				
Balles........	14,34				
Eau..........	12,93	9,20	15,60	16	13,62
Cendres......	3,10	1,66	2,82	2,38	3,68
Graisses......	1,48	1,28	2,20	1,76	1,92
Matière azotée.	8,83	7,98	13,27	11,87	9,37
Extractifs non azotés........	69,16	66,60	72,58	67,99	71,44
Cellulose.	4,59	1,66	2,82		

Ces analyses montrent que l'orge est un des grains dont la composition chimique est le plus variable suivant les circonstances de sa culture ; ne suffisent-elles pas pour expliquer les opinions contradictoires émises sur la valeur alimentaire de cette denrée ?

Digestibilité. — Les expériences de Müntz et Girard ont montré que le coefficient de digestibilité de l'orge de France est plus élevé que celui de l'orge exotique ; en ce qui concerne les orges d'Algérie, cela s'explique par la différence dans la proportion de glumelles ; on compte en effet :

Dans l'orge de France.   p. 100 de grain.   12,4 de glumelles.
   —   d'Algérie..   —   —   16,2   —

Les glumelles sont, comme dans l'avoine, la partie la moins nutritive du grain ; parfaitement adhérentes à l'amande, elles s'en détachent avec difficulté ; elles seront cependant examinées ; les orges à écorce fine et mince sont supérieures aux orges à glumes épaisses. La proportion en est moins élevée que dans l'avoine ; tandis que dans cette graminée le poids des glumelles descend rarement au-dessous de 25 p. 100, il se maintient pour l'orge en dessous de 15 p. 100.

Valeur alimentaire. — La composition chimique et la digestibilité de l'orge montrent que ce grain convient parfaitement pour l'alimentation des moteurs; eu égard, cependant, aux variations dans la composition chimique, il est recommandé de ne faire consommer que de bonnes variétés bien récoltées. Nous avons remarqué en effet, avec des qualités médiocres, une proportion de 4,2 p. 100 d'orge non digérée dans les déjections; avec des orges de bonne qualité, les excréments en renferment une proportion très faible.

Pour que *la substitution de l'orge à l'avoine* donne de bons effets, il faut *augmenter légèrement la quantité en poids*; nous n'avons maintenu en état 40 chevaux nourris à l'orge qu'en augmentant la ration de 500 grammes, soit $5^{kg},700$ d'orge en substitution de $5^{kg},200$ d'avoine.

Emploi dans l'alimentation. — Avec la paille de blé, l'orge constitue la nourriture exclusive du cheval en Afrique et en Asie. En Algérie et dans les contrées méridionales, les chevaux ne reçoivent presque jamais

8.

d'autres grains. Il a été avancé que l'avoine ne convient pas aux chevaux des pays chauds, à cause de ses propriétés excitantes ; la raison de l'alimentation à l'orge nous paraît tout autre : on donne de l'orge parce que l'avoine pousse difficilement, tandis que l'autre graminée donne des récoltes abondantes.

En France l'orge est consommée dans les départements méridionaux ; en Italie, les chevaux de la partie nord sont nourris à l'avoine, ceux des parties centrale et méridionale reçoivent de l'orge et des caroubes. En Espagne le régime habituel des chevaux comprend de l'orge et de la paille hachée. On sait qu'en 1823, pendant la guerre d'Espagne, les chevaux de l'armée française furent mis à ce régime et s'y accoutumèrent rapidement.

Le prix de l'orge est grevé de droits d'octroi élevés (1^{fr},92) ; malgré cela cette denrée peut, dans certaines années, être introduite avantageusement dans la ration. Elle est employée à des doses variant de 1 à 2 kilos selon les cours du marché, le service des chevaux et les effets physiologiques obtenus.

Au début de l'emploi on constate des troubles intestinaux ; ils sont de courte durée si la substitution est progressive ; on les observe aussi avec d'autres grains au début du changement de ration.

La dureté du grain, la résistance de la balle rendant difficile la mastication de l'orge, ce grain est fréquemment donné concassé, aplati, macéré ou cuit ; l'orge germée est très appréciée des animaux ; elle constitue même une nourriture de choix pour les femelles en gestation ou les animaux en convalescence.

Règlements relatifs à l'emploi de l'orge dans l'armée.

Armée française. — Les qualités exigées pour l'orge sont identiques à celles que comporte le règlement sur l'avoine.

L'orge n'est substituée à l'avoine que par exception et sans dépasser pour les chevaux de race française le quart de la ration ; pour les chevaux de race arabe cette proportion peut être augmentée.

La substitution a lieu poids pour poids.

Les chevaux de l'armée d'Afrique ne reçoivent comme grains que de l'orge.

Tableau des rations de chevaux en Algérie.

DÉSIGNATION.	EN STATION.			EN EXPÉDITION.		
	Foin.	Paille.	Orge.	Foin.	Paille.	Orge.
État-major, gendarmerie, chasseurs d'Afrique, spahis, officiers d'infanterie....	3	2	4	4	»	4
Chasseurs de France et hussards montés en chevaux français....	4	2	4	5	»	4
Chevaux de remonte..	2	5	4	»	»	»
Étalons de l'État......	3	5	5	»	»	»
Chevaux de trait d'artillerie.............	6,5	2	5,5	7,5	»	5,5
Mulets de trait........	4	2	5	5	»	5
— de bât.........	3	2	5	4	»	5

Armée allemande. (Extrait du Manuel des Officiers.) — « L'orge est de toutes les graminées le meilleur aliment pour remplacer l'avoine ; elle peut la remplacer d'une manière continue, soit pour le tiers ou pour la moitié de la ration, ou par les quantités totales ci-dessous :

	Grosse cavalerie. kg.	Cavalerie moyenne. kg.	Cavalerie légère. kg.
Orge......	6,300	6	3,500

C. — SEIGLE.

Caractéristique botanique. — Famille des Graminées ; tribu des Hordéacées. Espèce : *Secale cereale.*

Le fruit est un caryopse, long d'environ 5 millimètres, poilu au sommet, de forme un peu conique, convexe d'un côté, creusé de l'autre d'un sillon longitudinal. On le distingue de celui du blé par sa forme plus allongée, plus étroite, sa couleur jaune grisâtre et sa surface légèrement plissée lorsqu'il est sec.

Culture. — Le seigle réussit sous tous les climats où l'on obtient le blé. Comme il est moins sensible que ce dernier aux froids de l'hiver, il peut donner des récoltes abondantes dans les localités où la culture du blé est incertaine ou impossible. Le seigle se recommande par son extrême rusticité qui lui permet de réussir dans les terrains calcaires les moins fertiles.

Le rendement du seigle est supérieur à celui du blé, mais sa valeur vénale est beaucoup moindre. Il produit par hectare une moyenne de 22 hectolitres de grains, du poids moyen de 72 kilos, et environ 3500 kilos de paille.

Pendant la période 1880-1900, le nombre d'hectares ensemencés annuellement en seigle a été en moyenne de 1619000.

Le seigle est utilisé dans l'industrie, pour la panification et surtout pour la distillerie.

Production. — Le seigle est cultivé en France sur les terrains granitiques du Limousin et de l'Auvergne, dans les sables de la Bresse et de la Sologne, sur les craies de la Champagne.

Les départements où la production est le plus consirable sont : la Creuse, le Morbihan, le Puy-de-Dôme, la Marne, la Haute-Loire, la Haute-Vienne. La production moyenne est d'environ 22 millions d'hectolitres :

1893....................	22 515 000	hectolitres.
1894....	26 946 000	—
1896...	24 441 000	—
1897....................	17 564 000	—
1898.............. ..	25 682 000	—
1899....	24 052 000	—

Notre production en seigle est environ le cinquième de celle du froment.

En Belgique, la production du seigle dépasse celle du froment; en Autriche, elle est d'un tiers plus élevée; en Allemagne et en Russie, elle est de plus du double; ces trois dernières contrées fournissent ensemble plus des trois quarts de la production totale dans le monde entier.

Composition chimique.

	Gohren.	Wolff et Lehmann.		Müntz et Girard.
		bruts.	digestibles.	
Eau............	14,3	»	»	14,50
Matières azotées. ..	11	11	9,9	9,99
— grasses...	2	2	1,6	1,29
Extractifs non azotés....	67,2	68,7	65,8	70,88
Cellulose.......... ...	3,7	2,5	»	1,38
Matières minérales.	2	1,8	»	1,95

(D'après Kühn.)

Matière sèche totale....................	86,6
Protéine brute........................	14,5
— digestible......................	8,476
Matières azotées non protéiques........	1,944
Graisses digestibles...................	1,476
Extractifs non azotés digestibles.......	50,98
Cellulose digestible...................	0,48

D'après cet auteur, c'est le seigle qui renfermerait la plus forte proportion de substances amidées.

Moyenne de plusieurs coefficients de digestibilité
(Müntz et Girard).

Matière azotée......................	73,97
— grasse......................	54,05
Amidon et sucre.....................	100 »
Cellulose saccharifiable..............	71,80
— brute......................	77,06
Substances indéterminées............	28,15

Müntz et Girard font remarquer qu'il se présente dans ces coefficients des variations notables, dues à l'individualité.

Cela explique, avec les variantes dans le mode de distribution et les écarts de composition chimique, les résultats contradictoires signalés par ceux qui ont fait entrer le seigle dans la ration du cheval.

Proportion des enveloppes au poids total du grain : 12-15 p. 100.

Valeur alimentaire. — Le seigle est peu employé comme succédané de l'avoine, quoique rien ne mette obstacle à son usage dans des limites déterminées où il permettrait de réaliser des économies assez sensibles.

Des expériences ont été faites dans l'armée pour fixer la *quantité de seigle qui peut remplacer une quantité donnée d'avoine*; la ration en grain a été portée progressivement de 0ᵏ,500 á 3 kilos, Et on a conclu que si le seigle peut entrer dans la consommation, *il est bon d'en donner au moins la même quantité que d'avoine.*

Le seigle a souvent été donné aux chevaux par les maîtres de poste ; mais soit que les expériences n'aient pas été faites avec soin, soit que le grain mis en consommation ait été de qualité inférieure, ces essais n'ont pas abouti à des résultats encourageants.

En 1847, certains maîtres de poste remplaçaient 1 litre et demi d'avoine et un quart de botte de foin par 1 litre et demi de seigle cuit. Magne donne comme ration à dominante seigle, l'exemple suivant :

Seigle.................... 3 kilogrammes
Chènevis................. 0ᵏᵍ,500
Paille hachée... .... 1 kilogramme.

Il propose aussi, pour remplacer 5 kilogrammes d'avoine, de donner :

Maïs..................... 3 kilogrammes.
Seigle 1   —

ce qui permet de réaliser une économie de près d'un tiers sur le prix de la ration grains.

Adenot a donné à des chevaux de gros trait la ration suivante en grains :

Avoine.. .... 6 kilogrammes.
Seigle.................... 3   —

350 chevaux furent soumis à ce régime pendant huit mois ; ils se maintinrent dans un état de santé florissant, et le travail ne fut nullement ralenti. Le seigle était donné entier et mélangé à l'avoine.

Pendant un an, nous avons soumis 1 600 chevaux à la ration suivante :

0^{ks},500   de seigle concassé (destiné au pochet de ville).
1 kilogramme de seigle cuit (consommé à l'écurie).
En substitution de 1^{ks},500 d'avoine.

L'économie réalisée par cette ration n'a pas été obtenue au détriment des moteurs, dont le poids et l'aptitude au travail furent conservés.

Le seigle entre dans l'alimentation des chevaux de culture de certaines fermes de la région du Nord ; c'est toujours par mesure d'économie, suivant la valeur commerciale de l'avoine, que la substitution est opérée. Dans une ferme du Soissonnais on donne, en remplacement de 6^{kr},200 d'avoine :

	kg.
Avoine....	3,200
Seigle cuit.........................	3,500

C'est-à-dire 3^{kr},500 de seigle cuit au lieu de 3 kilos d'avoine.

Mode d'emploi. — Le seigle peut être distribué au cheval sous cinq formes différentes :

En nature, concassé, cuit, en farine ou transformé en pain.

A son état naturel ce grain est moins bien trituré que l'avoine ; en outre, son coefficient de digestibilité étant déjà moindre, ce mode d'emploi, quoique le plus simple, n'est pas à conseiller.

On le donnera donc concassé, en mélange avec l'avoine, dans la proportion de :

3/4 d'avoine.
1/4 de seigle.

ou, comme maximum dans la substitution, de :

2/3 d'avoine.
1/3 de seigle.

La cuisson, mieux encore que le concassage, élève la digestibilité du grain ; celui-ci augmente de deux fois et demie en volume. C'est une façon très recommandable de distribuer le seigle, si on ne dépasse pas les limites indiquées, si cette cuisson peut être obtenue économiquement, et si elle a lieu peu de temps avant la distribution, car le seigle cuit fermente rapidement et peut, dans cet état, occasionner des accidents.

La *farine de seigle* se distingue de la farine de froment par sa teinte grisâtre et son toucher plus rude. On la donne en barbottage, mais son emploi direct est toujours limité.

Pour les *pains*, voir le chapitre spécial.

Altérations. — Le champignon de l'*ergot* (*Claviceps purpurea*) se développe sur le seigle, le blé et d'autres graminées telles que le ray-grass, le dactyle, les bromes, etc. Lorsque ce parasite est à sa dernière période, on est en présence d'un corps oblong ou fusiforme, plus ou moins arqué, de couleur violacée ; cette masse occupe la place du grain de la céréale, si bien que l'on a longtemps pensé qu'il en était une modification pathologique ; il s'agit, en réalité, d'un organisme différent.

L'*ergotisme* est un ensemble de troubles pathologiques consécutifs à l'ingestion des champignons de l'ergot qui sont toxiques. Cela débute chez les animaux par des symptômes de gastro-entérite, des troubles nerveux, puis de la dilatation de la pupille, et même des accès tétaniformes avec paralysie du train postérieur ; il survient finalement de la gangrène sèche des extrémités.

Les accidents aigus sont rares dans les grandes espèces domestiques, car la quantité de seigle distribuée ne renferme généralement pas une proportion d'ergot suffisante pour provoquer des troubles intenses, la dose toxique pour les grands herbivores étant de 3 à 4 kilos ; mais à dose faible et prolongée, les manifestations d'intoxication s'établissent lentement et finissent par devenir graves. Il est donc nécessaire de faire un examen attentif du seigle, aussi bien en farine qu'en grain.

L'odeur du seigle ergoté est forte et repoussante ; sa saveur est amère et âcre ; la poudre de l'ergot est d'un gris bleuâtre, très hygrométrique et très altérable, propriétés qu'elle communique à la farine de seigle avec laquelle elle est mélangée.

MM. Prillieux et Delacroix ont décrit, en 1893, un nouveau champignon (*Endoconidium temulentum*) qui végète sur le seigle ; il envahit l'albumen du grain et communique à celui-ci des propriétés toxiques se traduisant par des phénomènes d'ivresse chez les animaux (V. *Ivraie enivrante*).

D. — LE BLÉ.

Caractéristique botanique. — Famille des Graminées. Tribu des Hordéacées. Genre Triticum. Espèce : *Triticum sativum.*

Fruit. — Caryopse ovale, mousse aux deux extrémités, convexe d'un côté, creusé de l'autre d'un sillon longitudinal. Tégument lisse, dur, mince (qui, séparé du reste du grain, donne le son).

Culture. — Les bonnes terres à blé sont les sols argilo-calcaires, ou les sols argilo-siliceux ayant reçu, grâce aux amendements (marnes, poussières des fours à chaux), un complément de calcaire. Le blé prospère surtout dans les terres argilo-calcaires profondes, dans un sol ferme, compact et frais.

On le sème après une jachère (sombre, versaine, franc-guéret), après les cultures fourragères précoces (trèfle incarnat, vesce), après les plantes oléagineuses (colza, navette), après les betteraves ou les pommes de terre.

Relativement à leur territoire total, les départements qui cultivent le plus de froment appartiennent à la région du Nord, à l'Ouest, aux plaines du bassin de la Garonne et du Centre; les départements qui en cultivent le moins sont ceux de la région méditerranéenne, des pays montagneux et des pays de landes.

Au point de vue de la superficie cultivée en blé, la France occupe le second rang en Europe; elle vient après la Russie; hors d'Europe se placent avant nous les États-Unis et l'Inde britannique.

Le tableau ci-contre présente l'importance de la culture du blé dans les principaux pays producteurs de cette céréale :

Surfaces consacrées au blé et rendement dans les principaux pays producteurs.

CONTRÉES.	Surfaces cultivées (hectares).	Production en hectolitres.	Rendement par hectare.
			Hectolitres.
États-Unis.........	15 620 000	182 300 000	11,6
Russie d'Europe...	15 450 000	124 300 000	8
France...........	6 890 000	117 600 000	17
Indes britanniques.	10 000 000	80 000 000	8
Hongrie..........	3 300 000	50 515 000	12,3
Italie............	4 580 000	43 860 000	9,5
Espagne..........	3 860 000	33 740 000	8,7
Allemagne........	1 950 000	31 460 000	16,2
Grande - Bretagne-Irlande.........	763 000	21 460 000	28
Roumanie........	1 500 000	19 530 000	13
Autriche.........	1 000 000	15 780 000	15

Composition chimique (d'après Wolff).

Eau... 14,4
Cendres.................................... 1,7
Cellulose brute........................ 2,3

	Bruts.	Digestibles.
Protéine	12,5	11,3
Graisse	2	1,6
Extractifs non azotés..	67,1	64,9

La quantité de matière azotée contenue dans le blé peut varier de 8 à 15 p. 100, soit presque du simple au double, suivant la variété cultivée, le climat, la nature du sol et celle des engrais employés.

Les écarts extrêmes qui ont été relevés par M. Balland sur trois cents échantillons de blé sont :

Matière azotée : maximum.......... 18,50 p. 100
   —   —   minimum............. 7,75 —

La proportion la plus élevée se rencontre préférablement dans les blés durs, riches en gluten, par opposition aux blés blancs ou tendres.

Proportion des enveloppes à la masse totale du grain, 15 p. 100.

Poids moyen à l'hectolitre, 78-80 kilogrammes.

Digestibilité. — Les expériences de Müntz et Girard, sur la digestibilité du blé, ont donné les résultats suivants :

Matière azotée...................... 88,58
   —   grasse...................... 55,04
Amidon et sucre.................... 100
Cellulose saccharifiable............ 77,81
   —   brute...................... 84,66
Substances indéterminées.......... 20,07

Emploi. — Le blé, sous ses diverses formes, constitue une excellente nourriture pour tous les animaux domestiques.

Les agriculteurs peuvent l'utiliser pour l'alimentation du bétail quand son prix de vente n'est pas supérieur à 18-19 francs les 100 kilos. On le donne directement ou bien on lui fait subir diverses transformations. Il faut savoir que dans la généralité des cas, il n'est pas avantageux de faire consommer le grain tel que le livrent les batteuses.

M. Pluchet a insisté avec raison pour bien faire comprendre qu'il s'agit du *petit blé*. Ce praticien a voulu montrer l'intérêt qu'il y aurait pour l'agriculture française à débarrasser le marché des blés de 7 à 8 millions de quintaux qui, en ces dernières années, ont été la cause de l'effondrement des cours.

De 100 quintaux de blé sortant d'une machine, M. Pluchet, après un nettoyage énergique, retire deux parts :

93 quintaux de blé de première qualité.
7   —   de petit blé.

Or, les meuniers ont toujours donné $0^{fr},50$ à $0^{fr},75$ de plus du blé ainsi nettoyé que du blé primitif, et ils ont payé le petit blé 15 francs par quintal.

A quelle dose et sous quelle forme ce petit blé sera-t-il distribué aux animaux ?

La supériorité du blé s'impose quand on compare sa richesse en éléments nutritifs à celle des autres céréales. On a souvent accusé le blé de déterminer par son emploi, même à dose modérée, des accidents d'origine pléthorique (congestion intestinale, fourbure).

Lorsque ces accidents se manifestent, ils reconnaissent pour cause une substitution irrationnelle. En effet, dans la majorité des cas, le cultivateur, partant de la mauvaise pratique de mesurer, au lieu de peser ses grains, remplace une partie de l'avoine par un volume égal de blé ; il ne se rend pas compte que le blé pèse 33 p. 100 de plus que l'avoine et contient davantage de principes nutritifs. La richesse de la ration se trouve augmentée dans une large mesure, ce qui prédispose aux accidents signalés.

C'est donc à une mauvaise administration du grain, et non au grain lui-même, que l'on doit attribuer les troubles organiques.

Le blé est donné au cheval en nature, cuit ou transformé en pain.

Le blé en nature peut entrer dans la ration du cheval si on prend quelques précautions : on le donne en petite quantité (1 kilo—1ᵏ,500) en le substituant progressivement à l'avoine, et en tenant compte, pour le volume, de la différence de densité des deux grains.

Au lieu de verser le blé directement dans la mangeoire, on se trouvera bien de le mélanger avec de la paille hachée, ou toute autre préparation analogue ; la mastication et l'insalivation seront plus complètes ; la ration étant déglutie moins rapidement, on trouvera dans les fèces une proportion moindre de grains non attaqués par les sucs digestifs.

Dans certains cas, on le donne mélangé en petite quantité à l'avoine pour remettre en état des chevaux surmenés ; il entre à ce titre dans la ration des étalons au moment de la monte.

M. Pluchet conseille de donner le petit blé après cuisson. M. Vacher exprime la même opinion. Cette cuisson n'est pas très coûteuse ; elle revient à très bon compte dans les fermes où l'on dispose d'une machine à vapeur, puisqu'elle s'opère à l'aide de l'échappement de la vapeur ; ailleurs on peut se servir des chaudières à cuire les pommes de terre ou de tout autre appareil.

En 1901, M. Pluchet a donné à ses chevaux de trait la ration ci-dessous :

	kg.
Avoine	1,500
Petit blé cuit	3
Luzerne sèche	8
hachée et mélangée avec : mélasse	0,500

Les chevaux se sont maintenus en parfait état, malgré un travail très dur (1).

La *panification* du blé paraît le mode le plus rationnel de distribuer ce grain. La farine ne peut pas être donnée directement; même légèrement mouillée et échaudée, elle empâte désagréablement la bouche des animaux et provoque une soif ardente (Vacher). Le pain est accepté avec plaisir et il est distribué avec profit, bien que le prix du blé se trouve augmenté des frais de mouture et de cuisson. Pluchet estime que 3 kilos de pain peuvent remplacer $3^k,750$ d'avoine. La substitution n'est toutefois réellement économique que si la main-d'œuvre est peu élevée, ou si, pour abaisser le prix de revient, on ajoute à la farine de petit blé, des produits de basse mouture; par contre, la valeur alimentaire du pain se trouve diminuée.

En résumé, bien que le blé soit un aliment riche, son emploi dans la ration des animaux sera toujours limité. Sous forme de petit blé, et constituant en quelque sorte un premier résidu de meunerie, il peut être donné cuit ou panifié toutes les fois que les frais de ces transformations sont peu élevés.

E. — SARRASIN.

Caractéristique botanique. — Famille des

(1) *Société nationale d'agriculture*, 1901.

Polygonées, genre Fagopyrum. Espèce : *F. vulgare*. Sarrasin commun.

Plante annuelle à tige rougeâtre, à fleurs blanches ou rosées en grappes courtes.

Fruit de couleur brune affectant la forme d'une pyramide triangulaire, arêtes vives, écorce lisse.

Culture. — La culture du sarrasin n'a d'importance qu'en Bretagne, en Normandie, et dans les régions granitiques du Centre ; les départements qui en cultivent le plus sont : Ille-et-Vilaine, Côtes-du-Nord, Morbihan, Finistère, Manche, Loire-Inférieure, Haute-Vienne, Corrèze, Calvados, Creuse ; la superficie cultivée est d'environ 580 000 hectares, avec un rendement moyen par hectare de 16 hectolitres. Cette culture est en diminution sensible : 650 000 hectares en 1880, 630 000 en 1885, 590 000 en 1899.

Le sarrasin est très cultivé en Russie, et dans le nord de l'Amérique ; l'Autriche et l'Allemagne en produisent une quantité moindre ; l'usage du pain de sarrasin se réduit de plus en plus.

Composition chimique. — La graine de sarrasin, qui seule nous intéresse ici, a donné à l'analyse les résultats suivants :

PRINCIPES.	Gohren.			Boussin-gault.	Müntz et Girard.	
	Europe.	Tartarie.	Écosse.	Alsace.	Bretagne.	Limousin.
Eau............	13,2	10,6	10,6	13	14,64	9,80
Matière azotée..	7,8	11,2	10,7	13,1	7,04	9,82
— grasse..	1,5	1,5	1,5	3,9	2,40	2,36
Extractifs non azotés........	5,8	53,6	61,1	67,5	72,92	76,47
Cellulose........	17,6	20	15	»	»	»
Matières minérales........	1,4	4,6	2,6	2,5	3	1,55

Analyses de Balland.

	Minimum.	Maximum.
Eau...................	13	15,20
Matières azotées........	9,44	11,48
— grasses.........	1,98	2,82
Substances amylacées..	58,90	63,35
Cellulose..............	8,60	10,56
Cendres..............	1,50	2,46

Digestibilité. — Les coefficients de digestibilité des principes immédiats sont très faibles dans le sarrasin par suite de la présence de l'enveloppe dure et coriace qui protège l'amande et empêche l'action des sucs digestifs.

Décortiqué à la main, le grain donne en moyenne 20 p. 100 d'enveloppe et 80 p. 100 d'amande.

D'après MM. Müntz et Girard, les déjections des chevaux nourris au sarrasin renferment 27,6 p. 100 de leur poids sec en grains non attaqués. Il est donc indiqué de faire subir à cette denrée un concassage préalable ; en Russie, les graines sont soumises à la torréfaction, opération qui a en outre l'avantage de détruire, au moins en partie, le principe vénéneux dont nous allons parler.

Le sarrasin consommé par le bétail comme fourrage vert, est pâturé ou distribué à l'étable. Les sommités fleuries sont vénéneuses ; elles occasionnent chez le mouton, le bœuf et le porc, des accidents congestifs (agitation, délire, titubation, chute sur le sol, gonflement de la tête) parfois mortels. La paille sèche distribuée comme litière dans les bergeries cause des troubles analogues sur les animaux qui la mangent ; les graines sont moins dangereuses ; la cuisson leur enlève toute nocivité. Celle-ci est faible car le sarrasin employé en Bretagne, en Limousin, fut autrefois conseillé par Thaer et Dombasle pour remplacer une partie de l'avoine dans la nourriture des chevaux, et proposé par Magne, en mélange avec le maïs, à la dose, minime il est vrai, de 1 kilo.

Toutefois la toxicité de ces graines, si nous nous en référons aux observations de M. Lavalard, n'est pas négligeable et se traduirait par un symptôme spécial. « Nous ne savons s'il faut attribuer au sarrasin les démangeaisons que nous avons constatées pendant son administration, mais nous ne pouvons passer sous silence cette sorte de prurit qui existait sur la peau des chevaux pendant qu'ils consommaient ce grain » (Lavalard). La même constatation a été faite sur les chevaux de la Cie l'Urbaine. Lors des accidents qui surviennent sur les moutons et les bœufs, il existe aussi un prurit intense qui porte les animaux à se frotter la tête sur le sol, contre les murs, et la peau participe quelquefois tout entière à cet état congestionnel. Les démangeaisons observées sur les chevaux sont certainement une manifestation anodine de l'intoxication par le sarrasin. Le bœuf est moins sensible que le mouton; le cheval peut ne pas l'être autant que le bœuf, et les graines étant moins vénéneuses que le reste du végétal, cela suffit pour expliquer la tolérance observée.

Emploi. — Sous le bénéfice des observations précédentes, on emploiera le sarrasin à la dose maxima de 2 à 3 kilos dans la ration des solipèdes. Habituellement, on fait poids pour poids la substitution à l'avoine; en tenant compte de la faible digestibilité du sarrasin, on doit augmenter la quantité de ce grain de un quart environ, soit 1^{k},250 pour 1 kilo d'avoine.

Donné en supplément d'une ration normale d'avoine, ce grain pousse à l'engraissement ; faculté mise à profit par quelques éleveurs bretons qui nourrissent leurs chevaux au sarrasin dans la période de préparation à la vente.

Armée française. — Le sarrasin, assimilé aux autres succédanés, est admis en remplacement de l'avoine, à poids égaux, et pour le quart de la ration.

Armée allemande (Extrait du Manuel des officiers). — Le sarrasin, avec des précautions suffisantes, est un aliment de remplacement utilisable. Si, au cours de la consommation du sarrasin, les excréments deviennent mous et acquièrent une mauvaise odeur, ou si des troubles cérébraux se manifestent, il faut en arrêter immédiatement la distribution.

Conservation. — La conservation du sarrasin est difficile ; en magasin il s'avarie facilement. A cause de leur état plus parfait de siccité, les sarrasins du Midi sont préférables à ceux de Bretagne et de Normandie sous le rapport de la facilité de la conservation.

Il faut avoir soin, aussitôt le battage, de disposer le grain en couche mince et de le pelleter fréquemment, sinon il prend un goût de moisi.

RIZ.

Caractéristique botanique. — Famille des Graminées, tribu des Oryzées, genre Oryza, renfermant quatre espèces toutes propres aux pays chauds, parmi lesquelles le *Riz commun* (*O. sativa*) joue un très grand rôle comme plante alimentaire.

Le fruit est un caryopse comprimé, serré dans les glumelles ; on le trouve dans le commerce débarrassé de toutes ses enveloppes et même de son tégument propre.

Culture. — Le meilleur sol est constitué par des terres imbibées d'eau, irriguées artificiellement ou naturellement ; les terres fertiles, inondées par des eaux chargées de matières organiques, telles que les vases d'alluvions des estuaires des grands fleuves, sont celles qui conviennent le mieux à la culture du riz.

Le riz a en outre besoin d'une température élevée, condition qui empêche sa culture en Europe au delà du 46° de latitude nord.

Variétés. — Le riz entier, recouvert de ses glumelles et de son tégument propre, est le *riz paddy* ; lorsque les glumelles seules sont enlevées, c'est le *riz cargo* ou *riz pelage* ; débarrassé de ses enveloppes et de son tégument, c'est le *riz blanc* ou décortiqué.

La décortication enlève au grain ses couches les plus externes et son germe, parties les plus riches en matière azotée, en matière grasse et en phosphates. Le riz décortiqué est un aliment féculent, plus riche en amidon que le blé, mais plus pauvre en principes azotés et en graisses.

Dans son ouvrage sur les *Cultures coloniales*, H. Jumelle donne le tableau ci-dessous montrant la composition des principales variétés de riz et celle des céréales de la même origine.

PRINCIPES.	RIZ.			BLÉ de l'Inde.	MAÏS de l'Inde.	Seigle.
	Pégu.	Bombay.	Bareilly.			
Eau.............	13,50	13,00	12,80	12,30	12,90	12,70
Amidon et sucre.	78,10	77,63	77,80	71,22	74,63	70,53
Matière azotée..	7,41	7,44	8,24	13,61	9,23	9,18
Matières grasses.	0,40	0,70	0,64	1,13	1,59	1,93
Cendres.........	0,59	1,23	0,52	1,74	1,66	1,66

Analyses de Balland.

PRINCIPES.	Indes.	Japon.	Piémont.	Saïgon.
Eau..................	11,80	15,30	13	15
Matière azotée........	5,55	6,98	7,21	8,38
— grasse........	0,25	0,50	0,35	0,75
Hydrates de carbone..	78,40	80,49	75,11	81,35
Cendres.............	0,14	0,46	0,40	0,56

Le prix élevé du riz ordinaire empêche son emploi dans l'alimentation des animaux ; seul le riz ancien, suranné, à cause de sa valeur moindre, peut être utilisé.

Le travail que subit en France le riz brut, pour être décortiqué et glacé, laisse, comme déchets, les glumelles et les débris de riz. Ces sous-produits trouveraient un débouché avantageux dans la panification pour les animaux ; nous les retrouverons en mélange avec les sons de blé.

SORGHO.

Caractéristique botanique. — Famille des Graminées. Espèce : *Andropogon sorghum.*

Le sorgho ou blé de Guinée, ou gros mil, est une plante arrivant à $3^m,50$ de hauteur, portant une grappe de cymes unipares, donnant un grain comprimé de couleur variable.

Culture. — Le sorgho est cultivé pour ses graines et comme fourrage vert ; sa paille est employée dans l'industrie des balais.

En Algérie il se rencontre surtout en Kabylie, où l'on distingue le sorgho blanc et le sorgho noir.

Au Sénégal et au Soudan le sorgho est très cultivé,

et présente un grand nombre de variétés. Les grains constituent le principal aliment des indigènes.

En Afrique australe et dans l'Inde on cultive le sorgho sucré et le sorgho blanc.

Cette plante exige un sol fertile. Dans le midi de la France, où on la cultive (plaine de la Garonne, vallées des Pyrénées), elle demande un sol bien préparé, avec une bonne fumure et des engrais phosphatés.

Lorsque le grain était utilisé par la distillerie, la culture était très appréciée en France ; elle a baissé beaucoup, mais tendrait à reprendre dans le sud-ouest sous l'impulsion du syndicat des fabricants de balais.

Valeur alimentaire. — Le gros mil du centre africain est le seul qui doive nous intéresser.

Wolff lui reconnaît la composition suivante :

		Digestible.
Eau......................	16,2	
Matière azotée............	9,8	7,8
— grasse............	3,3	2,7
Extractifs non azotés......	67,5	57,4
Cellulose.................	2,5	1,3

Il est utilisé pour l'alimentation par les peuplades africaines ; il entre aussi dans la ration des chevaux, laquelle se compose, au Soudan, de mil, de maïs, de niébé (sorte de haricot du pays), quelquefois de riz, d'arachide, de paille d'arachide. Mais, au dire de Sarrazin, vétérinaire militaire, « ces divers aliments ne sont guère employés que par les riches personnages ; le plus souvent les chevaux restent au pâturage, abondant et varié en saison des pluies, mais presque nul en saison sèche ».

Toutes les variétés de sorgho ne conviennent pas aux équidés; celles dites « gadiaba », « gnéniko »,

« kenndé », ont un grain tendre qui se broie facilement. Le *mil rouge* dont les glumes sont rouge foncé et qui a aussi l'enveloppe rougeâtre, est très employé par les indigènes pour leur couscous ; mais il est trop dur pour être distribué aux animaux.

(Pour la toxicité du sorgho consommé en vert, se reporter au chapitre « Intoxications alimentaires ».)

MILLET.

Caractéristique botanique. — Famille des Graminées. Espèce : *Alopecurus indicus* (Linné) ou *Pennisetum typhoïdeum*.

Plante annuelle, à tige ne dépassant pas 2 mètres, feuilles longues, lancéolées ; inflorescence portant des épillets très serrés, renfermant des grains petits, oblongs, blancs, jaunâtres, rouges ou bruns suivant les variétés.

Culture. — Le petit mil se cultive dans les parties élevées de l'Inde et en Afrique septentrionale. La culture ne nécessite pas une longue préparation. Le sol labouré, ou plutôt gratté, reçoit la semence au début de la saison des pluies, vers le commencement de juillet ; la récolte se fait fin novembre.

Le millet est cultivé en France dans les départements méridionaux ; ceux du bassin de la Garonne possèdent les cultures les plus étendues ; le grain sert à faire des gâteaux ou bien est consommé par les volailles et les oiseaux de volière.

Composition. — Le petit mil est très nutritif. En voici quelques analyses :

	Jumelle.	Wolff.
Eau....................	12	14
Matière azotée...........	10	11,8
— grasse...........	3	4
Extractifs non azotés.....	75	57,4
Cellulose................	»	9,5

Valeur alimentaire. — Au Sénégal et au Soudan il est consommé par les indigènes, cru, concassé ou cuit à l'eau.

Sa composition ne s'oppose pas à ce qu'il entre, au même titre que le sorgho, dans l'alimentation des chevaux en Afrique ; mais ses graines petites échappent en partie à la mastication et passent dans les déjections sans avoir été attaquées. On pourrait remédier à cet inconvénient par le concassage.

La paille est un bon fourrage.

F. — LA FÈVE ET LA FÉVEROLE.

Caract. botanique. — Famille des Papilionacées ou Légumineuses. Genre *Faba*. Espèce : *Faba vulgaris*.

Culture. — Cette légumineuse aime surtout les terres franches, un peu fortes, bien fumées. On en distingue deux variétés principales : la fève des marais à grosses graines, et la féverole ou fève à petites graines dont on fait consommer aux bestiaux les tiges et les gousses.

La fève est cultivée en France dans le nord, l'ouest et le midi ; cette culture a perdu beaucoup de son importance :

	1882	1892	1900
	Hectares.	Hectares.	Hectares.
Superficie..........	154 000	140 000	64 000
	Hectolitres.	Hectolitres.	Hectolitres.
Rendement..........	2 950 000	2 216 000	920 000

Importations. — La plus grande partie des fèves consommées en France vient de l'étranger ; il y a un écart considérable entre la production (690 000 quintaux) et l'importation (9 116 425 quintaux en 1900).

Les fèves importées viennent d'Égypte, d'Italie, d'Algérie et d'Alsace.

Les trois premières sortes sont d'une propreté qui

laisse fort à désirer ; elles renferment un grand nombre de corps étrangers, des pierres, de la terre desséchée, dans une proportion qui s'élève parfois jusqu'à 12 p. 100 ; cela est un inconvénient sérieux pour leur consommation immédiate.

L'Alsace était un centre important de production des fèves ; mais depuis quelques années, par suite de l'abaissement des prix de cette denrée, beaucoup d'agriculteurs ont renoncé à sa culture.

Composition chimique. — Voici la composition moyenne de féveroles de diverses provenances :

	Lorraine.	Vendée.	Nord.	Bourgogne.
Matières azotées.....	28,40	25,54	27,79	24,65
— grasses....	1,10	0,85	1,07	0,81
Extractifs non azotés.	52,83	55,96	53,57	57,30
Matières minérales. .	2,79	3,41	2,92	2,52
Eau	14,88	14,24	14,65	14,72
Poids à l'hectolitre..	79 kil.	71 kil.	77 kil.	

Analyses de Müntz et Girard.

Échantillons.	Eau.	Cendres.	Graisse.	Mat. azotée.	Cellulose.	Extractifs.
1	20,54	2,66	0,98	21,20	6,16	48,46
2	19,96	2,67	0,89	25,14	6,24	45,10
3	18,00	2,46	1,06	25,44	6,32	46,72
4	17,76	2,53	1 »	25,43	6,09	47,19
5	18,92	2,75	1,18	23,42	6,22	47,51
6	18,66	2,64	1,14	23,80	5,48	48,31
7	18,10	2,66	1,15	23,30	5,82	48,97
8	16,44	2,74	1,18	26,33	6,60	46,71
9	17,14	2,94	0,96	24,60	6,71	47,68
10	16,30	3,12	0,97	25,95	5,82	47,84
11	16,90	2,70	1,15	25,42	5,43	48,40
12	18,07	2,70	1,06	24,44	6,05	48,21
Moyenne .	18,07	2,57	1,06	24,54	6,08	47,60

PRINCIPES.	GOHREN.	WOLFF.	
		Bruts.	Digestibles.
Eau..................	14,1	14,6	»
Matières azotées........	25,1	25	22
— grasses.........	1,6	1,6	1,4
Extractifs non azotés....	44,5	48,9	45
Cellulose.............	11,7	6,9	5
Cendres.............	3	»	»

Ces analyses montrent que la composition de la fève
varie dans des limites extrêmement faibles ; cette stabilité de composition constitue un avantage précieux
puisqu'elle permet d'effectuer, sans erreur sensible,
les substitutions alimentaires.

Digestibilité. — La féverole donnée seule possède un coefficient de digestibilité élevé ; ainsi
MM. Müntz et Girard ont trouvé pour les principes
immédiats de la fève les coefficients ci-dessous :

Amidons............................	100
Matière azotée.......................	89,3
— grasse........................	21,34
Cellulose brute.......................	82,99
— saccharifiable..................	93,7
Substances indéterminées.............	68,73

Valeur alimentaire. — Le pouvoir nutritif de
la fève (Voir le graphique, fig. 4), son coefficient de
digestibilité élevé, son prix relativement faible et
l'absence de droits d'octroi, forment un ensemble de
circonstances favorables qui doivent attirer l'attention ;
cette denrée est appelée à jouer dans les substitutions
alimentaires un rôle économique important que nous
allons essayer de préciser. Nous nous servirons pour
cela d'observations faites en France, à l'étranger et de

celles que nous avons recueillies depuis plusieurs années.

L'emploi de la fève dans l'alimentation du cheval a été très discuté ; sans nier son pouvoir nutritif élevé, on l'accusait de déterminer, à dose modérée, des trou-

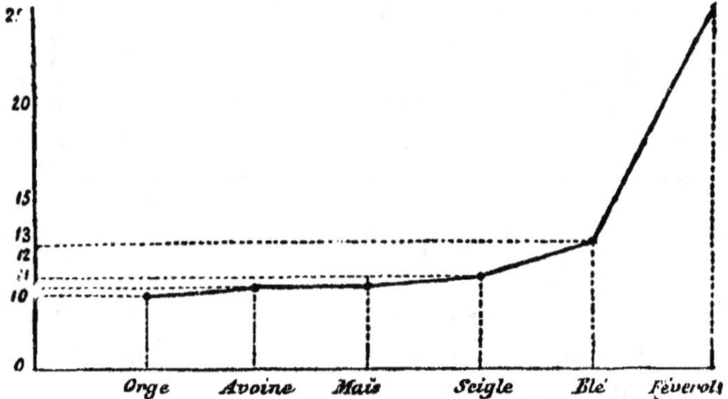

Fig. 4. — Graphique montrant la teneur en matière azotée de la féverole, comparativement à celle des céréales.

bles organiques sérieux, d'origine pléthorique. A l'étranger cette denrée constitue pourtant, dans certaines exploitations, la dominante de la ration ; le tableau ci-dessous, emprunté à M. Lavalard, contient des indications démonstratives :

COMPAGNIES.	Féveroles.	Pois.
Tramway nord métropolitain...	0,453	0,453
London..............................	»	1,360
London street......................	0,453	
South London......................	0,453	
Birmingham........................	1,814	
Liverpool...........................	1,814	
Tramways de Lille (1884)........	0,270	
— de Paris (1886)......	0,047	
— de Genève (1886) ...	0,527	
Lisbonne (mulets) (1883)........	2,622	
Hambourg (1885)..................	1,061	

Nos observations sur l'alimentation à la féverole ont une durée de six années et ont porté sur un effectif moyen de 1600 chevaux. La légumineuse a été distribuée en quantités variables de manière à entrer dans huit rations différentes. Le tableau ci-dessous indique les doses employées.

Tableau indiquant les doses de fèves employées de 1896 à 1902.

RATIONS.	Chevaux de camionnage. Poids moyen : 650 kilos.	Chevaux de location. Poids moyen : 485 kilos.	Poneys. Poids moyen : 300 kilos.
a............	0,550	0,500	0,340
b............	0,750	0,700	0,540
c............	0,830	0,790	0,510
d............	0,950	0,850	0,550
e............	1	0,950	0,600
f............	1,250	1,250	1,040
g............	1,500	1,450	1,100
h............	2	1,900	1,200

Eu égard au poids vif, la dose la plus forte a été supportée par les poneys.

Les substitutions de la fève à l'avoine ont été calculées de manière à obtenir toujours le rapport nutritif initial de la ration type ; c'est à cela, croyons-nous, qu'il faut attribuer, malgré les doses massives de fèves employées, l'absence d'accidents d'origine pléthorique, tels que ceux qui ont été observés avec des régimes irrationnels.

En effet, pendant toute la durée de nos expériences, il n'y a eu aucun changement dans la valeur alimentaire des rations ; la quantité de principes nutritifs (matières azotées, graisses, hydrates de carbone) introduite dans l'organisme est restée la même ; seule l'origine a changé, elle a été fournie par la fève au lieu de l'avoine.

Les statistiques des entrées à l'infirmerie prouvent que le nombre des affections intestinales, des congestions diverses, des cas de fourbure, relevé sous le régime intensif à la fève (ration h) n'est pas plus élevé que celui de la ration a. L'aptitude au travail a été excellente ; les chevaux de camionnage soumis à un travail intensif (charge maxima avec une durée d'attelage d'environ quatorze heures), ceux affectés au service de location (voiture de livraison faisant un trajet moyen de 50 kilomètres aux allures vives), ont fait un service régulier.

Outre les accidents d'origine pléthorique, certains observateurs attribuent à la fève une action irritante sur l'appareil digestif, produisant la diarrhée. Pendant toute la durée de nos observations, et malgré le nombre considérable de chevaux soumis à ce régime, nous n'avons pas eu l'occasion de constater ces accidents. Afin de nous rendre compte si la fève était cependant susceptible de les provoquer, nous avons soumis vingt chevaux pendant trente jours à une ration où la dose journalière fut portée à $3^k,500$; il n'y a pas eu de troubles intestinaux, les fèces sont restées de consistance normale.

Les observations faites à la Cte l'Urbaine où la fève est employée à la dose de 1 kilo, corroborent celles que nous venons de rapporter. Ce vaste champ d'expérience (7 000 chevaux) donne aux conclusions une grande portée pratique.

Lorsque des accidents se manifestent, ils reconnaissent pour cause une substitution irrationnelle, un mélange mal fait, ou une distribution défectueuse des grains ; ce n'est pas au grain lui-même, mais à son mode d'emploi qu'il faut attribuer les troubles organiques.

Il est très difficile, en ajoutant de la fève aux graines de céréales (avoine, orge, maïs), d'obtenir un mélange homogène, à cause de la différence de densité des grains ; il en résulte un dosage irrégulier dans la ration ; certains chevaux recevront un excédent de fèves, tandis que d'autres en seront à peu près entièrement privés. Les pelletages réitérés, même ceux d'une quantité minime de grains, ne permettent pas d'obtenir un mélange intime, ainsi que le prouve la différence de composition des échantillons prélevés au centre et à la périphérie de la masse. L'emploi des rationneurs permet seul de résoudre pratiquement et économiquement cette question importante de l'homogénéité du mélange. (Voir *Manutention*.)

Lors donc que le dosage régulier de la ration ne peut pas être réalisé, il convient de n'employer cet aliment concentré qu'avec prudence.

Le tableau ci-dessous, dressé par Lehmann, indique la teneur en matières minérales des principaux aliments concentrés :

1 000 parties en poids de ces aliments contiennent :	Chaux.	Acide phosphorique.
Maïs..........................	0,14	5,5
Orge.......................	0,40	8,9
Seigle........................	0,40	9,8
Avoine.......................	1,20	7,6
Féverole......................	1,33	11,1

Cet examen comparatif montre la richesse de la fève en chaux et en acide phosphorique. Cet apport minéral important, joint à une forte teneur en matière albuminoïde, fait de la fève un aliment de choix pour les animaux en croissance, puisqu'il apporte à dose convenable les éléments indispensables à la constitution des tissus.

On la donnera aussi avec avantage aux chevaux qui doivent fournir un travail long et pénible, et aux chevaux âgés. Les Anglais déclarent que dans une chasse il est facile de reconnaître à leur endurance les chevaux dans la ration desquels entre la féverole. En Allemagne on lui reconnaît des qualités qui la font utiliser pour les chevaux à l'entraînement.

La fève, comme tous les aliments très nutritifs sous un faible volume, prévient les indigestions ; elle a fréquemment raison des diarrhées les plus persistantes (Cadéac).

Outre ces qualités nutritives et stimulantes de la fève, il est bon, pensons-nous, de tenir compte d'une raison d'ordre physiologique pour conseiller l'emploi de ce grain dans l'alimentation du cheval :

Dans les villes et les centres industriels où le travail excessif est de règle, on doit donner aux moteurs, pour éviter leur usure prématurée, une ration intensive. Si on nourrit exclusivement à l'avoine, on est obligé de distribuer de ce grain des doses massives qui exigent un travail digestif considérable. L'observation journalière montre qu'il existe une relation étroite entre la fréquence des cas de coliques et les rations intensives (20-25 litres) à l'avoine. Par loi judicieux de mélanges de grains où entre la fève, ces accidents peuvent être diminués dans une certaine mesure ; en présentant sous un volume réduit la même quantité de matière nutritive, on supprime la surcharge stomacale, on diminue le travail digestif ; on écarte ainsi les deux facteurs qui jouent un rôle si grand dans la genèse des troubles abdominaux.

Dans les rations dont nous avons donné le tableau, les *substitutions de la fève à l'avoine* ont été faites, d'une manière générale, dans le rapport suivant : *500 grammes de fève pour 1 kilo d'avoine*. Même sous cette proportion minime la nouvelle ration présente un excédent de matière azotée qui compense le déficit de matières hydro-carbonées.

En se basant sur le prix actuel des denrées à Paris (avoine 20 francs le quintal, fève 22 francs), l'économie résultant de cette substitution est de 0 fr. 09 par kilogramme de fèves employées par cheval et par jour ; soit par an pour un effectif de 1 800 chevaux recevant 1 kilo de fève par jour, une économie de 60 000 francs.

Tableau du prix de revient du kilogramme de matière azotée.

DENRÉES.	Matière azotée (Wolff).	Prix de 100 kilos, octroi compris.	Prix du kilo de matière azotée.
		fr.	fr.
Avoine.....	10,4	20	1,92
Maïs........	10,4	18	1,73
Orge........	10	17,65	1,76
Fève........	25	21,50	0,86

L'emploi judicieux de la fève permet, sans aucun doute, de constituer des rations économiques sans toucher à la durée de la carrière du moteur. Mais les formules les mieux établies ne mettant pas à l'abri des influences locales ou individuelles ; ce n'est qu'après des observations minutieuses et suffisamment prolongées que l'on peut les accepter avec sécurité.

Emploi. — La fève est donnée concassée ou macérée, préparations qui ont pour objet de faciliter la mastication et d'augmenter la digestibilité.

La *féverole* présente sur la grosse fève deux avantages qui lui font généralement accorder la préférence : elle peut être distribuée en nature, ce qui évite les frais de concassage, et sa conservation en magasin est plus facile car les insectes qui nuisent aux fèves, dans la majorité des cas n'attaquent pas la féverole.

Altérations. — Lorsque les fèves sont récoltées dans de mauvaises conditions elles se maintiennent humides et leur écorce se couvre de moisissures. Dans ces conditions elles sont impropres à la consommation.

Parasites. — L'ennemi le plus redoutable de la fève est le *bruche* ; on en distingue deux espèces : le *bruche commun (bruchus granarius)* qui attaque les fèves, et le *bruche rufimane (bruchus rufimanus)* qui attaque les fèves et les lentilles. Les Bruchidés sont des coléoptères voisins des charançons dont ils se distinguent par leur rostre court et large et leurs antennes non coudées; leur taille est en moyenne de 6 à 8 millimètres.

Les larves se développent dans l'intérieur de la graine dont elles consomment peu à peu toute la partie nutritive.

Le pourcentage des principes nutritifs est-il moindre dans les fèves atteintes que dans les fèves saines ? On peut répondre par la négative. La composition de la graine étant presque homogène dans toutes ses parties, la larve consomme toujours des quantités proportionnelle d'amidon, d'albumine, etc. ; les fèves attaquées diminuent de poids, mais leur composition n'est pas modifiée.

La perte de poids qui en résulte est très importante; elle peut atteindre 18,41 p. 100 (Grosjean); un quintal est réduit à 81^k,59, ce qui est presque une perte de un cinquième; soit en argent environ 3^fr,40, sans tenir compte de la dépréciation que le mauvais aspect des graines peut faire subir au lot atteint.

La présence des insectes n'a aucune influence sur la santé des animaux; les fèves étant données concassées, les parasites ont été en grande partie éliminés au cours de cette préparation.

On peut combattre l'invasion des bruches par des pelletages réitérés ou l'emploi du sulfure de carbone. Un moyen peu dispendieux de détruire les parasites consiste à passer les fèves au four, à l'exception de celles que l'on destine à la semence.

L'aspect des fèves attaquées ne diffère pas de celui des fèves saines; il faut un examen minutieux pour les distinguer; les grosses fèves sont plus souvent attaquées que les moyennes; les petites sont généralement indemnes.

L'immersion dans l'eau est un moyen de diagnostic auquel on a recours pour les lentilles; les graines larvées surnagent; ce fait ne se produit pas avec la fève, ce qui rend le procédé inutilisable.

GRAINES DE LÉGUMINEUSES DIVERSES.

La **Vesce** (*Vicia sativa*) donne une graine nutritive qui, comme toutes celles des légumineuses, peut entrer dans la ration des chevaux.

On lui reconnaît la composition suivante :

	Boussingault.	Wolff.	Digestible.
Eau	14,6	13,4	
Matière azotée	27,3	26,4	23,3
— grasse	2,7	1,8	1,6
Matières hydrocarbonées	48,9	48,6	45
Cellulose	3,5	6,6	5
Matières minérales	3		

Poids de l'hectolitre : 78-80 kilos.

Boussingault estimait que 43 litres de graines de vesce pourraient remplacer 100 litres d'avoine; la substitution en poids se fera sur les bases suivantes : 35 kilos pour 50 kilos d'avoine; ou pour un kilo de celle-ci 0^k,700 de vesces. On les donnera cassées ou légèrement trempées dans l'eau.

Les **Lentilles** sont utilisées accidentellement lorsqu'elles ont subi une dépréciation qui les rend impropres à l'alimentation de l'homme.

Elles contiennent, d'après Boussingault :

Eau............................	9 p. 100.
Matière azotée....................	25 —
— grasse..................	2,5 —

On peut les employer comme succédané de la féverole, au même titre que cette dernière.

Dans le Midi on donne aux *mulets* les graines de la LENTILLE ERVILIÈRE (*Ervum ervilia*); l'emploi de cette graine peut cependant présenter des dangers lorsque l'on en distribue brusquement une quantité notable. Si on la donnait au cheval sous forme de farine, il faudrait l'associer à d'autres résidus, recoupes, sons, etc. Il serait imprudent de distribuer d'emblée au cheval 2 litres de graines, quantité qu'il peut prendre plus tard quand l'accoutumance de l'organisme pour le principe toxique de la légumineuse a été établie avec des doses faibles et progressives.

Chez le cheval et le mulet, l'intoxication par la lentille ervilière se traduit par du coma, de l'affaiblissement du train postérieur, de la paraplégie; quelquefois du cornage et des coliques sourdes.

Les **Pois** (*Pisum arvense*) donnent un foin un peu dur et grossier que l'on réserve pour les ruminants;

les graines sont très nutritives et peuvent être consommées par le cheval, dans les mêmes conditions
que la féverole ; ces graines sont presque cubiques,
verdâtres ou jaune rougeâtre ; elles entrent, en Angleterre, dans la ration des chevaux de course.

Leur composition est la suivante (Wolff) :

		Digestible.
Eau	14,4	
Matière azotée,	22,6	20,1
— grasse	1,9	1,4
Matières hydrocarbonées	53	49,5
Cellulose	5,4	3,5

Poids de l'hectolitre, 78 à 80 kilos ; il s'abaisse à
70-75 lorsque des graines sont attaquées par les larves
des bruches.

Le Manuel des officiers de l'armée allemande indique les chiffres ci-dessous, comme base de substitution totale à l'avoine des graines de légumineuses :

Réserve.	Ligne.	Légère.
4^{kg},500	4 kilos.	3^{kg},500

Il y est dit, ensuite :

« Ces légumes à cosses font partie des meilleurs
aliments de remplacement pour l'avoine ; ils rendent
les chevaux capables d'un fort travail et d'une grande
endurance ; quelques poignées ajoutées à chaque
ration d'avoine pendant peu de semaines produisent
un très grand effet. »

« Comme aliment complémentaire, il est d'usage de
donner les pois cassés ou gonflés. Quand on les donne
comme aliment exclusif, suivant les quantités indiquées
plus haut, il est nécessaire d'augmenter la ration de
foin, afin de remplir suffisamment l'estomac et l'intestin des chevaux. »

Boussingault a signalé depuis longtemps la nécessité dans laquelle on se trouve, lors de l'emploi des graines de légumineuses, de compléter le volume de la ration et sa teneur en matières hydro-carbonées, par un supplément de foin ou de paille.

Les graines de **Lupin jaune** (*Lupinus luteus*) tiendraient la tête des aliments protéiques si elles ne renfermaient pas un principe toxique déterminant des accidents aigus ou chroniques. Ces accidents (*lupinose*) ont été surtout observés en Allemagne, et pour y parer, on a recours à divers procédés :

Le plus simple consiste dans la macération des graines dans l'eau alcalinisée, ou dans l'eau acidulée. D'après Wolff, le procédé Wildt : macération dans l'eau acidulée d'acide chlorhydrique, lavages avec solution de chlorure de chaux puis à l'eau froide, donnerait de bons résultats.

On a conseillé aussi (O. Kellner) de traiter les graines pendant une heure par la vapeur d'eau à 100°, puis de les laver abondamment à l'eau froide.

Composition. — Les graines de lupin sont globuleuses, brunes, tachetées de blanc ; leur composition moyenne est la suivante (Wolff) :

	Lupin jaune.		Lupin jaune débarrassé de son principe amer.	
		Digestible.		Digestible.
Matière sèche	86		34	
Protéine.................	36,6	32,9	16,7	15
Matière grasse..........	4,7	4,2	2,3	2
— hydrocarbonée.	27,2	24,7	7,3	5,8
Cellulose...............	14,2	14,2	7,1	7,1

Poids à l'hectolitre, 72 à 76 kilogrammes.

Emploi. — Kellner a donné sans inconvénient à des chevaux, 2ᵏ,500 de lupin débarrassé de son principe amer ; la ration comprenait des carottes pour combattre l'effet constipant du lupin.

Wildt ne conseille pour les chevaux que des doses modérées, ne dépassant pas 500 grammes.

Voici quelques types de rations employées en Allemagne et où la dominante est le lupin (débarrassé de son principe amer) :

kg.

a { Avoine............................ 2,500
    { Lupin............................. 2,500

b { Lupin............................. 3
    { Seigle............................ 2,500
    { Graine de lin.................... 0,150

Les doses de substitutions indiquées dans le Manuel des officiers allemands sont les suivantes :

4^{kg},500   4 kilos.   3^{kg},500 selon les armes.

« Comme aliment de remplacement, est-il ajouté, pour le tiers ou la moitié de la ration de grains, le lupin constitue une nourriture profitable. »

Le **Lupin à fleurs bleues** cultivé en France donne des graines rondes, maculées de blanc et de gris. Non incriminé, jusqu'ici, comme plante vénéneuse, il est particulièrement employé pour la nourriture du mouton.

Le **Lupin à fleurs blanches** est cultivé dans les pays méridionaux et orientaux, pour ses graines ; dépouillées de leur amertume par la macération, celles-ci entraient autrefois dans l'alimentation des Romains, des Grecs et des Égyptiens ; elles sont encore utilisées au même titre par les habitants de l'Andalousie, de la Corse et du Piémont ; elles ne provoquent pas d'accidents (Cornevin).

Le **Soja** (*Soja hispida*) ou *Pois oléagineux* est

cultivé au Japon comme plante alimentaire; ses graines, qui ressemblent à un petit haricot arrondi, sont lisses, jaunes avec le hile brun, ou noires suivant la variété.

L'hectolitre pèse 75 à 77 kilogrammes.

La graine de la variété noire est spécialement recommandée pour les chevaux; elle est très riche en matière azotée et surtout en graisse :

D'apres Wolff.

		Digestible.
Eau	10	
Matière azotée totale	33,4	30,1
— grasse	17,6	15,8
Matières hydrocarbonées	29,2	18,1
Cellulose	4,8	

Cette plante, très peu connue, pourrait être expérimentée sérieusement; jusqu'ici, en France, elle n'est entrée dans la ration qu'à titre d'essai.

Gesse (*Lathyrus sylvestris*). — Les graines de gesse sont anguleuses, lisses, de couleur brun grisâtre.

Composition :

Eau	11,6
Matière azotée	25
— grasse	1,9
Matières hydrocarbonées	54,5
Cellulose	4,1
Matières minérales	2,9

Malgré leur pouvoir nutritif élevé, ces graines doivent être rejetées de la consommation, car elles sont vénéneuses; mélangées à l'avoine ou broyées et ajoutées aux farines elles produisent des accidents que nous étudierons avec les autres intoxications alimentaires (*Lathyrisme*).

Moussu a signalé des cas d'intoxication chez le

cheval résultant d'une consommation abondante de la graine de gesse. C'est pour cette raison que la *gesse* donnée comme *fourrage vert* doit être coupée avant la formation des graines.

G. — LES FRUITS.

CAROUBE.

Le fruit du *Caroubier* (*Ceratonia siliqua*) est une gousse à parois épaisses et sucrées renfermant des graines extrêmement dures.

Le caroubier, l'arbre par excellence des terrains secs des contrées chaudes, pousse avec vigueur en Algérie, en Tunisie, à Chypre; on le rencontre aussi en Espagne et en Italie; dans le midi de la France, c'est surtout aux environs de Nice et en Corse que l'on trouve quelques plantations importantes.

Un caroubier, en sol convenable, produit, trois ans après son greffage, de 4 à 8 kilos de caroubes; après la sixième année, la production s'élève à plus de 50 kilos; quand l'arbre a atteint son entier développement, il peut donner de 4 à 500 kilos de fruits.

Pour favoriser la culture de cet arbre en Algérie, le gouvernement a institué des primes pour les agriculteurs qui auront planté à demeure des caroubiers greffés ou greffé des caroubiers sauvages. Le quantum de cette prime, dont le maximum ne pourra pas dépasser 300 francs par ayant droit, sera établi au prorata du nombre d'arbres plantés ou greffés; la somme allouée par arbre dont la plantation ou le greffage aura réussi, ne pourra pas être supérieure à 0 fr. 50.

Le nombre d'arbres greffés ou plantés devra être de 25 au minimum pour donner droit à la prime. Les primes ne seront payées que lorsque les travaux de plantation ou de greffage seront déjà assez anciens pour que leur avenir puisse être sûrement apprécié (1).

La caroube est employée depuis longtemps dans l'alimentation de l'homme; avec la pulpe broyée, les Arabes et les Orientaux confectionnent des pains; en Espagne, elle sert à la fabrication d'un chocolat économique; en médecine, ses propriétés pectorales sont utilisées sous forme de sirop; dans l'industrie, sa richesse en sucre (35-40 p. 100) permet d'en extraire de l'alcool.

La gousse renferme des graines qui, en raison de leur dureté, se retrouvent entières dans les excreta; ces graines inutilisées représentent 11 à 18 p. 100 du poids total.

En Afrique, les indigènes et les colons utilisent les caroubes pour l'alimentation des chevaux et des mulets, après avoir eu soin d'enlever les nervures et coupé les gousses en petits morceaux. Les animaux acceptent volontiers cet aliment, et le prennent avec gloutonnerie. La caroube est habituellement donnée le soir, à la dose de 4 kilos. On la mélange quelquefois à de la farine d'orge ou à du son.

Les caroubes de Chypre sont expédiées en Angleterre après avoir subi une préparation spéciale : on les broie, on les mélange avec du maïs ou de l'orge concassée; le tout est mis en presse et transformé en tourteaux qu'on exporte sous cette forme.

Composition chimique. — Voici, d'après Müntz, la composition chimique des caroubes.

(1) *Circulaire du Gouverneur général de l'Algérie*, du 1er mars 1903.

	I	II
Eau	16,30	11,40
Matière azotée	4,31	7,50
Matières grasses	0,54	0,95
Sucre de canne	30,40	
Glucose	14,55	
Matières hydrocarbonées diverses et cellulose	32,10	66,33
Matières minérales	2,20	13,82

Les matières minérales varient dans une large mesure avec le taux des impuretés (terre, sable, cailloux) qui atteint un chiffre élevé dans certains lots.

D'après Wolff.

		Digestible.
Matière sèche	87	
Protéine totale	4	2,7
Matière grasse	2	1,1
Extractifs non azotés	73,3	69,6
Cellulose brute	5,9	4,6

Valeur alimentaire. — La caroube doit sa valeur alimentaire à ses principes hydrocarbonés digestibles ; sa richesse saccharine étant assez variable, on s'explique les opinions diverses qui ont été émises sur son rôle alimentaire. Pour fixer les idées sur ce point, il est bon de comparer la caroube à un autre aliment sucré, comme la mélasse :

Teneur en sucre et en matières salines dans la caroube et la mélasse.

	Sucre.	Sels.
Caroube	45 p. 100.	2 p. 100.
Mélasse	44 —	10 —

Avec la caroube on pourra introduire dans l'organisme des quantités considérables de sucre (avec 7 kilos, 3^k,150), tandis qu'avec la mélasse les doses seront limitées par suite des troubles organiques qui sont dus à la présence des matières minérales.

On profite donc avec la caroube des avantages hygiéniques des aliments sucrés : facile digestion, action favorable sur le système pileux, et des conséquences physiologiques qui résultent de l'introduction dans la ration de production des moteurs, de ces mêmes aliments sucrés.

Par la substitution (en ration de production) de 1 kilogramme de caroube (13 francs les 100 kilos) à 1 kilo d'avoine (18-20 francs le quintal) on réalise une économie de 0^{fr},05 à 0^{fr},07 par jour et par cheval.

Bonzom, Delamotte et Rivière, ont publié en 1877 un important travail sur le caroubier et la caroube, et l'emploi de ce fruit dans l'alimentation des animaux (1). Voici quelques-unes des rations conseillées par ces auteurs :

Ration donnée par les convoyeurs pour chevaux et mulets français.

Avoine ou orge............	4 à 6	kilogrammes.
Caroubes.................	5 à 7	—
Son ou farine d'orge.......	1 à 2	—
Foin et paille.............	6 à 8	—

Ration des chevaux d'omnibus de Saint-Eugène, à Alger.

Caroubes.........	6	kilogrammes.
Son ou farine d'orge.	4	—
Foin et paille......	8	—

Les mêmes auteurs conseillent en Algérie la ration suivante (qui en 1878 revenait à 0^{fr},35 par jour) :

Matin.	Orge ou avoine....	1	kilogramme.
	Caroubes..........	1	—
Midi..	Orge ou avoine....	1	kilogramme.
	Caroubes..........	2	—
Soir..	Son frisé..........	1	kilogramme.
	Caroubes..........	1	—
Nuit..	Foin..............	3	kilogrammes.
	Paille.............	3	—

(1) *Recueil de médecine vétérinaire*, 1877 et 1878.

Soit au total :

Foin............. 3 kilogrammes.
Paille............. 3   —
Orge ou avoine.... 2   —
Son............. 1   —
Caroubes............ 4   —

Ils ajoutent que les chevaux étaient entretenus en bon état d'embonpoint; le poil était toujours brillant et la vigueur ne laissait rien à désirer.

A Naples, Lavalard a relevé la ration ci-dessous donnée aux chevaux des voitures publiques :

Caroubes............. 5 à 6 kilogrammes.
Son............... 5 à 6   —
Gramen ou chiendent. 10   —

La ration entière de caroube et de son est consommée en trois fois, le matin, à midi et le soir; pendant la nuit on donne le chiendent avec une petite quantité de carottes, ou d'endive (chicorée fraîche) selon la saison.

En Tunisie, les cochers, les arabatiers, qui demandent beaucoup de travail à leurs chevaux, leur donnent la ration suivante :

Caroubes................. 4 kilogrammes.
Pois chiches.......... 2   —

(Huguier, vét^re milit^re.)

Les pois chiches sont quelquefois remplacés par des fèves (1 kilo) quand les Arabes veulent exciter l'appétit et demander un travail pénible.

Provenance. — La valeur alimentaire de la caroube varie dans une large mesure avec la provenance; certains pays ne fournissent que des caroubes desséchées à un degré extrême, d'une pauvreté de pulpe telle qu'elles en paraissent presque privées. Les caractères différentiels portent sur : la richesse en pulpe sucrée, la longueur et l'épaisseur de la gousse, sa coloration.

Chypre. — Les caroubes de Chypre sont les plus riches. On les dit « grasses »; c'est-à-dire que leur pulpe sucrée est abondante. L'écorce est luisante et généralement de couleur châtain ; la majeure partie des gousses sont longues.

Algérie. Espagne. Italie. — Ces caroubes sont beaucoup plus maigres ; leur couleur est plutôt grise ; leur longueur et leur épaisseur sont moindres que dans les caroubes de Chypre. La section de la gousse montre l'aspect de la pulpe et permet de se rendre compte de son épaisseur et de son état physique.

Dans ces variétés, la teneur en sucre peut être inférieure de 50 p. 100 à celle des fruits de bonne qualité ; la faible différence de prix ne compense pas la moindre valeur alimentaire :

Prix en 1902.

```
Chypre ou Levant......  13,50 à 15 francs le quintal.
Algérie...............  12    à 13    —          —
```

Emploi. — Les chevaux sont très avides de ce fruit ; on le distribue en nature, les gousses entières, ou le plus souvent après les avoir légèrement concassées.

Altérations. — Les caroubes se récoltent vers la fin de l'été. Les nouvelles, pour pouvoir se conserver, doivent subir une première dessiccation sur les lieux de production. L'état de siccité parfaite est indispensable ; car, dans le cas contraire, des fermentations ne tardent pas à se déclarer dans la masse ; le sucre disparaît et les fruits dégagent une odeur désagréable ou repoussante.

Lorsque les caroubes ont subi un commencement de

putréfaction elles sont facilement attaquées par les vers.

Les gousses altérées ont un aspect mat, terne, que certains industriels peu scrupuleux essaient de rendre brillant par le lavage.

Cette manœuvre frauduleuse entraine à bref délai la fermentation alcoolique, acétique ou putride, et prépare le terrain pour le développement rapide des moisissures.

Accidents signalés dans le régime de la caroube. — L'usage de la caroube a déterminé chez les chevaux deux catégories d'accidents : les uns d'origine mécanique (étranglement); les autres par une obstruction œsophagienne dont il y a lieu d'essayer de dégager les causes.

Les premiers sont dus à l'arrêt dans le pharynx, de caroubes entières, dégluties avec avidité ; cela se présente surtout avec les gousses fortement incurvées. Ces accidents sont très rares et peuvent être évités par la division préalable des fruits.

Les *accidents d'obstruction de l'œsophage* ont été observés à diverses reprises, tant sur les chevaux des contrées méridionales que sur ceux des entreprises de transport qui, en 1901 et 1902, ont fait consommer à leur cavalerie de grandes quantités de caroubes.

Les symptômes consistent, dès le début de l'engouement, en une salivation abondante et de violents efforts de vomissement qui n'aboutissent qu'à l'expulsion de quelques flots de salive. Le malade reste abattu, l'encolure baissée, la tête appuyée sur la mangeoire ; on perçoit à ce moment un long bouchon œsophagien s'étendant depuis l'entrée de la poitrine jusqu'au milieu ou au tiers supérieur de l'encolure. Bientôt la respiration s'accélère; au bout de vingt-quatre à quarante-huit heures se déclarent des symptômes de pneumonie, et l'animal arrive à succomber à la gangrène pulmonaire ; on ne constate généralement dans cette dernière phase qu'une faible élévation de température.

Dans la majorité des cas, le cheval parvient à refouler le bouchon œsophagien dans son estomac ; il reste assez longtemps affaibli, dégoûté de toute nourriture, et ne peut reprendre son service qu'après une longue convalescence.

A l'autopsie de ceux qui succombent, on trouve un bouchon œsophagien mesurant 60 à 80 centimètres de longueur, dilatant l'œsophage jusqu'à la grosseur d'un saucisson de Lyon, et constitué uniquement par de la caroube finement broyée. Dans la partie inférieure du canal, la caroube est agglutinée par une matière épaisse et gluante ; dans la partie supérieure, elle est sèche et presque pulvérulente. Des blocs gros comme le poing, de caroubes agglutinées, se rencontrent dans l'estomac.

M. Huguier, vétérinaire militaire à Sousse (Tunisie), nous a communiqué l'observation d'un cheval barbe qui fut atteint d'engouement œsophagien avec symptômes foudroyants, chute sur le sol et menace d'asphyxie rapide. On pratiqua la trachéotomie provisoire et on exerça des pressions le long de l'œsophage. L'asphyxie fut conjurée, le bol glissa peu à peu et, après une semaine d'indisponibilité, le cheval put reprendre son service.

La pilocarpine, en injections faibles, répétées toutes les deux heures, donne de bons résultats.

Le mode d'administration des caroubes (données seules ou mélangées aux grains ou aux fourrages), et l'état sous lequel on les présente (en poudre, fragmentées, concassées, entières, sèches ou renflées dans l'eau chaude), sont sans influence sur la fréquence des accidents. Ceux-ci se manifestent de préférence sur des animaux faibles, débilités, et avec des doses peu élevées de fruits ($1^k,500$ à 2 kilos en remplacement de la même quantité de grains).

Par contre, il nous paraît exister une relation étroite entre la fréquence des cas d'engouement et le mauvais état de conservation des caroubes employées.

L'hypothèse d'une action purement mécanique est insuffisante pour expliquer tous les symptômes observés; il s'agit certainement d'une intoxication d'origine mycosique provoquant des troubles nerveux qui se traduisent par une paralysie de certaines fibres du pneumo-gastrique.

Les altérations pulmonaires, la prédisposition des malades guéris, à contracter des pneumonies gangréneuses, leur longue convalescence dénotant un affaiblissement de tout l'organisme, appuient cette conclusion :

Les accidents signalés dans le régime de la caroube sont la conséquence des altérations subies par cet aliment au cours d'une conservation défectueuse.

DATTES.

La datte est un fruit charnu, sucré, très alimentaire, qui renferme une graine à albumen très dur. La richesse saccharine de ce fruit s'élève à 50 p. 100.

Dans le sud et l'extrême sud de nos possessions de l'Afrique du Nord, les Arabes donnent à leurs animaux des dattes de l'espèce appelée « khalet », de couleur jaune d'or, ayant une chair dure, très peu savoureuse assez riche en sucre.

Les chevaux et les mulets mangent volontiers ces fruits qui sont très nutritifs et excitants. Très souvent les goumiers partent dans les régions désertiques voisines de la Tripolitaine, où il ne pousse que quelques touffes de diss et d'alfa, en emportant simplement un sac d'orge et un sac de dattes qu'ils partagent avec leurs montures.

Altérations. — Les dattes, comme les caroubes, doivent être consommées lorsqu'elles sont en bon état de conservation. Quand elles sont vieilles, elles se rident, se dessèchent, s'altèrent et perdent de leurs qualités nutritives. En cet état, elles doivent être rejetées de l'alimentation des animaux. On agira de même pour celles qui ont acquis une saveur âcre, piquante ou aigrelette ; dans ce cas elles sont creuses, ou peu charnues à l'intérieur.

CHAPITRE IV

SUCCÉDANÉS DE L'AVOINE (*suite*).
LES PAINS ET LES SUBSTANCES D'ORIGINE ANIMALE.

LES PAINS.

Tous les animaux prennent avec plaisir le pain tel qu'il est préparé pour l'homme, et qui leur est distribué soit comme friandise, soit comme élément important de la ration dès qu'on peut se le procurer à bon compte et en assez grande quantité.

Le pain rassis, devenu par conséquent un déchet inutilisable pour l'alimentation humaine, peut entrer avec avantage dans la ration des animaux quand il n'a subi aucune altération ; voici un exemple de cette consommation :

La prison de Nanterre qui fabrique le pain pour ses nombreux pensionnaires, a mis en adjudication son pain rassis ; la quantité annoncée comme disponible est de 6000 kilos par mois ; et le prix traité a été de 10 francs le quintal ; une exploitation voisine comprenant un millier de bœufs et de moutons s'est rendue adjudicataire et utilise ce pain avec profit.

Certaines boulangeries importantes cherchent à se débarrasser dans des conditions analogues de leur pain rassis ; lorsque des lots de biscuits de l'armée sont mis en adjudication, ils ne doivent pas être négligés si leur état de conservation (moisissures, acariens) et leur prix de vente permettent une utilisation hygiénique et économique.

L'emploi du pain est en effet subordonné à son prix de revient et à son degré de conservation.

Le pain que l'on garde longtemps peut être envahi par des moisissures diverses (*Penicillium, Aspergillus, Mucor*), dont la présence se traduit par des taches vertes, bleues ou blanchâtres.

L'excès d'eau, lors de la préparation, favorise le développement de ces moisissures ; aussi, lors des adjudications, l'estimation de la teneur en eau devrait-elle servir de base d'appréciation.

La consommation par les chevaux, de pain fabriqué avec de la farine de blé, n'a lieu, en définitive, que dans les cas assez peu nombreux que nous venons de signaler. Depuis quelque temps, on s'est préoccupé de faire entrer ce produit d'une façon régulière dans la ration ; M. Pluchet s'est fait le promoteur de cette idée ; nous avons mentionné à l'article Blé les résultats auxquels il est arrivé : il en découle que l'introduction du pain, en substitution à l'avoine, n'est réellement avantageuse que si les frais de cuisson et de panification sont peu élevés.

Dans la plupart des cas où il est donné aux animaux un produit dénommé pain, ce dernier résulte du mélange de substances très diverses.

On associe les basses farines de blé à celles de seigle, d'orge, de maïs ; on y ajoute du son, des farines de légumineuses, ou des résidus industriels pulvérulents et d'une incorporation facile. On conçoit que, dans le but d'arriver à abaisser le prix de revient, on puisse associer, suivant des formules très variables, des produits qui se prêtent à la mise en pâte et à la cuisson.

Quoique la panification soit encore très peu répandue en France, il y a longtemps que les premiers essais ont été faits ; poursuivies avec régularité en Suisse, en Allemagne, en Belgique, en Suède, des tentatives d'abord timides ont abouti à la généralisation de ces préparations alimentaires.

Les quelques exemples qui suivent vont montrer la variété de composition de ces dernières.

Pain Darblay. — Ce pain, présenté en 1826, était composé de parties égales de farines de froment, d'orge et de féverole.

On en distribua aux chevaux de la poste de Berny 4^{kg},500 par tête et par jour ; économie 0 fr. 44 par journée de cheval.

Pain d'Alfort. — Des essais, peu favorables, furent exécutés en 1829 à l'École vétérinaire avec un pain formé de farines de froment de dernière qualité, de seigle et de féveroles. Les chevaux étaient mous et transpiraient abondamment.

Le *Pain Feulard* (1834) comprenait un mélange de farines grossières de froment, d'orge, d'avoine, de féverole, avec addition de sel marin. Il donna des résultats assez irréguliers.

Pain Dailly. — Dailly fit consommer vers 1840 à ses chevaux de poste un pain composé de :

Résidus de marcs de pommes de terre......	1/3
Farine de froment, balles de blé ou paille hachée...............................	2/3

Cette tentative parut donner des résultats avantageux.

A notre époque on vise de nouveau l'alimentation économique avec des mélanges panifiés ; les formules que nous donnons montrent à quoi sont dus les écarts que l'on observe dans la composition chimique de ces produits ; leur emploi est évidemment subordonné à leur valeur alimentaire, sur laquelle on ne peut être renseigné que par des analyses précises.

Exemples de pains ou biscuits.

1º Avoine broyée.................   15 kilos.
   Farine de féveroles   25   —
    — de blé.....   10   —
   Fenu-grec....................   0^{kg},500
   Sel..........................   1^{kg},200

2º Tourteau de sésame...........   15 kilos.
   Farine de féveroles...........   25   —
   Son.........................   15   —
   Farine de blé................   13   —
   Sel.........................   3   —
   Fenu-grec...................   5   —
   Extrait de baies de laurier.....   2   —

3º Farine de féveroles...........   4 kilos.
    — de blé.................   1   —
    — de viande.............   0^{kg},500
   Son...... ....   2^{kg},500
   Fenu-grec...................   0^{kg},100
   Sel.........................   0^{kg},100

4º Farine de lentilles ou de haricots.   3 kilos.
    — de blé.................   10   —
    — de seigle..............   3   —
   Remoulage de blé.............   14   —
   Saindoux....................   0^{kg},200
   Levure......................   0^{kg},200

5º Pulpes.......................   20 kilos.
   Recoupettes.................   20   —
   Fleurages...................   5   —
   Farine de fève ou de blé.......   24   —
   Sel.........................   1   —

6º Préparation en masse pour cavalerie importante :
   Farine de féveroles.........   875 kilos.
    — de blé................   250   —
   Recoupettes.................   1 250   —
   Farine de criblures.........   250   —
   Fécule......................   37^{kg},500
   Radicelles d'orge...........   37^{kg},500

7°	Farine de blé.....	1kg,700
	Mélasse.........................	0kg,300
	Carbonate d'ammoniaque........	0kg,040
	Sel (1 p. 100)......	0kg,020
8°	Farine de blé.....	2 kilos.
	— de seigle.	1 —
	Mélasse.........................	0kg,150
	Sel.............	1 p. 100.
	Levure.	
9°	Farine de blé....................	1kg,200
	— de seigle...........	0kg,800
	Saindoux........................	0kg,200
	Acide tartrique....	0kg,010

On remarquera, dans la plupart de ces formules, l'introduction de condiments destinés à relever la saveur du mélange; le chlorure de sodium et le fenugrec sont le plus habituellement employés.

L'industrie livre des pains ou biscuits qui ne donnent pas toujours les bons résultats que l'on serait en droit d'en attendre; la panification permet en effet d'introduire une forte proportion d'eau qui abaisse la valeur nutritive et rend la conservation difficile; un autre inconvénient, plus grave, est que sous la forme pain ou biscuit, on peut livrer des denrées avariées, des graines plus ou moins nocives, des déchets de meunerie (criblures, farines folles, etc.), produits dangereux ou peu nutritifs.

Un pain fait avec de bonnes denrées, de composition stable, possédant une siccité suffisante (10-12 p. 100) rendrait de grands services dans l'alimentation; son emploi supprimerait les frais de manutention nécessités par le nettoyage, le concassage et le mélange des grains, l'achat et l'entretien des appareils (tarares, cribleurs), la force motrice, le loyer, le personnel; s'ajoutant aux économies ainsi réalisées, les avantages résultant d'une plus grande digestibilité des aliments employés compenseraient les frais de panification.

Panification. — Pour bien comprendre les avantages auxquels il vient d'être fait allusion, il est nécessaire de connaître les opérations qui constituent la transformation panaire.

a. La préparation de la pâte se fait en travaillant les farines avec de l'eau, de manière à imbiber de ce liquide l'amidon et le gluten et à dissoudre les principes solubles.

b. La fermentation constitue la préparation la plus efficace au point de vue digestibilité ; elle est obtenue par l'emploi du levain ou de la levure de bière. Quelques mélanges industriels vendus comme pains n'ont pas, en réalité, subi la fermentation ; ils sont donc inférieurs à ceux qui sont préparés normalement.

c. La cuisson s'effectue à 300° environ ; elle tue les ferments, vaporise une partie de l'eau et donne de la consistance à la pâte.

Lorsque cette cuisson est suffisamment prolongée, elle détermine la formation d'une croûte sèche et dure qui assure la conservation du pain.

Ces diverses opérations entraînent une dépense moyenne de 1 fr. 50 à 2 fr. par 100 kilos, qui augmente le prix de revient des matières employées. On ne saurait trop insister, pour cette raison, sur le peu de garantie qu'offrent à l'acheteur les produits livrés à vil prix par le commerce ; si minime que soit leur prix de vente, ces denrées sont toujours trop chères, eu égard à leur valeur nutritive réelle.

Le pain de seigle. — La farine de seigle est rarement employée en nature dans l'alimentation du cheval ; par contre, elle est souvent transformée en pain et cet aliment est fréquemment utilisé en Suisse et en Belgique.

Le pain formé uniquement de farine de seigle est de couleur grise, quelquefois brunâtre, moins levé, plus compact et plus hygroscopique que le pain de froment; nous avons pu en étudier plusieurs échantillons et recueillir des indications sur son emploi (1).

En Suisse (Engadine), le pain de seigle est préparé avec de la farine de troisième qualité, les deux premières étant utilisées pour l'alimentation de l'homme.

Il est très cuit, avec une croûte dure et sèche et, dans un endroit non humide, se conserve pendant plusieurs mois.

On estime que 1 kilo de pain équivaut à $1^{kg},500$ d'avoine; voici sa composition chimique moyenne, en regard de laquelle nous plaçons celle de l'avoine:

	Protéine totale.	Graisse.	Extractifs non azotés.
Pain de seigle....	12,95	3	53,8
Avoine..........	12	6	55,7

La composition étant peu différente, l'avantage constaté en faveur du pain de seigle tient à la plus grande digestibilité des principes qu'il renferme, conséquence normale de la panification.

Exemple de ration avec pain de seigle, pour chevaux de 550 kilos, travaillant pendant quatre heures (pas et trot) et fournissant un débit journalier de 1 500 000 kilogrammètres.

Foin......	à volonté (chevaux de Suisse).
Avoine...........	6-8 kilos.
Pain.............	{ $0^{kg},500$ à l'écurie.
	{ $0^{kg},500$ à 1 kilo pendant le travail.

(1) P. Dechambre, Le pain dans l'alimentation du cheval en Suisse. *Bulletin de la Société centrale vétérinaire*, 1902.

Il est à remarquer que pour les chevaux qui mangent tout attelés pendant les haltes, l'emploi du pain est plus avantageux que celui de l'avoine. Lorsqu'un cheval mange hâtivement une ration d'avoine, la mastication est incomplète et beaucoup de grains traversent l'intestin sans avoir été attaqués; quand les chevaux mangent attelés, une partie de l'avoine est en outre répandue sur le sol et perdue. Avec le pain, ces inconvénients disparaissent; cela explique pourquoi, malgré son prix élevé, le pain de seigle est employé régulièrement en Suisse par les conducteurs de diligences dont les chevaux accomplissent, en montagne, un travail fort pénible.

Dans les parties très élevées de la Suisse, notamment dans le Valais, la culture de l'avoine est difficile et ce grain est parfois d'un prix inabordable; on sème surtout du seigle qui donne des rendements satisfaisants et ce seigle est totalement transformé en pain pour les animaux. Au lieu d'opérer suivant le mode dont il vient d'être parlé avec des farines de troisième qualité, on fait, dans le Valais, un pain de seigle complet. La mouture consiste en un simple broyage au cours duquel on ne rejette aucun déchet. La panification a lieu dans chaque village, au même moment, généralement en août ou septembre; la cuisson s'opère dans le four banal et on ne fait le pain qu'une fois par an.

On obtient un produit de couleur brune, à pâte serrée, à odeur caractéristique du pain de seigle, ressemblant à du pain comprimé ou biscuité, différant sensiblement par ses caractères physiques plus marqués, du pain fait avec la farine troisième. Sa conservation est parfaite. Nous en possédons un échantillon qui, après quinze mois, a conservé bon goût et ne porte aucune moisissure. Les chevaux et les mulets le consomment très volontiers, et on n'a pas signalé d'accidents avec un régime dans lequel le pain de seigle est substitué par moitié à la ration d'avoine ou même à la totalité de ce grain.

Dans le Lautaret, à la limite de l'Isère et des Hautes-Alpes, le pain de seigle est également donné aux chevaux. Ici la fabrication a lieu deux fois par an ; (la bouse de vache sert de combustible pour chauffer les fours.)

Ne serait-il pas possible, lorsque l'avoine est très chère, de la remplacer par du pain de seigle ? Nos moteurs utiliseraient cet aliment, aussi bien que ceux des diligences suisses, ou que ceux de la Belgique et de l'Allemagne qui en reçoivent habituellement.

LE PAIN DE SEIGLE A LA DRÈCHE. — L'idée d'enrichir le pain pour chevaux en principes gras et surtout en principes azotés a conduit à employer en mélange avec les farines : le son, l'arachide, les féveroles, les pois et quantité d'autres produits végétaux et même animaux. Rien ne s'oppose à ce que des résidus industriels convenablement préparés puissent être mis en consommation sous cette forme.

En 1896, un boulanger des Flandres belges a proposé d'incorporer au pain pour chevaux de la drèche de brasserie ou de la vinasse de distillerie préalablement desséchées.

En mélangeant deux parties de drèches séchées à trois parties de farine de seigle, on obtient un pain dont la richesse en albumine et en graisse a presque doublé ; cet aliment est conseillé en Belgique pour les chevaux de travail et les bovins à l'engrais (1).

(1) *Annales de médecine vétérinaire de l'école de Cureghem*, 1896.

Les galettes de sterculia. — Sous ce nom, le Dr Heckel, actuellement directeur du musée colonial de Marseille, a imaginé en 1886, pour l'alimentation du cheval, et spécialement pour le cheval de troupe en campagne, des galettes, dans la composition desquelles entre une plante du genre *Sterculia*, originaire du nord de l'Afrique. Ces galettes, de forme discoïde, pesant chacune environ 200 grammes, ont été données à des chevaux à la dose de 2 kilos, sans que ceux-ci fussent incommodés ou perdissent de leur énergie.

L'analyse de cet aliment, faite à Grignon au laboratoire de zootechnie (professeur Sanson), a donné les chiffres suivants :

Eau	10,05
Protéine brute	20,12 (azote $\times$ 6,25).
Matières solubles dans l'éther	3
Extractifs non azotés	43,17 (par différence).
Cellulose brute	19,90
Cendres	3,76

D'après cette composition, dont les effets ont été contrôlés par de nombreuses expériences, un kilo de galette pouvait remplacer plus de 2 kilos d'avoine (1). Cet avantage aurait pu être considérable pour les chevaux de l'armée qui doivent porter leur ration alimentaire. Réduire de moitié le poids de celle-ci serait un progrès méritant de retenir l'attention.

Le pain de guerre. — Pader et A. Barrier, vétérinaires militaires, considèrent le *pain de guerre* ou biscuit, comme un aliment utile pour les chevaux dont les forces digestives sont languissantes, ou pour ceux

(1) Sanson, Les galettes de sterculia dans l'alimentation du cheval. *Bulletin de la Société centrale de médecine vétérinaire*, 1886. — Et communication personnelle du Dr Heckel.

qu'il s'agit de nourrir avec des aliments peu encombrants et de facile digestion.

Ce pain est donné grossièrement concassé, sec et mélangé à l'avoine ; les chevaux en sont très friands. Pour exciter l'appétit des malades, on peut arroser le pain d'eau mélassée chaude.

Dans les garnisons, on devrait donc tirer parti pour l'alimentation du cheval, de ceux de ces biscuits qui ne pourraient pas être consommés par les hommes (1).

SUBSTANCES D'ORIGINE ANIMALE.

La tolérance de l'appareil digestif de nos herbivores vis-à-vis des matières alimentaires qui leur sont offertes, est telle qu'il est possible de songer à introduire dans leur ration des substances animales. Les exemples ne manquent pas de ruminants devenus carnassiers, les uns par nécessité, comme l'élan des contrées polaires, les bovins islandais qui pendant l'hiver vivent de poisson, les autres par accoutumance expérimentale, comme le mouton southdown que nous avons connu à l'École vétérinaire d'Alfort.

Le cheval lui-même peut consommer des substances animales, et celles que l'on peut lui faire utiliser sont les débris de viande, les farines de viande, le sang, auxquels se joignent le lait et les œufs.

Laquerrière a montré qu'il était possible de nourrir les équidés avec de la viande. Pendant le siège de Metz, il fut amené à utiliser pour la nourriture des chevaux la chair des animaux de cette espèce morts ou abattus. De ses constatations il a conclu (2) :

(1) *Bulletin de la Société centrale de médecine vétérinaire,* 1901.

(2) *Recueil de médecine vétérinaire,* 1880.

Que le cheval digère parfaitement la viande crue ou cuite; s'engraisse, gagne en vigueur et en énergie, si cette substance est donnée en supplément de la ration journalière, ou si elle entre pour une large part dans la composition de la ration ; que la viande, donnée cuite, préférablement, sera extrêmement divisée, mélangée avec des substances végétales (foin, paille, grains, tourteaux, sons, farines, etc.), le tout étant additionné de sel marin ;

Que par doses progressives, on peut arriver à 2 et 3 kilos de viande par jour et par cheval ; la viande ferait alors presque exclusivement les frais de la nourriture de l'animal.

Le même auteur conseille la fabrication d'un biscuit-viande qui serait appelé, selon lui, à constituer une réserve alimentaire précieuse pour le cheval de guerre en campagne.

Un éleveur de chevaux de la Corrèze, Dutheillet de Lamothe, a employé la farine de viande (résidu de la préparation de l'extrait Liebig) à l'alimentation de ses chevaux anglo-arabes. Lavalard signale des expériences faites dans l'armée allemande à l'effet d'étudier la valeur d'un pain formé de gruau d'avoine et de farine de viande ; expériences qui auraient été assez favorables pour que l'on se livrât sur une grande échelle à la fabrication de ces pains de viande.

On a essayé d'utiliser le SANG, aliment très nutritif, mais qui doit être modifié industriellement pour pouvoir être donné aux chevaux. Divers procédés actuels permettent de le livrer à l'état sec et pulvérulent.

En Allemagne il existe plusieurs « fabriques de sang » qui fonctionnent sous le contrôle de l'administration. Citons celle de Strasbourg, située dans l'abattoir municipal; les sangs y sont travaillés chaque jour à l'état frais et stérilisés dans un appareil-séchoir à vapeur.

La poudre de sang obtenue est incorporée à la mélasse ; ce sang mélassé est d'un emploi courant dans l'armée allemande, comme aliment complémentaire ou diététique. La dose maxima est de 2 kilos par jour ; elle doit être atteinte lentement, dans un délai de deux à trois semaines.

La composition du sang mélassé est la suivante :

Matière azotée...........	17,50
Graisse..........	3,94
Hydrates de carbone.....	43,50 dont 20,51 de sucre.
Cellulose............. ..	17,66
Sels minéraux..........	6,59
Eau....................	11,45

(Analyse faite à l'École de chimie de Strasbourg.)

Dans le commerce on trouve la FARINE DE VIANDE sous deux formes, tamisée ou non ; son prix varie de 30 à 32 francs les 100 kilos.

L'emploi de ce produit concentré réduisant considérablement le volume de la ration, on doit insister, pendant sa mise en consommation, sur l'usage des aliments grossiers (pailles ou fourrages ligneux).

Le LAIT devient une ressource alimentaire précieuse pour les chevaux atteints de maladies graves, au cours de la période aiguë ; quand on peut arriver à faire absorber à ces malades 10, 15 et même jusqu'à 20 litres de lait, on augmente considérablement les chances de guérison en prolo. geant la résistance organique. Le lait agit en même temps comme médicament ; il possède des propriétés diurétiques qui doivent être attribuées à la lactose, ou sucre de lait ; comme ce principe se retrouve entièrement dans le *petit-lait*, ce sous-produit a conservé les propriétés diurétiques du lait pur, et, en médecine vétérinaire, peut être utilisé au lieu de ce dernier.

Enfin le lait sera administré dans les inflammations du tube digestif, et comme antidote, dans les empoisonnements par les sels métalliques et les alcaloïdes. Dans les cas d'empoisonnement par le phosphore et la cantharide, il faut donner le lait écrémé; la graisse pourrait dissoudre ces substances et favoriser leur absorption.

Les œufs ne sont donnés qu'aux chevaux malades, à des sujets de valeur que l'on alimente avec du miel dans lequel on délaye des œufs pour former un électuaire que l'on porte directement dans la bouche.

CHAPITRE V

SUCCÉDANÉS DE L'AVOINE (*suite*).

LES RÉSIDUS INDUSTRIELS.

Par leur pouvoir nutritif élevé et leur prix minime, a plupart des résidus industriels sont de précieu. succédanés de l'avoine. Cependant diverses objections en ont longtemps empêché l'emploi dans l'alimentation du cheval :

La crainte de voir les procédés chimiques employés pour l'extraction des produits industriels, exercer une action néfaste sur la santé des chevaux, a fait réserver systématiquement les sous-produits pour l'alimentation du bétail (bovins et ovins).

Ces craintes sont justifiées dans certains cas : l'acide sulfurique, le sulfure de carbone et d'autres substances plus ou moins nuisibles avec lesquelles les graines sont traitées, se retrouvent en partie dans les résidus et peuvent provoquer des accidents graves (gastro-entérite irritative). On n'en conclura pas, cependant, que tous les produits sont mauvais ; on se contentera d'éliminer ceux auxquels le mode de fabrication communique des propriétés nocives.

Beaucoup de sous-produits possèdent une odeur ou une saveur spéciales, souvent très accusées ; le cheval, dont la délicatesse de goût est connue, les refuse catégoriquement.

VALEUR ALIMENTAIRE.

On sait combien l'emploi des tourteaux oléagineux s'est généralisé dans l'alimentation du bétail. Leur richesse en matières albuminoïdes et en substances grasses, le faible prix de revient auquel ils fournissent ces principes alibiles, en font des aliments concentrés, très économiques et d'une incontestable utilité pour l'établissement judicieux de rations intensives.

Mais tous ne conviennent pas pour cet usage ; il en est de franchement vénéneux (ricin), de dangereux aux doses normales ou même à faibles doses trop souvent répétées (moutardes), d'autres que les animaux n'acceptent qu'avec répugnance.

L'emploi des tourteaux dans l'alimentation du cheval est restreint, car un facteur important, qui joue un rôle prépondérant dans l'alimentation, l'appétence, en élimine une forte proportion ; en effet, ces sous-produits possèdent souvent un goût et une odeur désagréables qui rendent difficile dans bien des cas l'accoutumance à ce nouveau régime.

Les tourteaux de lin, de sésame, de cocotier, de palmiste, sont à peu près seuls employés dans l'alimentation du cheval. En mélange avec la mélasse, et par suite de l'action condimentaire que possède ce résidu, on peut utiliser tous les tourteaux comestibles. (Voy. *Produits mélassés*.)

Par leur composition stable, par leur innocuité absolue, par la facilité avec laquelle les animaux les acceptent, les sous-produits des brasseries et des amidonneries peuvent, tout comme les grains dont ils proviennent, jouer un rôle important dans les substitutions alimentaires. Par leur teneur élevée en matières protéiques et grasses, ils feront bénéficier un organisme épuisé (sur-

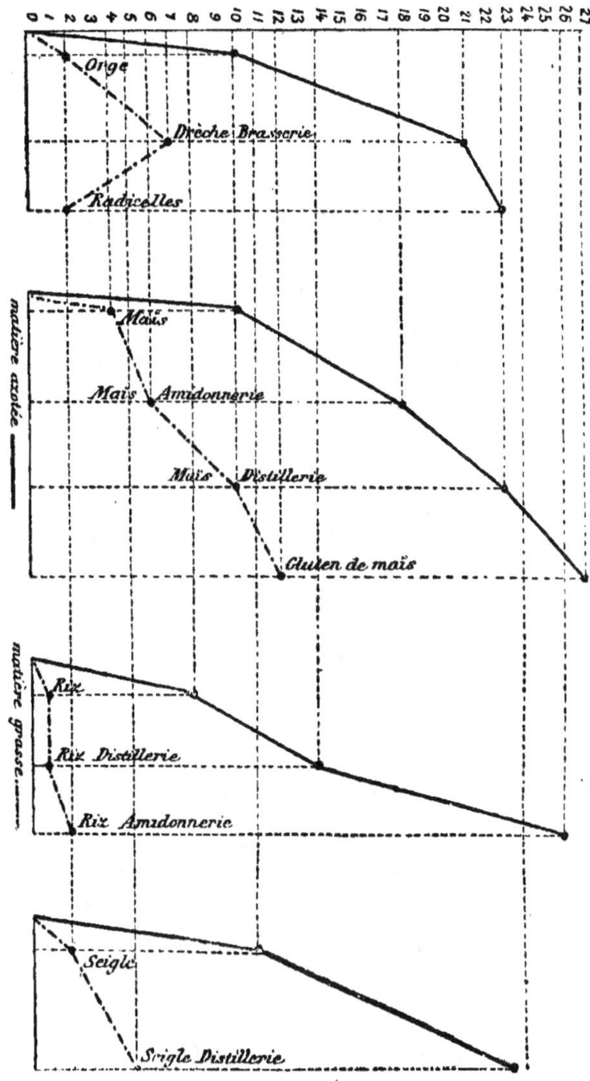

Fig. 5. — Graphiques indiquant la teneur en matière protéique
p. 100 des divers grains et de leurs sous-produits.

menage, misère physiologique, convalescence) des avantages d'une suralimentation rationnelle. L'introduction de résidus secs aura, en outre, pour conséquence une diminution sensible du prix de revient de la ration.

Le choix de ces sous-produits sera, en définitive, subordonné aux considérations suivantes :

a. *Mode de fabrication*. — Choix des résidus dont la préparation ne laisse aucun élément toxique ou irritant ;

b. *Composition chimique*. — Préférence accordée à ceux dont le pouvoir nutritif et le coefficient de digestibilité sont le plus élevés ;

c. *Prix de revient*. — Il y a souvent un écart sensible entre le prix de vente et la valeur nutritive réelle de certains tourteaux. On comparera donc ce prix de vente avec les données de l'analyse chimique ;

d. On tiendra compte enfin de la *quantité disponible sur le marché*, de manière à pouvoir assurer un approvisionnement facile et un emploi régulier dans l'alimentation.

Les résidus industriels utilisables pour l'alimentation du cheval sont :

Huilerie...............	Tourteaux de lin.
	— de sésame.
	— de cocotier.
	— de palmiste.
	— de noix.
Amidonnerie..........	Tourteaux de germes de maïs.
	Résidus secs de maïs, riz, pomme de terre.
Glucoserie...........	Tourteaux de gluten de maïs et produits similaires.
Brasserie.............	Drèches.
	Malt d'orge.
	Radicelles d'orge.
Distillerie............	Drèches.
Meunerie.............	Produits et sous-produits....... Farines, sons.
Sucrerie et raffinerie.	Mélasses et produits mélassés.

A. — RÉSIDUS D'HUILERIE.

Procédés d'extraction. — Chez les végétaux, les huiles se trouvent généralement localisées dans la semence (navette, colza, arachide, sésame, lin, etc.).

L'extraction des huiles peut se faire de deux manières : par pression ou par épuisement à l'aide d'un dissolvant approprié ; on combine quelquefois les deux procédés. Les résidus de ces préparations constituent les tourteaux.

Pour opérer par pression, la matière est concassée ou broyée puis pressée généralement à chaud ; il reste environ de 10 à 15 p. 100 d'huile dans le résidu. Le taux d'huile retenu est d'autant plus élevé que les principes albuminoïdes et l'amidon sont en plus grande proportion ; l'albumine maintenant l'huile en suspension produit un liquide laiteux, une véritable émulsion.

On peut extraire ce reliquat par la méthode d'épuisement au sulfure de carbone, par des essences de pétrole dans des appareils appropriés et chauffés à la vapeur.

Bien que le sulfure de carbone et les essences disparaissent très rapidement des tourteaux traités, la préférence doit être donnée, dans l'alimentation des animaux, à ceux qui résultent de la simple pression,

Altérations. — Dans les meilleures conditions de conservation les tourteaux finissent par s'altérer.

Influence de la lumière. — Lorsqu'ils sont exposés à la lumière, l'huile qu'ils renferment rancit par oxydation et leur communique une odeur et une saveur d'autant plus désagréables qu'elle s'y trouve en plus grande quantité.

Influence de l'humidité. — Emmagasinés dans des locaux humides, les tourteaux fermentent et se couvrent de moisissures, des microorganismes se développent dans leur masse et peuvent produire des toxines dangereuses pour les animaux. Il convient de rejeter de la consommation les tourteaux ayant subi des altérations de cette nature.

Animaux inférieurs. — Souvent aussi les tourteaux deviennent la proie des acariens, des insectes ou des vers. Ils perdent de ce fait une partie de leurs qualités nutritives.

Les tourteaux en attendant leur utilisation, doivent être conservés dans un local sec, autant que possible demi-obscur, où l'air puisse se renouveler fréquemment. Les tourteaux ne se conservent pas également bien. A égalité de dessiccation les tourteaux les plus altérables sont ceux qui renferment la plus forte dose d'albumine et surtout de graisse.

Emploi. — La méthode la plus rationnelle à suivre pour la distribution des tourteaux dans l'alimentation, consiste à les donner à l'état sec sous forme concassée.

Les tourteaux ne sont pas toujours acceptés de suite par le cheval ; la cause peut tenir à l'introduction trop brusque dans la ration ou au goût désagréable que ces produits peuvent présenter. Dans ce dernier cas ils seront mélangés avantageusement à l'avoine, au son, aux produits mélassés.

L'introduction de ces matières concentrées dans la ration doit s'opérer le plus lentement possible et doit aboutir dans tous les cas à une substitution rationnelle.

Falsifications. — En dehors des impuretés naturelles (graines étrangères) il y a lieu de se préoccuper des nombreuses falsifications dont les tourteaux sont parfois l'objet : addition de matières terreuses, de carbonate de chaux, de plâtre, de sulfate de baryte, etc., de déchets ou de criblures de graines, de matières végétales inertes : sciure de bois, poudre de corozo, etc.,

Nous allons indiquer brièvement les procédés à employer pour mettre ces fraudes en évidence.

Carbonate de chaux (craie). — En Belgique on fait entrer la craie dans les tourteaux destinés à l'alimentation.

La fraude se reconnaît facilement en plongeant ces tourteaux dans de l'eau aiguisée d'acide chlorhydrique; les tourteaux mêlés de craie donnent lieu à une effervescence qui ne se manifeste pas avec ceux qui en sont exempts.

Sable. — En raison de sa pesanteur, il peut être séparé par le lavage et pesé.

Matières terreuses. — L'incinération du tourteau normal et de celui qui est mêlé de matières terreuses fournit des résidus dont la quantité peut servir à démontrer la fraude.

Les *criblures*, qui ont peu de valeur, contiennent des débris de semences diverses, des fragments de cailloux ; l'examen microscopique, la calcination et l'incinération faites comparativement sur les denrées suspectes et sur les produits non falsifiés peuvent servir à reconnaître la fraude.

En ce qui concerne les matières minérales, Pétermann en fixe comme suit le maximum tolérable dans les tourteaux:

NOM DES TOURTEAUX.	Matières minérales. Résidu de l'incinération.	Matières minérales adhérentes.
Lin.................	8,5 p. 100	2,5 p. 100
Colza...............	8 —	2,5 —
Arachide décortiquée.	6,5 —	2,0 —
Cocotier............	6,5 —	1,5 —
Palmiste............	5 —	1,7 —
Coton...............	7,5 —	1,5 —

Pour la *sciure*, les *coques d'arachide* et le *corozo*, on trouvera les procédés de diagnose à l'article *Son*.

En dehors de ces falsifications, la fraude la plus commune consiste à mélanger à un tourteau d'un prix élevé, des graines de moindre valeur (colza, ricin, coques d'arachides, etc.) qui diminuent la valeur nutritive ou le rendent nocif (ricin, moutarde, faîne non décortiquée).

Fréquence des falsifications : 37 p. 100.

L'examen macroscopique et microscopique du tourteau suspect permettra de révéler cette fraude.

Examen macroscopique. — Cet examen consiste à se rendre compte de l'aspect général du tourteau, tant à sa surface que sur des cassures aussi multipliées qu'on le jugera nécessaire. Les investigations porteront sur l'homogénéité du tourteau, sa couleur, sa dureté, son odeur, sa saveur, le volume des éléments qui le constituent, son état de conservation, la présence de vers, d'insectes, de moisissures.

Examen microscopique. — L'examen microscopique du tourteau rend les plus grands services ; il doit conduire à l'identification de tous les éléments que l'examen macroscopique n'a pas permis de reconnaître.

On commence par s'assurer de la présence ou de l'absence de l'amidon et de la nature de cet amidon, on recherche aussi la présence des spores, des filaments mycéliens, des bactéries, des acariens, etc.

Pour la détermination des graines contenues dans le tourteau, il faut examiner les fragments d'enveloppes externes.

Pour les caractères des graines, la technique indiquée dans le travail remarquable de MM. Bussard et Fron (1) auxquel nous avons fait de nombreux

(1) Bussard et Fron. Tourteaux des graines oléagineuses. *Annales de l'Institut nat. agronomique*, 1896-1900,

emprunts, permet d'établir une diagnose exacte.

Cet examen microscopique a une grande valeur en expertise, car il permet de mettre en évidence les graines nocives (ricin, etc.) qui ont pu être la cause déterminante des accidents observés.

TOURTEAU DE PALMISTE.

Origine. — L'*Elœïs guinensis L.* est un palmier qui croît à l'état spontané et que l'on cultive dans les régions les plus chaudes de l'Afrique et de l'Amérique.

Caractères du tourteau. — Tourteaux carrés ou ronds, d'une épaisseur de 2 à 3 centimètres et d'un poids moyen de 3 kilos. Ces tourteaux sont rarement entiers, le plus souvent fragmentés. Gangue gris jaunâtre, piquetée de noir. Très friable, se réduit sous une faible pression en poudre fine, assez semblable à de la sciure de bois grossière.

Cassure finement lamelleuse, présentant de menus débris des téguments de la graine, aisément reconnaissables.

Inodore et insipide à l'état frais, contracte rapidement une saveur et une odeur de savon.

Composition chimique.

	Cornevin.	d'Hont.	Décujis.
Eau.....................	10,95	12,39	12,45
Matières grasses......	8,0	6,09	10,10
— azotées......	20,0	15,50	14,13
— non azotées..	36,29	62,54	59,44
Cellulose.............	18,48		
Cendres..............	6,28	3,48	3,58

Principes digestibles (Wolff).

Matière protéique................	16
Cellulose......................	19,7
Matières amylacées..............	32,9
Matière grasse.................	9

Valeur alimentaire. — La valeur alimentaire du tourteau de palme est faible, mais lorsque son prix est peu élevé, il peut entrer avantageusement dans, la composition des rations en substitution partielle à l'avoine.

M. le marquis de la Bigne, ex-directeur de la Cie des tramways sud, employa ce tourteau en mélange avec le tourteau de coprah et en retira de bons effets (embonpoint et aptitude au travail conservés).

1 kilo de tourteau remplace 1 kilo d'avoine.

Tourteau de sésame.

Origine. — Le sésame indien (*Sesamum orientale*) est une plante herbacée (famille des Bignoniacées) annuelle, haute de 0^m,80 à 1 mètre, portant des capsules allongées à quatre rangées de graines. Il croît dans l'Inde à l'état spontané, et sa culture est répandue dans la plupart des contrées subtropicales, aussi bien en Asie (Japon, Chine, Perse) qu'en Afrique (Zanzibar, Congo, Mozambique), en Amérique et dans les îles de l'Océanie.

Caractères du tourteau. — Dans le commerce on trouve des sésames de plusieurs couleurs, des blancs, des gris, des bruns, et même des noirs et des bigarrés.

Le sésame blanc est la sorte préférée ; le sésame gris est moins appété par le bétail, il est au surplus moins apprécié dans le commerce, car son prix de vente est toujours inférieur à celui du sésame blanc.

Le sésame brun vient des Indes ; souvent il est rance et impropre à la consommation ; il est réservé à la fumure des terres.

De plus, le taux des impuretés est plus élevé dans ces dernières variétés que dans le sésame blanc.

Consistance. — Le tourteau de sésame est dur et peu friable.

12.

Cassure. — Finement lamelleuse avec des éléments peu distincts à l'œil nu.

Saveur à la fois acide et amère.

Composition chimique.

	Sésame blanc du Levant.			Sésame blanc de l'Inde.		Sésame noir.
	Décujis.	Garola.	d'Hont.	Garola.	Heckel.	d'Hont.
Eau................	9,44	10,32	11,30	9,58	»	10,64
Matière grasse......	10,0	11,23	10,43	10,76	11,90	13,56
— azotée.......	36,31	41,50	38,10	41,50	36,56	35,43
Extractifs non azotés.	{ 31,38	8,62	8,68	7,06	{ 21,44	{ 23,17
Cellulose					9,50	
Cendres...........	12,57	11,10	8,40	11,0	»	17,20

Garola a trouvé dans les deux tourteaux précédents 2,36 et 2,83 p. 100 d'acide phosphorique, le Dr Heckel 1,61 p. 100.

Principes digestibles (Wolff).

Matière protéique................	33,5
Cellulose......................	2,3
Matières amylacées.............	13,2
Graisse.......................	11,5

Valeur alimentaire. — Dans l'Inde, en Égypte le tourteau de sésame est consommé par l'homme en mélange avec des produits sapides ou aromatiques, notamment avec du miel.

Dans le nord de la France, en Angleterre, en Belgique il est utilisé fréquemment dans l'alimentation du cheval.

Comme valeur nutritive il se rapproche beaucoup du tourteau de lin et son prix est moins élevé (2 à 3 francs en moins).

TOURTEAU DE COCOTIER OU DE COPRAH.

Origine. — Le cocotier (*Cocos nucifera*) est un arbre des pays chauds, abondant surtout dans les îles du Pacifique et de l'océan Indien.

Avant maturité, le fruit du cocotier, contient un liquide laiteux, sucré et acidulé, le lait de coco, qui constitue une boisson agréable. Ce liquide, se solidifiant, forme une amande bien connue, comestible et dont la saveur rappelle celle de la noisette. De cette amande on extrait une huile dite huile de coco ou de coprah.

Caractères du tourteau. — Forme. — En galettes carrées ou rondes, d'une épaisseur de 2 à 3 centimètres et d'un poids de 2 à 3 kilogrammes.

Couleur. — On distingue les tourteaux blancs, demi-blancs et ordinaires ; ces derniers d'un blanc jaunâtre ; de petites particules brunes apparaissent noyées dans une masse homogène.

Consistance. — Extrêmement friable, le tourteau de cocotier se réduit par simple pression en une poudre dont l'aspect rappelle celui de la sciure de bois grossière.

Composition chimique.

	Garola.		Girard.		Décujis.	d'Hont.
Eau	13,84	17,46	9,98	9,76	12,4	8,62
Matière grasse	8,70	6,52	11,18	11,16	4,7	12,24
— azotée	20,75	20,25	15,88	19,87	24,1	20,12
— non azotée	39,07	40,61	56,46	53,93	52,3	39,39
Cellulose	11,64	9,36				13,83
Cendres	5,80	5,80	6,50	5,38	6,5	5,8

Principes digestibles (Wolff).

Matière protéique	15,0
Cellulose	8,9
Matière amylacée	31,4
Graisse	11,0

Valeur alimentaire. — Le tourteau de coprah est l'un de ceux qui conviennent le mieux à l'alimentation du bétail. Cornevin le tient pour le meilleur des tourteaux exotiques et Garola en préconise l'emploi.

M. le marquis de la Bigne, ex-directeur de la Cie des

tramways sud, fit donner à titre d'expérience des tourteaux de cocotier; il conclut en disant qu'on peut, sans danger aucun, remplacer 1 kilogramme d'avoine par 1 kilogramme de tourteau ou 2 kilogrammes de maïs par 1^{kg},500 de tourteau dans la ration des chevaux qui font chaque jour un travail régulier.

TOURTEAU DE NOIX.

La valeur alimentaire du tourteau de noix est variable suivant le mode de préparation, à froid ou à chaud, par simple ou double pression. On ne s'étonnera donc pas des différences de composition trouvées à l'analyse.

	Boussingault.	Wolff.	Garola.	Fallot.	
				Tourteau à froid.	Tourteau à chaud.
Eau	6,0	13,7	7,12	9,40	11,40
Matière grasse	9,0	12,5	18,1	27,17	13,68
— azotée	32,8	34,6	41,50	31,79	37,77
Extractifs non azotés.	45,6	27,8	23,27	20,61	27,75
Cellulose	3,4	6,4	5,0	6,83	4,56
Cendres	3,2	5,0	5,10	4,20	4,70

Avec 5,5 à 6,5 p. 100 d'azote le tourteau de noix renferme 1,50 à 2,50 p. 100 d'acide phosphorique et de 1 à 1,5 p. 100 de potasse.

Apprécié par certains éleveurs à l'égal du tourteau de lin, considéré même comme plus digestible, le tourteau de noix est utilisé pour l'engraissement des bœufs ou des porcs, le gavage des volailles. Mais il ne convient pour cet usage qu'à l'état frais, car il rancit facilement et communique alors à la chair des animaux une saveur répugnante qui la rend impropre à la consommation (porcs saisis aux halles); aussi convient-il de ne jamais distribuer de tourteaux rances aux animaux à l'engrais et même de cesser de leur administrer du tourteau frais trois semaines ou un mois avant l'abatage.

Le tourteau de noix frais agit favorablement sur la lactation.

La conservation du tourteau de noix est difficile non seulement à cause de la rancidité, mais encore par ce qu'il fournit aux moisissures un excellent milieu de culture.

Caractères du tourteau. — Le tourteau de noix se présente sous la forme de pains de poids variable, souvent de 8 à 10 kilogrammes et plus dont l'épaisseur dépasse généralement 5 centimètres. Il est jaunâtre, piqueté de brun, lorsqu'il résulte de la pression à froid, brun quand l'huile a été extraite à chaud.

Sa cassure est irrégulière et dans la pâte on retrouve souvent, à côté des débris d'enveloppes, de petits fragments de l'amande à peu près intacts. Son odeur est agréable, sa saveur rappelle celle de l'amande.

Emploi chez le cheval. — Wrangel cite des expériences favorables faites au 2ᵉ régiment de ulhans hanovriens avec les tourteaux de noix. D'après son rapport l'état des chevaux nourris avec ces tourteaux fut très bon, les animaux prirent de l'embonpoint, le poil devint lisse et l'aptitude au travail ne fut pas modifiée.

Les tourteaux étaient concassés et donnés mélangés avec de l'avoine. Leur emploi apportait une grande économie dans le prix de la ration.

TOURTEAU DE LIN.

Le tourteau de lin est depuis longtemps très estimé pour la nourriture du bétail ; il est toujours le plus cher des tourteaux alimentaires.

La vogue justifiée dont il jouit est due non seulement

à sa richesse en éléments digestibles, mais encore au mucilage qu'il renferme en forte proportion (17 p. 100) et qui lui donne ses propriétés adoucissantes, à sa saveur agréable et à la facilité de sa conservation.

Contrairement aux autres aliments concentrés, le tourteau de lin, même à dose intensive, ne provoque jamais d'échauffement chez les animaux qui le consomment et son emploi offre aux agriculteurs une grande sécurité.

Caractères. — Dans le commerce on trouve les tourteaux de lin indigènes et les tourteaux de lin exotiques. Les premiers sont les plus appréciés ; ceux de lin d'Amérique contre lesquels on a souvent des préventions, ne paraissent pas cependant inférieurs aux nôtres, ils sont plus compacts et plus durs.

Au point de vue chimique, le tourteau de lin indigène contient en général moins d'albumine que celui d'Amérique ; par contre, la richesse en graisse du premier est supérieure à celle du second.

	Albumine.	Graisse.
Tourteau de lin indigène.....	28,6	10,0
— — d'Amérique...	36,2	7,9

Ces caractères ne sont que relatifs car on sait que le tourteau indigène est souvent mélangé au tourteau exotique ; l'écart considérable qui existe entre la production et la consommation du tourteau indigène fait que ce dernier est difficilement trouvé pur dans le commerce et qu'il est toujours mélangé de tourteau d'Amérique ou de Russie. Cette incorporation exigeant des frais (mouture, compression), explique le prix élevé du tourteau livré sous le nom d'« indigène ».

Forme. — Tourteaux de forme et de dimensions variables, le plus généralement trapéziformes ou carrés avec les angles coupés, de 1 à 2 centimètres d'épaisseur.

Poids : 1 à 3 kilogrammes.

Coloration : brun rougeâtre, plus ou moins foncé avec fragments apparents, luisants de spermoderme ; les tourteaux de lin bigarrés sont chinés jaune et brun.

Cassure : tantôt friables, tantôt durs et résistants, la section est nettement lamelleuse dans la plupart des cas.

Les tourteaux exotiques sont plus compacts, plus durs et présentent une cassure irrégulière avec des éléments très peu distincts.

Composition chimique.

	Wolff.	Garola.	Van den Berghe.
Eau................	11,5	12,86	12,60
Matière grasse......	10	8,75	13,81
— protéique...	28,5	30,87	32,37
— non azotée.	42,1	28,48	28,38
Cellulose...........		11,88	6,28
Matières minérales..	7,9	7,46	6,56

Le tourteau de lin renferme de 1,5 à 3 p. 100 d'acide phosphorique. Cette composition varie dans de larges limites, non seulement avec la provenance des graines et le mode de préparation du tourteau, mais surtout avec la proportion d'impuretés qu'il renferme.

M. d'Hont, qui a fait porter ses analyses sur plusieurs échantillons examinés au laboratoire de Courtrai, a trouvé, pour des tourteaux purs, les écarts suivants :

	Minimum.	Maximum.
Eau....................	10,17	14,80
Matière grasse..........	4,31	13,10
Albumine...............	26,68	38,50
Matières hydro-carbonées.	30,40	37,46
Cellulose...............	6,04	8,92
Cendres...............	4,41	7,81

Principes digestibles (Wolff).

Protéine...............	24,7
Matière grasse..........	9,6
Matières hydro-carbonées..........	29,8

Falsifications. — Dans les tourteaux impurs, au nombre de 60, analysés par d'Hont la teneur en albumine a varié de 23,83 à 36,31 p. 100 et celle en matière grasse de 6,63 à 11,56 p. 100.

Le taux élevé des impuretés reconnaît pour cause un défaut de nettoyage des graines de lin ou des manœuvres dolosives provoquées par la valeur élevée de ces tourteaux.

Les *graines étrangères* que l'on rencontre peuvent servir à diagnostiquer l'origine du tourteau. Dans les lins russes, la grande cameline est fréquente. M. Wœlker a constaté la présence de 12, 19 et 20 p. 100 d'impuretés dans les lins de la mer Noire et jusqu'à 45 et 70 p. 100 dans d'autres lins russes. De pareilles graines non nettoyées ne peuvent fournir que des tourteaux dont les propriétés ne rappellent que très imparfaitement celles du tourteau de lin.

Mais la négligence (défaut de criblage) n'est pas la seule cause de la qualité défectueuse de beaucoup de tourteaux de lin, et la fraude joue un rôle encore plus important.

Sur 269 échantillons de ces tourteaux examinés au laboratoire Roulers, M. Van den Berghe a rencontré 100 échantillons falsifiés, soit 37 p. 100 ; 41 de ces échantillons renfermaient de la farine de riz, 19 des débris d'arachides, les autres des tourteaux de chanvre, de ravison, de faîne, de ricin, de colza, de pavot, du sulfate de baryte, du sulfate de chaux, du sable.

Ces fraudes sont dangereuses ; on ne compte plus les accidents parfois mortels provoqués par l'introduction dans les tourteaux de lin, de ceux de moutarde, de ricin, de faînes non décortiquées.

La pureté du tourteau de lin se reconnaît pratiquement non pas au dosage des matières azotées qui peuvent provenir d'un mélange de diverses graines, mais à la teneur fixe en mucilage, tout mélange frauduleux faisant varier cette dernière.

La proportion de la cellulose donne aussi des renseignements précieux : l'élévation de la cellulose pour une même teneur en matière protéique indique une fraude.

Frais et non adultéré, le tourteau de lin a une odeur d'amande parfois assez prononcée, une saveur douce et agréable. Dans les tourteaux impurs cette saveur est souvent masquée par celle des matières étrangères qu'il renferme.

Mais l'examen microscopique permettra seul de faire une diagnose exacte.

Emploi. — En France l'emploi de ce tourteau dans l'alimentation du cheval est restreint, sauf dans la région du nord ; il n'en est pas de même en Angleterre, en Belgique, en Hollande où son usage est fréquent.

Pour les chevaux surmenés chez lesquels les facultés digestives sont diminuées, l'emploi du tourteau de lin modifiera avantageusement leur état général ; dans le régime diététique des chevaux en convalescence et spécialement de ceux atteints d'affections de l'appareil digestif (entérites) le tourteau de lin jouera, par son mucilage, un rôle utile ; il deviendra un succédané de la graine de lin.

Decrombecque parvenait par ce procédé à prolonger la durée de service de chevaux usés. Cet observateur a remarqué en outre, que, sous l'influence de ce régime, l'état des chevaux atteints d'emphysème pulmonaire s'améliorait sensiblement.

Doit-on restreindre l'emploi du tourteau de lin aux indications thérapeutiques ?

Dechambre et Curot.   13

Non, car le prix peu élevé de l'unité nutritive, ses propriétés hygiéniques, son pouvoir nutritif puissant, en font un aliment précieux.

		Avoine.	
Prix du kilo d'azote...	à 17 fr.		1,70
		Tourteau de lin.	
Prix du kilo d'azote...	à 20 fr.		0,66

Un examen superficiel ne portant que sur le prix de vente (20 fr.), sans tenir compte de la composition chimique, aurait pu faire supposer que sa consommation était onéreuse.

Doses. — La dose normale est de 1 à 2 kilogrammes. La substitution alimentaire doit être faite progressivement si l'on veut éviter les accidents congestifs consécutifs à l'emploi irrationnel de cet aliment concentré.

Distribution. — Concassé et donné mélangé aux grains.

B. — AMIDONNERIE.

Fabrication. — L'opération essentielle consiste à séparer le gluten des principes amylacés ; comme le gluten est insoluble dans l'eau, on fait fermenter la farine, le gluten devient soluble par la fermentation et l'amidon se précipite ; alors on lave ce dernier, on le tamise et on le fait sécher.

Le procédé suivant est employé de préférence, car il a l'avantage de conserver le gluten dont la valeur alimentaire est considérable ; on fait une pâte des farines destinées à l'extraction de l'amidon, puis on malaxe sur un tamis serré, le gluten reste sur le tamis, tandis que l'amidon passe à travers les mailles.

Le résidu composé en grande partie de son et de gluten retient encore des grains d'amidon emprisonnés.

Ce court exposé montre qu'il n'intervient pas d'agents chimiques à aucun moment de la fabrication ; seuls des procédés physiques (malaxage, lavage) sont employés ; aussi les sous-produits peuvent-ils être utilisés sans inconvénient dans l'alimentation du cheval.

Cependant il faut se souvenir que dans les amidonneries on peut utiliser les farines avariées, car l'amidon reste intact, alors même que l'albumine, le gluten et le sucre que contiennent ces farines ont été décomposés par la fermentation.

Parmi les sous-produits appartenant à cette catégorie, il faut citer :

> Tourteaux de germes de maïs.
> Pulpe sèche de pomme de terre.
> Résidu sec de maïs.
> —   — riz.
> —   — blé.

Composition chimique (Wolff).

	Matière sèche.	Protéine brute.	Matière grasse.	Extractifs non azotés.	Cellulose brute.
Résidu de maïs sec....	87,4	18,1	6,3	60,7	1,3
— riz sec......	86,1	18,1	2,9	64,8	2,1
— — desséché.	92,2	36,3	1,1	52,6	0,5

Principes digestibles.

	Protéine.	Matière grasse.	Matières hydro-carbonées.	Cellulose.
Résidu de maïs sec....	14,5	5,4	56,0	0,8
— riz sec...... } — riz desséché. }	29	0,9	47,7	0,3

Valeur alimentaire. -- Les résidus d'amidonnerie du maïs et du riz sont livrés dans le commerce sous forme de tourteau ou sous un état plus ou moins grossièrement pulvérulent. Certaines amidonneries travaillant sur le maïs et le riz livrent ces sous-produits mélangés.

L'appétence pour ces résidus industriels est grande et ils peuvent être utilisés avec avantage pour les chevaux.

La Cie Générale des Omnibus les emploie depuis quelques mois; leur valeur nutritive peut être comparée à celle de la fève et leur prix d'achat est inférieur de 2 à 3 francs les 100 kilogrammes.

Ces produits sont exempts de droits d'octroi.

Tourteau de germes de maïs. — Dès le début ces tourteaux étaient composés presque exclusivement par les germes des grains qui étaient isolés lors de la fabrication de l'amidon, car la matière grasse renfermée en forte proportion dans les germes était un obstacle sérieux à l'extraction de la matière amylacée.

Sa composition était de quatre cinquièmes germes de maïs et un cinquième son de maïs (enveloppes du grain) qui servait à les agglutiner. Mais au fur et à mesure que la vente a pris de l'extension, comme la quantité de matière première (germes) ne suffisait plus à satisfaire aux demandes, on a dû introduire dans la composition de ce tourteau toutes sortes de produits plus ou moins riches (sons de maïs).

La valeur alimentaire en est donc très variable et sous la dépendance des produits qui entrent dans sa composition; au début le germe était la dominante, actuellement il ne figure que pour une quantité minime. Cette composition peu stable nécessite des analyses chimiques pour chaque livraison.

Comme tous les produits dérivés du maïs, il est très appété des animaux. Les chevaux de la Cie Générale des Voitures sont à ce régime depuis de longues années à la dose journalière de 1 à 2 kilogrammes (maltine).

Pulpe de pommes de terre desséchée. —

Les résidus de féculeries desséchés sont présentés sous forme de lamelles blanchâtres marquées de points jaunâtres ; ils sont friables et se broient sous la pression de la main. Cette pulpe, réduite en farine plus ou moins grossière, est employée comme fleurage dans la boulangerie.

Donnée en nature aux chevaux, elle est peu appétée ; à dose élevée, elle produit de la diarrhée ; il ne convient pas de dépasser la dose de 4 kilog. ; on la livre habituellement dans le commerce sous forme de produit mélassé.

Composition (d'après Wolff).

		Digestible.
Matière sèche..............	89,9	
— azotée totale.........	3,5	3,2
— grasse.............	0,4	0,3
Extractifs non azotés.......	68,4	65,3
Cellulose brute.............	11,9	7,9

C. — GLUCOSERIE.

La saccharification de la glucose exige trois opérations : saccharification des matières amylacées, saturation et neutralisation de l'acide sulfurique employé, filtration du produit et évaporation. La saccharification est obtenue en faisant agir à ébullition une solution d'acide sulfurique sur l'amidon ; la saturation de l'acide résulte du traitement par le carbonate de chaux.

Mais ces opérations ne portent que sur l'amidon ; celui-ci a été extrait, préalablement, par les procédés habituels (voir *Amidonnerie*) ; de sorte que les résidus des glucoseries qui proviennent du travail préparatoire d'extraction de l'amidon sont analogues à ceux des amidonneries, comme eux n'ont subi aucun traitement chimique, et peuvent être utilisés au même titre dans l'alimentation ; en réalité, il n'y a même pas lieu de distinguer ces sous-produits.

Produits américains. — Les États-Unis qui approvisionnent le marché européen de glucose, emploient à cette fabrication 40 millions de bushels de maïs, et exportent des quantités considérables de sous-produits.

On les trouve dans le commerce sous plusieurs noms :

	Matière azotée.	Matière grasse.
King Gluten meal... ...	32,7	4,5
Gluten meal Chicago.. ..	37	4,2
Gluten Feed........ ...	37,80	3,30
Chicago Gluten meal......	40,02	3,40

Ces produits se présentent sous un aspect granulé, plus ou moins pulvérulent, de coloration jaune variant du clair au foncé avec la nature du grain (maïs blanc ou rouge) et le procédé de dessiccation employé (température élevée ou dans le vide).

Anciennement, ils renfermaient 17 à 20 p. 100 de matière grasse, ce qui en rendait la conservation difficile, et occasionnait des altérations fréquentes pendant le transport en Europe. Le taux actuel de 3 à 5 p. 100 permet une conservation facile.

La teneur en matière azotée indiquée ci-dessus d'après les documents américains nous paraît majorée : divers échantillons soumis à l'analyse n'ont pas dépassé 25 p. 100.

Il en est qui sont livrés sous forme pulvérulente ; sous cet état la préhension et la déglutition sont difficiles ; pour les faciliter et pour éviter la perte de la portion que l'air expiré chasse de la mangeoire, il convient de les humecter légèrement, ou de les donner en mélange avec des aliments aqueux : l'association avec la mélasse ou les produits mélassés est un procédé recommandable.

Le prix de ces résidus varie de 15 à 17 francs, avec les cours du maïs.

Comme tous les sous-produits dérivés des céréales, ils sont parfaitement acceptés par les animaux ; on les emploie aux doses moyennes de 1 à 2 kilos par cheval.

Tourteau de gluten de maïs. — C'est sous la forme compacte de tourteau que les produits des glucoseries américaines sont le plus souvent employés.

Caractères du tourteau. — Coloration jaune paille plus ou moins foncée, odeur agréable rappelant celle du pain, cassure granuleuse, se trempe facilement avec l'eau en formant une pâte liante ; son pouvoir absorbant est considérable.

Son odeur et sa saveur agréables le font accepter facilement par les chevaux.

Emploi. — Dans les proportions indiquées ci-dessous, il permet de réaliser des économies sensibles :

				francs.
0^{kg},500 de gluten de maïs	= 1 kilo de maïs.	Économie.		0,085
1 kilo —	— = 1	— de fèves.	— .	0,03
0^{kg},500 —	— = 1	— d'avoine.	— .	0,085

Le tourteau se donne grossièrement concassé ; sous forme de farine on le distribue avec un aliment mélassé.

Le tourteau de gluten de maïs est exempt de droits d'octroi ; mais il est probable qu'il ne jouira pas longtemps de cette franchise, car sa forte consommation le fera sans doute mettre au rang des autres tourteaux.

D. — DISTILLERIE.

Mode de fabrication. — Les grains de maïs, de seigle, de blé, de riz, certains végétaux, betteraves, pomme de terre, topinambour et divers sous-produits industriels, mélasse, sont employés dans les distilleries.

On saccharifie les grains soit par les acides (acide sulfurique étendu de 33 fois son poids d'eau), soit par l'adjonction de malt en laissant la diastase agir sur la dextrine jusqu'à transformation complète en maltose fermentescible.

Un troisième procédé consiste en la saccharification et la fermentation simultanées en milieu aseptique des matières amylacées par les mucédinées saccharifiantes.

Le pouvoir saccharifiant des diastases étant plus élevé que celui résultant de l'emploi des acides, les procédés chimiques tendent à être abandonnés. De plus ils avaient l'inconvénient grave de rendre les sous-produits, qui représentent dans les grandes exploitations une source de bénéfices considérables, inutilisables pour l'alimentation des animaux. Aussi pour ces deux raisons, rendement plus élevé et utilisation des sous-produits dans l'alimentation, serait-il à souhaiter que les procédés de saccharification par le malt remplaçassent les procédés chimiques.

Ce court exposé montre les dangers qu'il y a à utiliser dans l'alimentation des animaux les sous-produits des distilleries où l'on emploie des procédés chimiques. En effet, l'action irritante consécutive au degré d'acidité joue un rôle important dans l'étiologie des maladies de l'appareil digestif constatées sous l'influence de ce régime ; l'aliment acide irrite plus ou moins vivement la muqueuse digestive ; l'action d'abord temporaire finit par devenir permanente par l'usage prolongé ou l'abus et détermine, dans un délai variable avec la dose employée, la durée du régime et l'accoutumance individuelle, des affections inflammatoires graves (gastro-entérites irritatives).

Il est donc nécessaire de pouvoir distinguer les produits provenant des distilleries de ceux provenant des brasseries, glucoseries ou amidonneries.

Diagnose des drêches. — Les drêches sont composées des balles du grain, elles renferment la totalité de la matière azotée, de la matière grasse et l'amidon qui a échappé à la saccharification.

Les signes fournis par leur examen extérieur (aspect, coloration, composition, odeur) permettent d'en reconnaître assez facilement l'origine.

Caractères des Drêches.

Brasserie.	**Distillerie** (par acides).
Coloration : blonde (havane clair).	Brunâtre foncé (havane foncé).
Odeur : peu accusée.	Caramel.
Composition : présence d'un seul grain.	Présence de plusieurs grains : seigle, maïs, orge.
Forme : structure du grain d'orge reconnaissable.	Structure des grains altérée.

Dans les *drêches de distillerie par acides*, même à un examen attentif il est difficile de reconnaître la conformation des grains employés, l'action prolongée de l'acide sulfurique et de la température élevée en ayant modifié profondément la texture. Cependant un simple examen macroscopique met en évidence plusieurs pellicules appartenant au maïs et au seigle. La présence de seigle et de maïs est symptomatique des drêches de distillerie, ces grains n'étant pas utilisés en France pour la fabrication de la bière et étant employés fréquemment en mélange de proportion variable selon les cours, par les distilleries.

Drêche de distillerie par action du malt. — Les

signes différentiels avec les drèches obtenues par les procédés chimiques sont peu nets ; on peut signaler une teinte moins foncée dans les drèches résultant du maltage, mais ce signe n'est pas stable, il varie avec le procédé de dessiccation employé.

La provenance des drèches explique les opinions contradictoires émises sur la nocivité ou l'innocuité de ces denrées ; les uns, qui ont employé les drèches de brasserie, préconisent ce produit, les autres qui ont mis en usage les drèches de distillerie provenant de procédés chimiques, signalent les dangers de ce régime (entérite irritative).

En résumé, au point de vue pratique, il y a indication d'employer exclusivement, surtout pour les chevaux, les drèches de brasserie dont les caractères physiques : coloration blonde, présence de balles d'orge, absence de grains étrangers (maïs, seigle) permettent de reconnaître sûrement l'origine.

L'examen comparatif des drèches de distillerie obtenues par les procédés chimiques et par la diastase, ne donne aucun renseignement précis sur l'origine et expose à des inconvénients graves.

Dans les cas douteux, pour être fixé sur la nocivité il faut déterminer le degré d'acidité du produit.

Le procédé suivant donne des renseignements précis.

Dosage de l'acidité. — 1° Peser 10 grammes du produit, les mettre dans un flacon de 125 à large ouverture avec 4 billes de verre.

2° Ajouter 50 centimètres cubes d'alcool à 90°, fermer soigneusement le flacon avec un bouchon de caoutchouc.

3° Agiter fréquemment pendant quatre à cinq heures, filtrer (1re liqueur).

4° Verser sur un second filtre 15 à 20 centimètres cubes d'alcool à 90° (2e liqueur).

5° Remplir la burette de Mohr de liqueur potassique demi-décinormale et prélever 10 centimètres cubes de chacune des deux liqueurs alcooliques filtrées, auxquelles on ajoute IV gouttes de teinture de curcuma, comme indicateur.

6° Faire tomber goutte à goutte la liqueur potassique de la burette dans l'alcool à 90° (2e liqueur), cesser au changement de nuance (de jaune passant au brun), noter le volume de la liqueur employée.

7° Répéter l'opération sur l'alcool de macération (1re liqueur) et noter de nouveau le volume de la liqueur titrée.

L'opération 6 donnera l'acidité propre à l'alcool, et l'opération 7 l'acidité de l'alcool augmentée de celle du produit.

Calcul de cette acidité. Soit :

N centimètres cubes la quantité de liqueur nécessaire pour neutraliser l'alcool de macération ;

n centimètres cubes la quantité de liqueur neutralisant l'acidité de l'alcool témoin ;

(N-n) centimètres cubes représentera la liqueur qui exprime l'acidité du produit.

La liqueur potassique est telle qu'un centimètre cube correspond à 0gr,00245 d'acide sulfurique monohydraté.

Les 10 centimètres cubes de la 1re liqueur représentant le 5e de la totalité, soit 2 grammes du produit, on multipliera par 50 le résultat obtenu, pour le rapporter à 100 du produit.

L'acidité de celui-ci sera formulée par :

$$50 \times (N - n) \times 0,00245$$

Ou bien :

$$0,1225 \times (N - n).$$

Acidité en acide sulfurique (SO^4H^2) p. 100.

1° *Grains.*

Avoine { noire .... 0,18 p. 100.
{ blanche 0,15   —
Maïs 0,17   —
Seigle 0,15   —
Fèves 0,16   —

2° *Drèche de distillerie.*

Acidité totale 0,27

comprenant en acide sulfurique libre, 0,13 ; le reste
(0,14) correspond à peu près à ce que renferment les
grains naturels.

Drèches de distillerie desséchées. — Depuis
quelques années certains industriels pratiquent la dessiccation des drèches ; sous cette forme ces produits
présentent sur l'état aqueux les avantages suivants :
pouvoir nutritif élevé, transport et conservation
faciles.

Sous cet état les drèches représentent environ
33 p. 100 du malt.

Tous les procédés de dessiccation n'ont pas la même
valeur, c'est ainsi que le séchage à l'air chaud donne
un produit brunâtre ayant une forte odeur de caramel
et de qualité inférieure, tandis que le séchage à la
vapeur produit une drèche blonde, d'un parfum
délicat.

Le procédé de dessiccation n'exerce aucun effet dé-
pressif sur la digestibilité.

Les drèches à cause de leur légèreté peuvent se
donner légèrement humectées ou en même temps que
les produits mélassés.

Cet aliment, dont le goût rappelle celui du pain,
est très apprécié des animaux, même des chevaux.

Doses. — Dans certaines régions on donne les drèches aux mêmes doses que le foin, mais il faut tenir compte de leur richesse en principes nutritifs qui varie avec la provenance des grains employés.

Composition chimique.

	Eau.	Cendres.	Mat. protéique.	Cellu- lose.	Mat. amylac.	Graisse.
Résidus secs de pomme de terre...............	12,6	11,0	21,8	9,4	41,3	3,9
Résidus secs de maïs..	10,1	4,9	22,9	7,9	44,2	10
— — de riz....	14,9	0,6	14,2	9,0	68,8	0,5
— — de seigle.	9,5	5,0	23	9,2	48,2	5,1
— — de blé....	12	4,8	25	7,4	46,1	4,7

Ce tableau montre que la teneur en matière azotée varie avec le produit travaillé ; parmi les grains les drèches de riz sont les moins nutritives et les moins appétées.

E. — BRASSERIE.

Brassage. — L'orge, pour être rendue propre à la fabrication de la bière, doit être amenée à l'état de malt par une fermentation préalable qui change ses éléments constitutifs.

La préparation du malt comprend plusieurs opérations ; le nettoyage des grains qui est obtenu au moyen de trieurs, puis le trempage, la germination, la dessiccation ou touraillage.

Il existe dans le germe qui se développe sur les céréales une substance azotée particulière (diastase) qui a la propriété de transformer des quantités considérables de fécule en dextrine et même en glucose, si son action se prolonge suffisamment. Cette substance se forme au moment de la germination et aux dépens des matières albuminoïdes contenues dans la graine :

elle réside à l'origine même du germe et semble avoir pour rôle, dans l'économie végétale, de désagréger la substance amylacée et de favoriser les transformations ultérieures de celle-ci.

Or le maltage consiste à faire développer dans l'orge une certaine quantité de diastase qui opérera ensuite la transformation de la matière amylacée du grain en dextrine et en glucose.

Pour déterminer la formation de la diastase on provoque la germination du grain à l'aide de l'eau et d'une température convenable. Dans ce but, on commence à faire tremper le grain en ayant soin qu'il soit toujours recouvert de 15 à 20 centimètres d'eau.

Pendant le trempage le grain augmente beaucoup de volume, la meilleure orge prend un accroissement d'environ 1/5 en absorbant à peu près la moitié de son poids d'eau. Selon la température le trempage dure de dix à quarante heures. Lorsqu'il est au point convenable, on porte le grain au germoir, espèce de cellier situé plus bas que le sol, afin d'être moins exposé aux variations de température.

Une fois saturé d'humidité, le grain est étendu sur le dallage de façon à former une couche variable selon le degré de germination; là il ne tarde pas à s'échauffer rapidement. On retourne fréquemment le grain, de manière à rendre la germination aussi égale et aussi régulière que possible. Dans l'été la germination est terminée en dix à douze jours, il en faut quinze à vingt vers la fin de l'automne. Au bout de ce temps la gemmule a atteint une longueur égale aux 2/3 de celle du grain et celui-ci exhale une odeur agréable de fruit mûr. Si on laissait la germination se prolonger davantage il y aurait une perte considérable de matière amylacée. On se hâte donc de défaire la couche et d'opérer la rapide dessiccation du grain au moyen d'une sorte d'étuve nommée touraille ; le grain y est exposé d'abord à une chaleur modérée, puis à une température assez élevée pour opérer la complète dessiccation. Pendant cette opération les *radicelles* se détachent du grain ; afin de le débarrasser entièrement de ces radicelles dont une partie est restée adhérente au grain malté, on passe ce dernier dans un tarare à crible.

L'opération du brassage a pour objet de mettre le malt en contact avec de l'eau pour favoriser l'action de la diastase sur l'amidon non encore saccharifié qui reste dans le malt, achever sa conversion en glucose et extraire ainsi du grain malté la plus forte quantité possible de matière fermentescible.

On nomme *drèche* le marc de malt.

Ce court résumé des diverses opérations qui constituent le brassage était indispensable pour montrer qu'à aucun moment de la fabrication des sous-produits de l'orge (drèche, germes de malt ou radicelles) il n'est employé d'agents chimiques dont l'action nocive sur l'organisme empêcherait l'emploi dans l'alimentation des animaux.

Au contraire, les diverses opérations, macération, fermentation, constituent des causes d'augmentation du coefficient de digestibilité.

DRÈCHES DE BRASSERIE. — *Caractères*. — On sait que la drèche est constituée par la partie de l'orge non enlevée par l'eau lors du brassage et laissée dans les cuves après macération du malt.

Les drèches à l'état sec représentent environ le tiers du poids du malt.

La drèche de brasserie desséchée est composée des balles de l'orge, de la totalité des matières azotées et grasses et d'une partie de l'amidon (amidon corné) qui a échappé à la saccharification.

Coloration : blonde, havane clair.
Odeur : peu accusée.
Composition : présence d'un seul grain.
Forme : structure du grain d'orge (glumelles).

La diagnose des drèches de brasserie et de distillerie qui présente une grande importance au point de vue pratique, les dernières étant nocives, a été étudiée au § *Distillerie*. Tout ce qui a été dit au même paragraphe relativement aux procédés de dessiccation, à la valeur alimentaire, à l'appétence, au mode d'emploi s'applique aux drèches de brasserie.

Composition chimique.

	Station agronomique de Melun (1902).	École centrale d'agriculture de Weihenstephan (Haute-Bavière).
Eau	9,27	10,73
Matière azotée totale ...	19,31	24,38
Matières grasses	6,92	6,93
— hydrocarbonées.	44,19	39,33
Cellulose	17,20	13,99
Cendres	6,13	4,64

La faible teneur en eau de la drèche desséchée, sa richesse en matières azotées et grasses, en font un bon aliment. On peut la substituer à l'avoine dans la ration du cheval, substitution qui, faite à égalité de poids, donnera un excédent de principes nutritifs sans élever le prix de la ration, soit en la donnant seule, soit en l'incorporant à la mélasse. L'état de division des drèches et leur dessiccation en font un excipient commode pour l'emploi de ce résidu; le mélange peut être pratiqué à la ferme, ce qui laisse la possibilité de combiner à sa guise les proportions d'aliments secs et de mélasse.

MALT D'ORGE. — La modification chimique subie par le grain pendant le maltage reconnaît pour cause les diastases contenues dans les cellules du tégument de la graine.

L'action est très puissante ; d'après Regnault, la diastase que l'on extrait de l'orge transformerait en dextrine 2000 fois son poids d'amidon.

Cette transformation s'effectue, en partie déjà, pendant la germination, les expériences de Oudenans et de Mülder le démontrent.

Oudenans.

	Orge.	Malt d'orge séché à l'air.
Dextrine	5,6	8
Amidon	67	58,1
Sucre	0	0,5
Matière celluleuse	9,6	14,4
Substances albumineuses.	12,1	13,6
Matière grasse.	2,6	2,2
Cendres	3,1	3,2

Mülder.

	Orge.	Malt d'orge.
Glutine	0,28	0,34
Substances albumineuses coagulables	0,28	0,45
Substances albumineuses non coagulables	1,55	2,08
Substances albumineuses insolubles	7,59	6,23

Par l'examen de ces tableaux on voit que par la germination la substance albumineuse insoluble a diminué dans la même proportion que les trois autres substances ont augmenté.

Malgré ces avantages (digestibilité plus grande) le prix élevé de l'orge maltée rend son emploi impossible dans l'alimentation et restreint son usage à la fabrication de la bière.

On pourrait éviter cette dépense excessive en préparant le malt soi-même. Par simple macération on provoque la germination et en ne produisant que la quantité correspondante à la consommation journalière, on éviterait les frais onéreux consécutifs à la dessiccation en vue d'une consommation éloignée et la faible dépense serait largement compensée par les avantages résultant d'une assimilation parfaite.

M. Lavalard dans son livre sur le Cheval rapporte que le comte J. Attens dans son haras de Murchof, en Syrie, donne la ration suivante aux poulains de race pur sang qu'il élève :

Avoine	1kg,500
Son	2kg,500
Malt ou orge germée	0kg,500

la ration des chevaux de trait est de :

Malt	3 kilos.
Avoine	2 —

Composition chimique (Wolff).

Eau	7,5
Cendres	2,3
Matière protéique	9,4
Cellulose	8,7
Matière amylacée	69,8
Graisse	2,3

Principes digestibles.

Albumine	7,5
Matières amylacées	62,8
Cellulose	4,4
Graisse	1,8

RADICELLES. — Les radicelles (voir *Brassage*) sont formées par la gemmule des grains après dessiccation.

Ces germes sont séparés du malt soit par criblage, soit par l'action d'une machine spéciale sorte de moulin à hélice dans lequel les grains sont énergiquement frottés les uns contre les autres et à la sortie duquel, à l'aide d'un ventilateur, les parties les plus légères sont enlevées.

Ces *germes*, *radicelles* ou *touraillons* représentent environ 3 p. 100 du poids de l'orge.

Aspect. — Les radicelles se présentent sous la forme de filaments très ténus, friables, analogues à des poils légèrement ondulés.

Appétence. — Au début de leur introduction dans la ration le cheval n'en est pas trop friand par suite de la saveur amère qu'elles possèdent.

En Allemagne on arrose les radicelles avec de l'eau bouillante en quantité suffisante pour qu'elles soient bien imprégnées, elles absorbent de 4 à 5 fois leur poids d'eau.

On y ajoute un peu de sel et on les distribue tièdes aux animaux.

Il est prudent de prendre des précautions dans l'achat de ces matières et de ne les acheter qu'avec garantie de pureté parfaite, car bien souvent les poussières, les particules minérales qui recouvrent les radicelles en font des matières impropres à l'alimentation et même dangereuses. Dans certains lots défectueux le taux des impuretés s'est élevé jusqu'à 33 p. 100. Les quintes de toux signalées par quelques observateurs sur des chevaux soumis à ce régime, reconnaissent certainement pour cause ces impuretés.

Par suite de la ténuité et du degré de dessiccation du produit, les radicelles se brisent et forment une poudre fine qu'il ne faut pas confondre avec les matières étrangères (poussières minérales).

Commerce. — La production du Nord, environ 10 000 000 kilos, est achetée par les Allemands ; aussi l'emploi régulier dans l'alimentation est peu facile à réaliser par suite de la difficulté de l'approvisionnement.

Le prix peu élevé de cette denrée (10 francs) et sa valeur nutritive puissante en font un aliment concentré précieux.

On les emploiera avantageusement dans l'alimentation des jeunes ; pour la période qui suit le sevrage, les germes d'orge apportent sous une forme facilement digestible les éléments azotés nécessaires à l'accroissement.

Composition chimique.

Substance sèche...............	88,2
Protéine brute.............	23,3
Matière grasse.........	2,1
Extractifs non azotés......	42,8
Cellulose brute......	12,4

Principes digestibles.

Protéine...................	19,1
Matière grasse............	1
— hydro-carbonée......	49,5

Dont :

Amides...................	7,0
Cellulose..........	11,8
Relation nutritive......	1 : 2,7

F. — MEUNERIE.

FARINES.

Constitution et composition des farines.

— Le traitement mécanique des grains désigné sous le nom de mouture et qui aboutit à l'obtention de la farine, tend à diviser chaque grain en trois parties bien distinctes, l'enveloppe, l'amande, le germe ou embryon. Ces diverses parties présentent une importance très inégale. Rappelons que d'après A. Girard leur proportion centésimale (en poids) dans un grain de blé est la suivante :

    Amande....   84,21
    Enveloppe.....   14,36
    Germe..........   1,43

D'après Balland, 100 grammes de grain de maïs donnent approximativement :

    Enveloppe (péricarpe, épisperme)   12,4
    Amande farineuse (albumen).....   74,1
    Germes.................   13,5

La proportion de germes comparée à celle des autres éléments serait donc dix fois plus élevée dans les grains de maïs que dans les grains de blé ; le poids de l'enveloppe est au contraire plus faible ; la matière grasse du grain de maïs se trouve localisée presque exclusivement dans les germes. L'amande farineuse, qui est de beaucoup la masse la plus considérable, renferme surtout de l'amidon et une certaine quantité de matière azotée, le gluten. Quant au germe, malgré sa petitesse, il convient de noter qu'il est riche en azote et surtout en matière grasse ; mais en vertu de son élasticité, il échappe aux effets du broyage pendant la mouture. En sorte que seule l'amande farineuse, très cassante, se réduit facilement en poudre ; du moins prend-elle cet état avant l'enveloppe et le germe qui peuvent alors être isolés sous le nom de sons ou d'issues à l'aide du blutage.

Le broyage s'opère soit au moyen de meules, soit au moyen de cylindres. Dans la mouture par cylindres, le grain passe successivement entre des cylindres métalliques à cannelures de plus en plus fines ; après chaque passage il y a blutage.

Les divers modes de mouture produisent des farines contenant des proportions différentes d'amande farineuse, d'enveloppes et de germes, ce qui décide des qualités de ces farines.

Propriétés physiques. — On les apprécie par le goût et le toucher.

Goût. — La farine de première qualité possède un goût agréable et franc *sui generis*.

Toute saveur étrangère peut provenir :

Du mélange avec une autre farine (farine de féverole, goût de pois crus).

De l'ancienneté de la farine : goût acide, rance, amer, moisi, vieux.

Toucher. — *Farine de bonne qualité* : le toucher doit être doux et liant ; une farine fraîchement fabriquée (1 à 4 mois de mouture) et serrée dans la main doit faire pelote.

Farine vieille. — Une vieille farine ne peut pas faire pelote.

Farine altérée. — Une farine altérée renferme dans sa masse des centres de fermentation durs au toucher qu'on appelle matons, motons ou pelotes.

Farine humide. — La présence de ces pelotes dénote également un excès d'humidité.

Le degré de siccité a donc une grande importance au point de vue de la conservation ; il s'apprécie, comme pour les grains, par la pesée avant et après passage à l'étuve entre 100 et 110°.

Altérations. — Les farines s'altèrent :

Par l'âge et l'humidité ;

Par les parasites des céréales ;

Par les graines étrangères ;

Par des organismes inférieurs ;

Par des insectes et des acariens.

1° ALTÉRATIONS PAR L'AGE ET L'HUMIDITÉ. — Dans les farines anciennes, la matière grasse disparaît, le gluten diminue, l'acidité augmente.

La farine fortement humide lors de la mouture et qui subit des températures supérieures à la normale, éprouve un échauffement qui détermine la formation des centres de fermentations appelés matons ou pelotes.

2° ALTÉRATIONS PAR LES PARASITES DES CÉRÉALES. — Lorsque le grain n'a pas subi un nettoyage convenable, on peut retrouver dans la farine quelques-uns des parasites nuisibles à la santé des animaux.

L'*ergot* est une altération fréquente susceptible de provoquer l'*ergotisme* (voir *Seigle*).

Une farine renfermant 1 p. 100 d'ergot prend une teinte rosée quand on la mouille ; agitée avec une eau alcaline, elle communique à celle-ci une teinte violacée passant au rougeâtre par l'addition d'un acide.

Les spores brun rougeâtre de la *rouille* qui se développe principalement sur les feuilles, se retrouvent quelquefois dans les farines.

Carie. — La carie s'attaquant au grain se retrouve dans la farine, lorsque le nettoyage a été mal pratiqué. Le grain carié donne une poudre brune, d'odeur fétide. Les issues (sons, recoupes) peuvent aussi être altérées par ce champignon.

Il en est de même pour le *charbon.*

Blé niellé. — Le blé niellé est une altération produite par le développement dans l'ovaire d'un amas de petits vers filiformes, les *anguillules*. Le grain mûr est petit, rond, entouré d'une pellicule noire épaisse ; l'intérieur est blanc ; le microscope y révèle la présence des anguillules ; desséchés et morts en apparence, ces vers reprennent vie et mouvement au contact de l'eau.

3° ALTÉRATIONS PAR LES GRAINES ÉTRANGÈRES. — *Ivraie* (Lolium temulentum). L'ivraie, assez répandue dans tout le nord de l'Europe, est fréquente dans les années humides.

La balle de l'ivraie ne peut être séparée du grain ; ce caractère permet de la reconnaître dans les issues.

Recherche. — Au contact de la farine avec de l'alcool à 35° le liquide prend une teinte verdâtre qui caractérise la présence de l'ivraie.

Examen microcospique. — Les grains d'amidon sont polyédriques comme ceux du maïs, mais beaucoup moins gros ($0^{mm},050$ pour le maïs ; $0^{mm},006$ pour ivraie).

On peut encore soupçonner la présence de l'ivraie dans la farine lorsqu'on y rencontre des grains d'amidon composés, mais comme ce caractère appartient encore à l'avoine et au riz, il faut chercher dans les sons les débris caractéristiques de la balle de l'ivraie. (Voir *Intoxications par les graines vénéneuses.*)

Nielle. — La nielle, assez fréquente dans la farine de blé et de seigle de troisième qualité, y apparaît sous forme de petites particules d'un brun noirâtre, à surface chagrinée et qui sont formées par l'enveloppe de la graine. Par l'examen microscopique on en reconnaîtra exactement la nature ; avec l'iode on remarque que les grains d'amidon de nielle se colorent tardivement et sont très petits.

Les farines fortement niellées sont dangereuses. (Voir *Intoxications par les graines vénéneuses.*)

Parmi les autres graines messicoles qui sont moulues avec le blé, nous citerons : les graines de moutarde des champs qui communiquent une saveur âcre ; celles de muscari, et celles du mélampyre des champs qui donnent une saveur amère, mais ne paraissent pas vénéneuses pour les herbivores.

4° ALTÉRATIONS PAR LES ORGANISMES INFÉRIEURS. — Les organismes qui se trouvent dans les farines avariées sont des moisissures, des levures et des bactéries.

Les uns s'attaquent au gluten (bactéries), les autres à l'amidon (levures, moisissures).

La cause de l'altération est due, dans la majeure partie des cas, à un excès d'humidité.

Les farines moisies provoquent des accidents sur l'appareil digestif.

(Voir *Intoxications alimentaires.*)

5° ALTÉRATIONS PAR LES INSECTES ET LES ACARIENS. — On peut trouver dans la farine (blé, fèves) des débris de *charançons*. Elle est quelquefois envahie par les larves du *Tenebrio molitor*, dites vers des farines ; ces larves sont parfois tellement abondantes qu'elles dénaturent la farine au point de la rendre inutilisable par les animaux.

Les acariens du genre *Tyroglyphe* (mites) sont parfois aussi abondants que les larves d'insectes ; leur présence communique à la farine une saveur amère ; elle se reconnaît facilement à l'œil nu ou avec une loupe.

Falsifications. — Les farines sont falsifiées :

1° Par de vieilles farines ;

2° Par des farines étrangères (pomme de terre) ;

3° Par des corps autres que des farineux (substances minérales, substances végétales).

1° FALSIFICATION PAR DE VIEILLES FARINES. — L'addition de vieilles farines à une farine fraîche, se reconnaît difficilement si le mélange est récent.

Recherche. — Après quelque temps on retrouve tous les caractères dus à l'ancienneté :

1° Matière grasse rance et en faible proportion ;

2° Acidité élevée ;

3° Gluten sans cohésion dont l'extraction par malaxage sous un filet d'eau, laisse des mousses sur le tamis.

2° FALSIFICATION PAR DES FARINES ÉTRANGÈRES. — Cette sorte de fraude intéresse l'hygiène en ce sens que les substitutions partielles opérées aboutissent souvent à un produit de valeur alimentaire notablement inférieure à celle que ferait prévoir la dénomination sous laquelle la farine est vendue.

La diagnose repose sur l'examen microscopique des grains d'amidon dont la forme, la dimension, la situation du hile, permettent de reconnaître l'origine.

L'examen microscopique à la lumière polarisée est d'un précieux secours pour la recherche des fraudes, à condition de ne pas employer des réactifs modifiant la structure du grain.

CARACTÈRES DIFFÉRENTIELS DES AMIDONS. — *Blé*. — Grains d'amidon de forme elliptique ; dimension : 6 à 36 μ.

Seigle. — La caractéristique de l'amidon de seigle est la forme de son hile étoilé à trois ou quatre branches, mais ce caractère n'est pas absolu.

Les amidons de seigle sont en général plus gros que les amidons de blé ; ils ont de 35 à 40 μ de diamètre.

Orge. — L'amidon d'orge se différencie difficilement de celui du blé. Diamètre moyen 14 μ, surface souvent bosselée.

Avoine. — L'amidon d'avoine est polyédrique, très petit, irrégulier et souvent rassemblé en grumeaux ronds et ovoïdes. Ses dimensions sont de 4 à 5 μ et celles des grumeaux de 40 à 60 μ.

Maïs. — L'amidon est polyédrique de forme assez régulière, avec un hile central en forme de croix à branches courtes. Souvent aggloméré en grumeaux.

Les dimensions moyennes sont de 15 à 25 μ.

Riz. — L'amidon de riz est très fin, polyédrique irrégulier. Le hile est souvent punctiforme. Ses dimensions sont de 4 à 6 μ.

Employé fréquemment pour donner de la blancheur dans les farines altérées.

Sarrasin. — L'amidon de sarrasin est fin, polyédrique, isolé et en grumeaux, à bords généralement rectilignes. Le hile est souvent punctiforme.

Les dimensions sont de 5 à 10 μ.

Féverole. — L'amidon de féverole est elliptique mais de forme plus grossière que le froment et plus épais que lui. Son hile est fendu avec des ramifications irrégulières. Les dimensions sont de 20 à 60 μ de long et 8 à 30 μ de large.

Employée pour augmenter le taux des matières azotées dans les farines pauvres.

Pomme de terre. — Par suite de sa pauvreté en azote, le mélange de farine de pomme de terre constitue la fraude la plus grave. Le microscope décèle aisément cette falsification, les grains d'amidon de pomme de terre étant ellipsoïdaux, conchoïdes, avec des stries concentriques très visibles et un hile tout petit vers l'extrémité la moins volumineuse du grain. Les dimensions sont de 35 à 45 μ de long et de 25 μ de large.

3° FALSIFICATION PAR LES SUBSTANCES MINÉRALES. — Les substances minérales e : lus communément employées dans la fraude des farines sont : l'alun, le carbonate de chaux et le sulfate de chaux.

Recherche. — La présence de ces corps élève sensiblement le taux des matières minérales. Celles-ci oscillent dans les farines pures entre 0,40 et 0,60 p. 100. L'incinération et le dosage des cendres peuvent donc révéler l'addition de matières minérales étrangères.

Procédé Cailletet. — Cailletet a imaginé le procédé quantitatif suivant :

Dans un tube à essai, introduire 2 grammes de farine et 25 grammes de chloroforme. Agiter vigoureusement et laisser reposer. La farine surnage dans le chloroforme, les matières minérales étrangères se déposent au fond du tube.

4° FALSIFICATION PAR LES SUBSTANCES VÉGÉTALES. — Ces falsifications, qui constituent un véritable dol, sont dues principalement à l'emploi de *fleurages de corozo* et de *sciures*.

Le *corozo* est une matière cellulosique qui forme l'albumen du fruit d'un palmier nommé *Phytelephas macrocarpa* ; il doit à sa grande dureté d'être employé pour la fabrication des boutons.

Le découpage de ceux-ci laisse une assez grande proportion de débris qui, une fois pulvérisés, donnent un produit de couleur blanc grisâtre, dur et sec au toucher. Ce fleurage mélangé à la farine lui donne un toucher un peu plus roide dès que la proportion atteint de 3 à 6 p. 100. L'examen microscopique montre des fragments réfringents, percés de vacuoles en forme d'étoiles ; il faudra toujours recourir à cet examen dès que l'on aura conçu des doutes sur la pureté de la farine soit par le toucher, soit par l'incinération ; tout mélange de corozo élève la teneur de la farine en cendres ; l'analyse chimique montre une élévation très sensible de la teneur en cellulose. L'examen microscopique pouvant se faire sans coloration, ne présente pas de difficulté spéciale, et est nécessaire pour bien caractériser la fraude.

La *sciure de bois* réduite en poudre très fine est quelquefois ajoutée aux farines bises. On trouvera à l'article *Son* les indications relatives à la recherche de cette fraude.

Farine de blé. — La farine de blé est rarement employée dans l'alimentation des animaux domestiques. On donne quelquefois au cheval des farines de seconde ou de troisième qualité pour blanchir l'eau de boisson des animaux convalescents.

De ce que, précisément, les farines distribuées sont toujours de qualité inférieure, il était utile de parler de leurs altérations, de leurs sophistications et de signaler les accidents qui peuvent en dériver.

Le rôle de ces farines est beaucoup plus important dans l'alimentation des animaux d'engrais et des veaux.

Analyse chimique (Wolff).

Eau	11,5
Cendres	3,0
Matières protéiques	13,9
Cellulose	4,8
Matières amylacées	63,5
Graisse	3,3

Farine de seigle. — *Caractères.* — La farine de seigle diffère de la farine de froment par une teinte grisâtre, par l'absence de gluten extractible. Il résulte de ces différences que le pain de seigle est toujours de nuance grise, moins levé, plus compact et plus hygroscopique que le pain de froment.

La farine de seigle est moins douce au toucher que la farine de blé.

Cette farine joue un rôle important dans la confection des pains destinés aux chevaux (V. *Pains*), mais elle est très rarement distribuée en nature.

14.

Analyse chimique (Wolff).

```
Eau...........................   12,0
Cendres.......................    4,1
Matières protéiques...........   13,6
Cellulose.....................    4,2
Matières amylacées............   63,2
Graisse.......................    2,9
```

FARINE D'ORGE. — La farine d'orge grossière et non blutée se distingue facilement des farines de blé et de seigle qui sont plus fines, plus blanches et débarrassées de l'enveloppe du grain. Dans la farine d'orge, les glumelles dures sont toujours imparfaitement broyées et ne sont pas séparées du reste ; elle donne au toucher une sensation sèche que ne laisse pas la farine de blé.

Elle contient beaucoup de matière hydrocarbonée et du mucilage ; elle est nutritive et adoucissante, propriétés qui sont utilisées dans l'hygiène des moteurs soumis à un rationnement intensif, ou pour les chevaux malades ou convalescents. Distribuée en barbotages, la farine d'orge exerce sur le tube digestif une action rafraîchissante, émolliente qui explique son emploi fréquent.

Analyse chimique (Wolff).

```
Eau...........................   13,2
Cendres.......................    2,9
Matières protéiques...........   12,6
Cellulose.....................    3,0
Matières amylacées............   65,4
Graisse.......................    2,9
```

FARINE D'AVOINE. — La farine d'avoine se prête mal à la panification, elle ne donne qu'un pain très brun, gluant, lourd et de difficile digestion. Mais en dépouillant seulement le grain de son écorce, on obtient un gruau parfaitement sain, très nourrissant, agréable au goût. Le gruau d'avoine est le principal aliment des montagnards écossais, ce qui explique le soin tout particulier que l'on apporte en Écosse à améliorer les variétés de cette céréale.

L'avoine est donnée aux animaux écrasée ou concassée plutôt que sous forme de farine.

Analyse chimique (Wolff).

Eau....	10,3
Cendres....	6,0
Matière protéique...	13,6
Cellulose.....	11,0
Matière amylacée....	53,5
Graisse..........	5,6

Farine de sarrasin. — La farine de sarrasin est grisâtre, sèche, rude au toucher; elle possède une saveur amère et une odeur rappelant celle du blé échauffé; elle est riche en farine, mais ne se prête que difficilement à la panification ; elle donne un pain nutritif, mais noirâtre et de digestion difficile.

Ce pain est donné aux chevaux en Suisse, en Allemagne, ainsi qu'en Suède et en Norwège.

Farine de maïs. — Le maïs soumis à la mouture donne une excellente farine renfermant 10 p. 100 de matière azotée, 8 p. 100 de graisse et 67 p. 100 de matières hydrocarbonées. Elle entre dans l'alimentation de l'homme dans toutes les contrées où le maïs est récolté ; non sous forme de pain, mais en galettes, gâteaux ou bouillies, telles que les gaudes de Bresse, la milasse du midi, la polenta italienne et corse.

Cette farine a une teinte jaunâtre, de ton variable suivant la sorte qui l'a fournie ; elle est sèche et rude au toucher.

On la donne aux animaux en barbotages ou mélangée en faible proportion à des grains fins ou concassés, souvent comme supplément de ration. Nous l'avons vu employer dans des écuries de luxe, comme complément de l'avoine, pour donner aux chevaux un poil souple et brillant et les maintenir en état d'embonpoint.

Lorsque cette farine provient de graines avariées, elle occasionne des troubles organiques. On sait que chez l'homme l'ingestion de ces farines altérées détermine la pellagre.

Farine de riz. — Cette farine d'une blancheur éclatante est d'un emploi si peu répandu, même dans les pays de production de cette graminée, qu'il suffit de la signaler.

Farines de féverole et de lentille. — Les farines des légumineuses ont un pouvoir nutritif élevé. Celles qui sont destinées aux animaux ne sont généralement pas séparées des enveloppes.

Leur couleur est verdâtre, jaunâtre ou brune.

Leur valeur alimentaire les rend utiles dans l'alimentation des bêtes d'élevage ou des animaux surmenés.

La farine de lin est donnée aux jeunes animaux après avoir été délayée dans l'eau pour former une boisson mucilagineuse.

SONS.

Le son est le résidu de la mouture des grains ; il est formé par les couches externes et la pellicule, dont la proportion varie suivant les procédés industriels adoptés.

La meunerie moderne tend à écarter de plus en plus de ses produits les enveloppes et les germes du grain, par l'adoption d'un blutage très fin et l'emploi de la mouture aux cylindres.

On blute la farine de blé à 30, c'est-à-dire qu'on enlève au grain 30 p. 100 de son poids. Le taux du blutage varie habituellement de 20 à 35 ou 40 p. 100 ; et, par suite, le rendement en farine, ou taux d'extraction, varie de 80 à 65 ou 60 p. 100.

La comparaison de la teneur en principes des différentes parties du grain va nous montrer l'importance du mode de préparation sur la valeur alimentaire des farines et des sons de froment.

	Enveloppes.	Amande.	Germe.
Matière azotée......	18,75	11,90	42,5
— grasse......	5,60	1,40	12,5
— minérale...	4,68	0,80	5,3

Le poids des enveloppes représentant 1/6 à 1/7 du poids total du grain, on comprend l'intérêt qu'il y aurait à faire entrer dans l'alimentation ces enveloppes et les phosphates qu'elles contiennent.

Mais à la suite d'expériences, Aimé Girard arriva à cette conclusion : « Que tous les procédés dans lesquels on se propose de faire concourir à l'alimentation humaine l'enveloppe des grains de froment, sont sans utilité aucune. Des divers téguments dont l'enveloppe est formée, aucun n'est digestible pour l'homme, assimilable par conséquent dans une mesure sérieuse. »

Aimé Girard refuse, avec raison, d'admettre sur cette question les conclusions tirées de l'alimentation par le son, de divers animaux.

« Il est permis, dit-il, de se demander si entre la puissance digestive des animaux, chiens et poules, sur lesquels les expériences ont eu lieu et la puissance digestive de l'homme, n'existent pas des différences qui, en intervenant dans ces essais, en ont modifié les résultats. »

Poggiale pense qu'on doit regarder le son comme une substance peu précieuse parce que, d'après ses recherches, elle contiendrait 44 p. 100 seulement de parties assimilables et 56 p. 100 de parties non assimilables ; qu'il ne cède à l'eau froide que 5,60 p. 100 de principes azotés et qu'enfin des chiens nourris par lui, de son, diminuaient régulièrement de poids, ce qui n'avait pas lieu quand il les alimentait avec du pain.

Cela est vrai quand cette denrée est donnée en très grande quantité et surtout quand elle n'a pas été très bien conservée ; d'ailleurs ses effets alimentaires ne sont pas les mêmes dans toutes les espèces, et sont très discutés. Pour certains auteurs, le son est une substance essentiellement alimentaire ; pour d'autres, c'est presque un corps inerte.

Les qualités nutritives du son varient avec la sorte de blé, le sol, le climat, et surtout les procédés de mouture. Ces facteurs suffisent à expliquer les opinions contradictoires qui ont été émises.

Avec les perfectionnements de la meunerie moderne, les sons se trouvent plus riches en matières azotées et minérales, mais la teneur en matière amylacée, comparativement aux procédés anciens, a diminué dans une forte mesure.

Dans le commerce, les résidus de meunerie sont : remoulages ou fleurages, recoupes ou recoupettes, sons proprement dits comprenant : son fin, son moyen et gros son.

Les *remoulages*, d'une coloration blanchâtre ou

fauve, sont fins ; ils absorbent trois à quatre fois leur poids d'eau.

Les *recoupes* ou *recoupettes* sont des remoulages grossiers, de couleur bistre ; elles ne forment pas de pâte avec l'eau à laquelle elles communiquent seulement un léger louche.

Les *sons* se divisent en trois catégories ; mais le commerce offre le plus souvent ces trois sortes en mélange sous le nom de *son trois cases*.

Composition chimique.

Poggiale.

Eau..	12,66
Sucre.....	1,909
Dextrine...	7,70
Albumine.....	5,64
Matières albumineuses assimilables................. ...	3,86
Matière azotée non assimilable.	3,51
Graisse.....................	2,87
Amidon......	21
Cellulose........	34
Cendres...................	5,14

Müntz.

Eau........	11,75
Protéine....	15,65
Graisse....................	3,79
Amidon et sucre...........	21,84
Cellulose....	16,90
Cendres.............	5,71
Indéterminés.............	24,36

Grandeau.

Eau.....................	12,80
Protéine.................	13,82
Graisse..................	3,59
Amidon et sucre...........	55,91
Cellulose................	8,65
Cendres.................	5,23

Au point de vue des matières organiques le son renferme, comme on le voit, quoique dans d'autres proportions, les mêmes principes immédiats que la farine, sauf la cellulose qui manque à peu près complètement dans la farine et domine dans le son. Il règne au sujet de la quantité réelle de cellulose renfermée dans le son une assez grande incertitude; les procédés d'analyses employés (ébullition avec les acides ou action saccharifiante par le malt) expliquent les divergences des auteurs.

Il y a quelque intérêt à comparer la teneur en sels minéraux de la farine et du son.

P. 100.	Grain.	Farine.	Son.
Sels minéraux......	1,80	0,76	5,5
Acide phosphorique.	0,80	0,245	3

Ces chiffres sont intéressants parce qu'ils nous montrent qu'en isolant le son de la farine pour obtenir un pain plus blanc et de meilleur goût, on élimine un principe important de l'alimentation, les phosphates alcalins et alcalino-terreux.

Qualités du son. — *Aspect*. — Le son exempt de toute sophistication et bien fabriqué, se présente sous la forme d'écailles fines et souples de teinte jaune paille ou jaune doré dont une des faces présente un aspect farineux.

Densité. — Le son de bonne qualité pèse environ 250 grammes le litre.

La densité dans les sons adultérés fournit des renseignements utiles lorsque la fraude reconnaît pour cause l'introduction de matières minérales (terre, sable, craie); mais si elle est déterminée par l'emploi de substances végétales (balles de riz, râfles de maïs, etc.), ce signe a peu de valeur par suite de la faible densité des produits employés.

Mélangé à l'eau, il doit donner une teinte louche et non laiteuse.

Altérations. — Le son, par suite de son pouvoir absorbant pour l'humidité, s'altère facilement ; il prend en peu de temps une coloration noirâtre et dégage, selon le degré d'altération, une odeur aigrelette ou fétide ; pour le conserver quelques mois, il est nécessaire de le déposer en tas peu considérables dans des locaux secs et aérés.

Le son détérioré par l'humidité est impropre à consommation ; les moisissures produisent des altérations qui causent des accidents que l'on observe sur des chevaux qui reçoivent régulièrement cette denrée. (Voir *Intoxications alimentaires*.)

Le son peut être attaqué par des acariens (tyroglyphes), des mites, ou par les larves du Ténébrion de la farine.

Valeur alimentaire. — Le son de bonne qualité et bien conservé exerce dans l'économie une action favorable ; par ses matières azotées et ses graisses, et surtout par ses matières minérales, sa valeur alimentaire n'est pas négligeable.

D'après Müntz, sa digestibilité est donnée par les coefficients suivants :

Protéine...............	95,70	p. 100.
Graisse...............	86,33	—
Cellulose brute........	77,63	—
Amidon et sucre.......	100	—

Il n'est donc pas exact de dire que le son est une substance inerte ou peu alibile, douée seulement de propriétés rafraîchissantes. Sa teneur élevée en matières minérales, en fait un aliment convenable pour les bêtes en croissance, les femelles en état de gestation ou de lactation ; les effets du son sur la production laitière sont connus des nourrisseurs, et Leroy recommande de donner à une vache laitière autant de litres de son qu'elle produit de litres de lait.

L'excès de cette alimentation n'est pas sans inconvénient pour les adultes qui ne possèdent pas, comme les jeunes ou les femelles, une source de dérivation des éléments minéraux. Dans la suralimentation minérale, l'excédent de sels traverse l'organisme pour être rejeté par les émonctoires naturels, dont la puissance éliminatrice n'est pas illimitée. Ces organes (reins) se fatiguent, s'épuisent, les sels alcalino-terreux forment des dépôts qui se localisent dans l'appareil urinaire ou dans l'appareil digestif.

Les calculs intestinaux observés si fréquemment chez les chevaux de meuniers qui reçoivent des doses massives de son (20 à 30 litres), reconnaissent pour cause cette surcharge minérale.

Un simple calcul montre la surcharge minérale manifeste qui s'observe dans un délai plus ou moins éloigné sur les chevaux soumis à ce régime.

D'après l'analyse, 1 kilo de son renferme environ 57 grammes de matières minérales ; une ration journalière composée de 10 kilos, introduit donc dans l'organisme 570 grammes de sels minéraux ; dans ces conditions et en tenant compte de l'accumulation, il est facile de prévoir les troubles résultant de cette suralimentation phosphatée.

Les autopsies pratiquées sur les chevaux de meuniers ne laissent aucun doute à ce sujet et les commémoratifs recueillis montrent la relation étroite qui existe toujours entre la fréquence des calculs et l'alimentation intensive en son.

La suralimentation minérale ne se produit pas qu'avec le son. Moussu a signalé (*Recueil de Médecine vétérinaire*, 1902) des accidents de l'appareil rénal, sur des agneaux nourris intensivement d'avoine et de féverole. La forte teneur en matière minérale de la ration était la cause de la formation des calculs. Le bicarbonate de soude ajouté à la boisson (2 grammes par litre) permet d'éviter et de combattre ces accidents.

Emploi. — Le son est donné seul ou mélangé à d'autres aliments.

Seul, il peut être sec ou mouillé.

A l'état sec le son absorbe son poids d'eau ; introduit dans l'organisme sous cette forme, il présente des inconvénients graves, car en augmentant de volume dans l'estomac, grâce à l'eau qu'il y rencontre, il produit de la surcharge alimentaire. On sait la fréquence des cas de coliques causés par le son employé sec. Il est donc indiqué de donner le son mouillé ; soit humecté, fraisé ou frisé, soit délayé dans beaucoup d'eau (barbotage). Grognier a fait observer, avec raison nous semble-t-il, que si le son donné sous cette forme est rafraîchissant, c'est qu'il excite les animaux à prendre une grande quantité de liquide.

FALSIFICATIONS DU SON. — Le prix élevé du son de blé et le peu de valeur de certains sous-produits industriels ont rendu fréquentes les adultérations de cette denrée.

Celles-ci peuvent se ranger en deux catégories :

a. Falsifications par des *substances végétales* (coque d'arachide, balle de riz, rafle de maïs, corozo).

b. Falsifications provenant de *corps inertes* (sciure de bois, craie, sable, matières terreuses).

a. **Substances végétales**. — 1° *Coques d'arachides*. — Les coques d'arachides concassées plus ou moins grossièrement servent à falsifier le son de blé; le prix minime de ce sous-produit, 5 à 6 francs les 100 kilos, rend son emploi fréquent.

Malgré la mouture, l'examen macroscopique des fragments permet d'en reconnaître les particularités essentielles :

Aspect réticulé de la face externe; présence dans le son sophistiqué de filaments nombreux représentant les nervures; lorsque les coques d'arachides n'ont pas été finement concassées ces filaments, de longueur variable (1 à 2 centimètres), sont ramifiés (nervures secondaires).

L'aspect réticulé, quadrillé du testa, la présence des filaments sont symptomatiques de l'emploi des coques d'arachides; de plus, les renseignements secondaires fournis par la consistance, la coloration, l'odeur permettent d'en reconnaître l'origine.

La consistance ligneuse des fragments d'arachide, due à la forte proportion de cellulose (60,8 p. 100), tranche nettement avec les écailles souples et fines du son de blé.

Le son sophistiqué par l'arachide ne présente pas une teinte homogène; on y trouve, en quantité variable, des fragments de l'enveloppe externe de l'amande présentant une teinte rouge vineux qui tranche nettement avec la teinte jaune paille du son de blé.

Quand la proportion de coque d'arachide employée est importante (30 à 40 p. 100), on perçoit à l'ouverture du sac une odeur *sui generis* rappelant celle des graines oléagineuses ayant subi un léger commencement de rancidité. Certains sons adultérés provenant de Marseille ont présenté cette odeur suspecte particulière, et l'examen pratiqué a révélé la présence de l'arachide.

La forte quantité de ce déchet, disponible sur le marché lui fait jouer un rôle important. Il est donc utile d'en reconnaître la présence, car les coques d'arachides, ainsi que le prouve l'analyse ci-dessous, sont sans utilité pour l'organisme :

Albumine	7,4
Graisse	3,2
Matières amylacées	15,3
Cellulose	60,8

2° *Rafles de maïs.* — Les rafles de maïs constituées par le pédoncule central de l'épi du maïs, soumises au concassage, jouent un rôle important dans les adultérations du son de blé ; par leur aspect elles simulent ce produit, mais un examen attentif permet de les différencier.

Comme les pellicules du son, les rafles de maïs présentent une teinte blanchâtre qui rappelle l'aspect farineux, mais elles en diffèrent nettement par l'épaisseur et la consistance.

L'aspect du son de rafles de maïs est plus grossier, il est rude au toucher ; la forte proportion de cellulose (38 p. 100) explique cette particularité.

Comme les coques d'arachides, ce sous-produit, comparé au son de blé, a un pouvoir nutritif faible :

Albumine	1,4
Matières amylacées	42,6
Cellulose	37,8
Graisse	1,4

(GAROLA.)

3° *Corozo.* — Les déchets de la fabrication des boutons en corozo sont livrés sous forme de pellicules blanchâtres, très minces, que l'on rencontre assez fréquemment depuis quelques années dans les sons.

Les sons ainsi falsifiés donnent au toucher une sensation plus rude que les sons normaux ; il a été indiqué à l'article « Falsifications des farines » le procédé qui permet de reconnaître cette fraude.

4° *Balles de riz.* — Les balles de riz soumises au concassage servent à adultérer le son.

Comme dans le son de coques d'arachides, la coloration du son de balles de riz est uniforme en raison de l'absence de matière amylacée qui donne la teinte blanchâtre. Par suite de sa résistance au moment du concassage, la balle de riz se trouve divisée en petits fragments et ne présente pas l'aspect lamelleux, écailleux du son de blé. Comme dans le son d'arachide, on trouve des filaments très ténus, mais en plus faible quantité, provenant des nervures de la balle de riz.

L'aspect est plus grossier, le toucher rugueux.

L'analyse ci-dessous montre le peu de richesse de ce produit :

Albuminoïdes	3,4
Matière amylacée	27
Cellulose	42,8
Matière grasse	1,4

Ces trois sous-produits constituent les fraudes d'origine végétale les plus fréquentes, mais avec un peu d'habitude et surtout si l'on est familiarisé avec la texture des coques d'arachides, des rafles de maïs, des balles de riz, l'erreur n'est plus possible.

Si, dans quelques cas, l'examen macroscopique laisse un doute, il faut avoir recours, pour obtenir une diagnose exacte, à l'examen microscopique qui fera connaître par les caractères différentiels des tissus, la provenance des produits suspects.

Bien que ces denrées ne possèdent pas de pouvoir nocif, leur présence n'en constitue pas moins un véritable dol, car leur faible valeur nutritive (1 à 2,50 de matière azotée) comparée à celle du son (14,1), leur fait jouer un rôle peu important dans l'organisme.

b. **Falsifications avec des matières inertes et des substances d'origine minérale.** — Les falsifications dues à l'addition de corps inertes ou de matières minérales sont les plus graves ; certains industriels peu scrupuleux n'hésitent pas à introduire dans le son de la *sciure de bois*, des *matières terreuses*, du *sable*, de la *craie* (1), etc. Nous allons exposer sommairement les procédés à employer pour mettre en évidence ces sophistications.

Sciure de bois. — L'examen microscopique d'un son normal montre de petites plaques couleur de rouille qui constituent le son, et une poudre blanche qui est la farine ; le son adultéré avec la sciure présente en outre des parties ligneuses, blanchâtres et allongées, dont la nature devient très nette quand on procède à un examen comparatif ; ces fragments allongés manquent, en effet, dans du son pur.

La sciure de bois se caractérise encore par l'emploi de l'eau iodée : tous les grains d'amidon provenant du son se colorent en bleu ; les corpuscules filamenteux qui sont du bois, prennent une teinte jaunâtre.

L'emploi de la phloroglucine et de l'acide chlorhydrique fournit les indications les plus précises : après contact du produit à examiner dans deux gouttes d'une solution de phloroglucine, l'addition d'acide chlorhydrique pur donne aux fragments de bois une coloration rouge tirant sur le violet ; cette coloration devient très intense au bout de quelques minutes.

---

(1) M. A. Bruno, chimiste en chef du laboratoire départemental de Boulogne-sur-Mer, a trouvé dans un échantillon de mouture de seigle environ 14 p. 100 de craie pulvérisée. L'audace des falsificateurs est vraiment grande quand il s'agit des aliments du bétail.

Ce procédé, appliqué à la recherche des *coques d'arachides*, donne un résultat moins net ; les coques dont l'état est intermédiaire entre la cellulose et le bois prennent une coloration rouge jaunàtre. Le son prend une teinte jaune safrané.

Sable, terre. — L'incinération du son normal et de celui qui est mêlé de matières terreuses, fournit des résidus dont la quantité peut servir à démontrer la fraude.

De plus, l'addition des matières minérales (sable, terre), se découvre en laissant tomber un peu de son, pris au fond du sac, dans un verre rempli d'eau. On agite et on laisse déposer. Après quelques instants les matières minérales, de densité plus élevée, tombent au fond du verre.

Plâtre. — La présence du plâtre peut être décelée de la façon suivante : on fait bouillir le son dans de l'eau distillée, on filtre et on ajoute au liquide filtré de l'eau de baryte. Lorsqu'il se produit un précipité blanc qui redevient parfaitement clair en y ajoutant quelques gouttes d'un acide, la présence du plâtre n'est pas douteuse.

Craie. — La craie réduite en poudre est aussi souvent mélangée au son pour lui donner l'aspect farineux. Pour mettre cette fraude en évidence il suffit de laisser tomber quelques gouttes d'acide chlorhydrique sur le son ; s'il se produit un dégagement de gaz ou une effervescence, on peut affirmer que la craie figure dans le mélange.

Le son de riz est falsifié avec la poudre de marbre que l'on ajoute jusqu'à la proportion de 20 p. 100. Il est facile de calculer que des chevaux nourris avec ce son reçoivent par jour, dans $2^k,500$ du produit, 500 grammes de marbre pulvérisé !

Criblures. — Les criblures, qui sont de peu de valeur

et qui contiennent des débris de semences diverses, des fragments de cailloux, de terre, etc., sont moulues avant d'être mélangées.

L'examen microscopique des sons contenant ces mélanges, la calcination et l'incinération de ces produits, faites comparativement avec du son pur, peuvent servir à reconnaître la fraude.

Procédé Cailletet. — Dans un tube à essai, placer 2 grammes de son et 25 grammes de chloroforme. Agiter vigoureusement et laisser reposer. Le son surnage, les matières minérales étrangères tombent au fond du tube.

Sons divers. — Outre le son de blé de consommation courante, on trouve dans le commerce divers résidus de meunerie; mais la faible quantité disponible sur le marché en restreint l'emploi.

Valeur nutritive. — Le tableau comparatif ci-dessous fixe sur la valeur nutritive de ces sous-produits.

(Wolff).

	Matière sèche.	Protéine.	Matière grasse.	Extractifs non azotés.	Cellulose brute.
Son de sarrasin gros.	81,8	9,8	2,3	34	33
— — fin...	88	15,2	4,5	50	11,3
— de pois....... ..	87,7	8,0	2,5	30,5	43,7
Remoulage de pois..	88,1	13,9	1,4	40,1	28,6
Enveloppe d'arachide avec son..........	92	8,2	4,1	16,3	53,2
Remoulage d'orge. ..	86,8	12,6	2,9	65,4	3
Son d'orge..........	87,7	10,3	3,3	50,6	16,5
Débris d'orge mondé.	89,1	13,4	3,9	52,2	13,2
Son d'avoine........	89	8,4	3,4	47,3	21,6
— de maïs.........	88,2	10,2	3.8	61,8	9
— de riz..........	90,1	5,3	2,7	39,7	30
— de seigle........	87,5	14,5	3,4	59	6
Gros son de seigle...	89,0	16,0	5	51	12
Son de froment fin..	87,9	14,1	4,2	58,2	7,3
— — gros.	86,4	13,6	3,4	54,9	8,9

Les produits dont l'appétence est peu marquée (son de riz, son d'arachide) quand ils sont donnés en nature, seront utilement mis en consommation en mélange avec des aliments plus nutritifs, et particulièrement après association avec la *mélasse*. Les coques d'arachide et de cacao forment un excipient pour ce dernier résidu. (Voir l'article *Mélasse*.)

Déchets de meunerie. — Sous le nom de *pulpes de blé* on trouve dans le commerce des déchets constitués par les graines étrangères, les poussières et les criblures.

Ces résidus constituent des corps inertes pour l'organisme et peuvent quelquefois être dangereux car ils contiennent toutes les graines étrangères provenant du nettoyage et parmi celles ci peuvent figurer, la nielle, l'ergot et l'ivraie qui jouissent de propriétés nocives.

Ces résidus industriels doivent être rejetés de la consommation ; anciennement, ils étaient achetés par la culture à un prix minime et servaient comme engrais. Mais depuis la pratique de l'alimentation mélassée, la mélasse, masquant l'origine des produits employés, ouvre une porte à la fraude et des industriels peu scrupuleux utilisent ces produits dans les aliments mélassés.

Nous avons eu l'occasion d'examiner de ces mélanges, et par des procédés très simples (lavage, filtration, décantation, dessiccation, suivis d'examen microscopique), la présence de ces déchets a pu être mise en évidence.

Ces produits donnés sous forme de farine ont pour caractère commun de présenter une teinte poussiéreuse, brunâtre, résultant des corps étrangers, terre, sable, poussières, ou du concassage de graines messicoles présentant un périsperme noirâtre.

Ils sont livrés da.:s le commerce sous plusieurs aspects : pulpe de blé grosse, ou fine selon le degré plus ou moins complet de mouture ; dans les premières on peut arriver à faire par un examen macroscopique la diagnose des graines étrangères ; dans le deuxième cas, l'examen microscopique peut seul fournir des renseignements utiles.

Les basses farines faites avec les criblures sont employées à fabriquer des colles de pâte.

G. — SUCRERIE ET RAFFINERIE.

LA MÉLASSE.

La *mélasse* est le résidu de l'extraction du sucre de la canne ou de la betterave ; on donne le même nom au sous-produit laissé par la raffinerie, sous-produit dont la composition diffère peu de celui laissé par l'industrie extractive proprement dite, la sucrerie.

Origine et traitement des mélasses. — La première cuite des sirops les plus purs de la sucrerie fournit des grains (cristaux), empâtés dans un sirop brunâtre ; la turbine sépare par la force centrifuge les cristaux qui constituent le sucre blanc n° 1 et le sirop qui, traité, donne le *sucre roux*, dont nous parlerons plus loin.

A force de séparer les grains des sirops, avec des rendements qui diminuent à chaque opération, on finit par ne plus trouver bénéfice à travailler u dernier sirop, le n° 3, ordinairement ; ce dernier sirop incristallisable constitue la mélasse.

Les cendres et les matières organiques de ce résidu retiennent la saccharose et l'empêchent de se dégager. On a imaginé plusieurs procédés pour retirer le sucre des mélasses : ce sont l'*osmose* et la *sucraterie*.

Osmose. — De la mélasse et de l'eau séparées par une membrane font un commerce d'échanges mutuels :

De l'eau passe à travers la cloison pour diluer la mélasse ;

Certaines portions des constituants de la mélasse traversent la cloison et restent à l'état de dissolution dans l'eau ; ce sont des sels (azotates et chlorures), puis le sucre à un degré moindre.

La mélasse acquiert par l'osmose un coefficient de pureté plus élevé, mais perd du sucre qui passe dans les eaux d'exosmose, d'où déchet. Elle abandonne en moyenne 75 p. 100 de ses sels et perd 4 p. 100 de sucre ; elle reste avec 40 p. 100 de sucre et 2,50 p. 100 de sels.

Les mélasses purifiées sont recuites, puis turbinées ; elles donnent un sucre assez impur, de couleur très foncée.

Sucraterie. — Par ce procédé, on engage le sucre dans une combinaison que l'on isole et que l'on traite à part.

On peut combiner le sucre :

A la *baryte*, combinaison facile à obtenir, à isoler et à carbonater, donnant un beau sucre ; mais la baryte est très chère ; d'autre part c'est un poison violent, d'où interdiction du procédé dans certains pays ;

A la *strontiane*, procédé assez bon ;

A la *chaux*, procédé donnant naissance à de nombreuses combinaisons, permettant plusieurs modes d'extraction.

Un des meilleurs consiste à traiter *à froid* la mélasse par de la chaux anhydre en poudre fine ; il se forme un sucrate tribasique avec excès de chaux ; on le lave et on le carbonate.

Mais en définitive, tous ces traitements sont coûteux et ne procurent qu'un bénéfice limité ; ils tendent à disparaître. De même, les mélasses sont de moins en moins utilisées en distillerie ; en Allemagne, plus de 30 p. 100 sont dirigées vers l'alimentation du bétail.

Les mélasses de canne sont employées sur les lieux de production, au même titre que nos mélasses de betterave ; mais dans tout ce qui va suivre, nous étudierons spécialement le côté alimentaire de la substance sirupeuse, de coloration brune, que laisse le traitement de la betterave ou du sucre brut.

L'accroissement de la production sucrière a amené un accroissement proportionnel de la quantité de résidus disponibles ; et c'est ainsi que s'est posée la question de l'alimentation du bétail par la mélasse ; devant son augmentation considérable, il a fallu chercher un écoulement, en évitant qu'elle puisse servir à la préparation de l'alcool ; la consommation par les animaux, soit directement, soit après dénaturation ou mélange avec des produits divers, permet de résoudre la difficulté.

Un historique rapide va montrer la succession des procédés employés.

En 1829, Bernard, fabricant de sucre, signalait les bons effets de la mélasse diluée, employée en mélange avec de la paille hachée, pour l'alimentation des chevaux, bœufs, vaches et moutons.

Decrombecque, de Lens, est connu pour les excellents résultats qu'il obtint par l'introduction de la mélasse et de la paille hachée dans le régime des chevaux emphysémateux et chétifs. D'autres éleveurs du Pas-de-Calais employèrent, vers 1860, la mélasse dans l'alimentation du gros bétail.

L'*Angleterre* reçoit de ses colonies des mélasses que l'agriculture utilise pour l'engraissement des bovins et l'entretien des bêtes laitières. L'emploi de ce résidu est général en *Allemagne*, grâce à une loi promulguée en 1891, déchargeant de tous droits fiscaux la mélasse et le sucre employés à l'alimentation des animaux ; cet aliment a été dès lors employé avec succès dans la ration des moteurs.

Depuis quelques années, et pour parer à la crise sucrière, les producteurs de sucre français ont provoqué un mouvement d'opinion pour que, à l'instar de ce qui se passe en Angleterre et en Allemagne, le sucre et la mélasse employés à l'alimentation des animaux soient, après dénaturation, exonérés de tous droits. Satisfaction a été donnée en ce qui concerne la mélasse : une disposition législative récente (1902) a accordé aux mélasses destinées à l'alimentation des animaux, la décharge de 14 p. 100 au compte des fabricants.

L'utilisation de la mélasse étant appelée à se répandre de plus en plus, on doit examiner si elle est rationnelle, conforme aux données physiologiques, quels en sont les avantages et les inconvénients.

Les travaux des physiologistes sur le rôle alimentaire des sucres attirèrent particulièrement l'attention au moment où s'agitait le problème économique de l'utilisation des résidus de l'industrie sucrière. La mélasse étant un produit riche en sucre doit présenter une valeur alimentaire subordonnée à sa teneur en cet élément ; tout ce que nous avons dit relativement au rôle des hydrates de carbone dans la production de la force est rigoureusement applicable à la mélasse elle-même dans la mesure de sa richesse saccharine.

Toutefois l'alimentation à la mélasse doit se séparer nettement de l'alimentation au sucre; si ce dernier a une composition simple et constante aboutissant à des effets physiologiques précis, la mélasse qui doit à son origine une composition complexe et variable, produit dans l'organisme des effets également complexes et variables que nous devons examiner après avoir présenté la composition du résidu.

Composition chimique. — La composition chimique de la mélasse varie avec le procédé industriel qui lui a donné naissance : mélasses de cannes et de betteraves, mélasses de raffineries et de sucreries. Nous devons à l'amabilité de M. A.-Ch. Girard, professeur de chimie à l'Institut national agronomique, communication du tableau ci-dessous qui donne la composition des différentes sortes de mélasses.

PRINCIPES.	Mélasses pure canne.		Mélasses dites comestibles, mélange de mélasse de canne et de sucrerie.			Mélasses de raffinerie.	
Eau..............	18,55	19,50	25,15	18,55	19,30	18,10	18,45
Mat. minérales....	2,30	2,66	8,42	11,39	11,61	12,74	11,39
Saccharose.......	34,63	34,25	37,50	45,70	41,00	49,00	47,50
Glucose..........	32,87	29,75	11,00	2,80	3,00	traces.	na es.
Matières organiques diverses....	11,65	13,84	17,93	21,56	23,88	19,86	22,66
Comprenant :							
Azote total........	0,25	0,25	1,07	1,37	1,19	1,28	1,58
Correspondant à :							
Matière azotée....	1,56	1,56	6,69	8,56	7,44	8,00	9,87
Azote nitrique....	0,11	0,14	0,20	0,31	0,08	0,08	0,18
Az. albuminoïde..	traces.	traces.	traces.	0,05	0,10	0,03	0,08

La *mélasse de sucrerie* qui a servi aux expériences de Dickson et Malpeaux à Berthonval (Pas-de-Calais) a présenté la composition suivante :

	Eau......................	26,80
	Sucre cristallisable........ ...	46,00
	Glucose....................	0
	Matières minérales..........	9,45
	Matières azotées.............	11,56
	Autres matières organiques..	6,19
	Azote total.................	1,85
Dont :	Azote nitrique..............	0,20

Analyse (d'après Garola).

Eau...	19,90	p. 100.
Matières minérales.. ...	11,8	—
Amides.	11,7	—
Sucres...............	45,7	—
Matières indéterminées..	10,9	—

Composition des matières minérales.

Potasse.....................	3,71
Soude................... .:.......	1,78
Chaux..	0,77
Magnésie..	0,023
Acide carbonique....	3,15
Chlore.......	0,62
Acide sulfurique................	0,24
— phosphorique........... .	0,035

Interprétation des résultats analytiques.

Carbonate de potasse......... ..	5,44
— de soude.............	1,81
— de chaux......	1,38
Phosphate de magnésie	0,052
Carbonate de magnésie.........	0,052
Chlorure de sodium...........	1,02
Sulfate de soude...........	0,42

Analyses industrielles de mélasses.

	Mélasses de sucrerie.		Mélasses de raffinerie.
Sucre...............	44,2	44,2	45,8
Glucose.............	0,10	0,20	0,15
Cendres......	10,01	10,27	11,30
Eau.................	27,13	28,89	25,08
Matières indéterminées.	28,56	16,44	17,67
Degré Brix (1)........	75,29	73,30	78,94
Pureté réelle........ ..	60,65	62,15	60,90
— apparente......	58,70	60,30	58,01
Coefficient salin.......	4,41	4,30	4,05

(1) Le *degré Brix* est un degré aréométrique qu'on emploie concurremment avec le degré Baumé et dont l'échelle est éta-

La teneur en *matière sucrée*, saccharose et glucose, très élevée dans les mélasses pure canne (67,50 à 64 p. 100), s'abaisse dans les mélasses de sucrerie de betterave et de raffinerie, qui ne renferment plus que de la saccharose (44 à 49 p. 100); ces chiffres montrent suffisamment que la matière sucrée va jouer le rôle actif dans l'alimentation.

Les *matières organiques* (mélasses de sucrerie et de raffinerie) s'élèvent en moyenne à 20 p. 100 et renferment de 8 à 10 p. 100 de *matière azotée*. On pourrait en arguer que la mélasse acquiert de ce fait une valeur alimentaire supérieure à celle des matières sucrées pures. La plupart des auteurs expriment en matières azotées albuminoïdes ou protéiques, l'azote trouvé dans le dosage. M. A.-Ch. Girard, appliquant des procédés d'analyse plus délicats, a montré qu'il y a lieu d'établir une distinction fort importante entre les

blie de manière à indiquer, pour une solution aqueuse de sucre, la quantité de matière dissoute dans 100 parties en poids.

Le *degré Vivien* qu'on emploie parfois, indique le nombre de kilos de sucre dans 100 litres de solution.

Le degré Brix appliqué à une solution sucrée impure donne le poids de matières sèches dissoutes ; cette indication n'est que relative, la densité des matières dissoutes étant plus ou moins différente de celle du sucre.

La différence du degré Brix à 100 donne la quantité d'eau du produit, avec les mêmes réserves que ci-dessus.

Le quotient du sucre p. 100 par le Brix, ou matières sèches dissoutes, donne la *pureté apparente*.

Lorsqu'on détermine les matières sèches réelles par le dosage exact de l'eau, le quotient du sucre par le chiffre des matières sèches ainsi trouvé donne la *pureté réelle*.

Le *coefficient salin* est le rapport du sucre p. 100 à la teneur en cendres p. 100. Les indications ci-dessus étant généralement mentionnées dans les bulletins d'analyses industrielles, cette brève explication permettra aux agriculteurs et aux vétérinaires d'apprécier la qualité de la mélasse qui leur est offerte et de connaître la quantité de sucres et de matières minérales qu'ils introduisent dans la ration.

différents états de combinaison de l'azote qu'on dose dans les mélasses. La plus grande partie de cet élément appartient au groupe des matières amidées qui n'ont qu'une valeur alimentaire très problématique ; or, dans la plupart des mélasses, l'azote albuminoïde est en moindre proportion que l'azote nitrique lui-même.

La mélasse française considérée au point de vue alimentaire ne s'éloigne pas beaucoup de la composition moyenne suivante :

Azote albuminoïde...................... 0,12 p. 100.
Extractifs non azotés, hydrates de carbone. 63 —
Matières minérales...................... 10 —

La quantité de protéine digestible est insignifiante ; c'est surtout à ses hydrates de carbone et principalement à son sucre cristallisable que la mélasse doit sa valeur alimentaire.

Les *matières minérales*, dont la proportion est assez forte dans les mélasses de sucrerie et de raffinerie (8 à 12 p. 100), proviennent des sels qui existent dans les betteraves travaillées ; les écarts observés tiennent aux différences de composition des racines suivant les variétés cultivées, la nature du sol, celle des engrais complémentaires utilisés, et aux procédés industriels employés par la sucrerie.

« Les mélasses de sucrerie renferment, en moyenne, 12 p. 100 de sels de potasse ; celles de raffinerie de sucre de betterave, 10 p. 100 ; celles de raffinerie de sucre de canne, 6 à 7 p. 100 ; il s'agit de mélasses à 40° Baumé. » (Thubé) (1).

Les sucreries effectuant un travail plus ou moins habile, selon la région où elles opèrent, épuisent inégalement la mélasse et font varier le rapport des sels

(1) *Congrès de la Société d'alimentation rationnelle du bétail de 1902.*

au sucre ; mais ces sels restent les mêmes : ils proviennent de la combinaison de bases alcalines (potasse) avec des acides organiques (malates, citrates, tartrates) ou autres (sulfate de soude, nitrate de potasse) ; on rencontre aussi des sels de baryte et de strontiane résultant des procédés de raffinage employés.

Dans la fabrication allemande, où on emploie l'acide sulfureux pour l'épuration, les sels de potasse et de soude ne sont plus à l'état libre, mais à l'état de sulfites et de sulfates. Avec des mélasses très sulfatées on observe des accidents qui ne se produisent pas avec des mélasses normales ; l'acidité du produit détermine des troubles digestifs aboutissant rapidement à la gastro-entérite irritative.

En France, bien que l'on n'emploie pas l'acide sulfureux, la présence des sels communique à la mélasse des propriétés diurétiques, laxatives et même vénéneuses, qui obligent à maintenir la dose de ce résidu dans des limites imposées par la tolérance organique des animaux qui le consomment. Il y a donc là un obstacle sérieux à l'introduction dans la ration d'une forte quantité de mélasse ; au delà de 2 kilos à 2ᵏ,500 de mélasse pour 500 kilos de poids vif, on observe des accidents dont nous allons étudier la nature.

Intoxication par les mélasses. — Les accidents consécutifs au régime mélassique intensif portent sur l'*appareil urinaire,* puis sur l'*appareil digestif.*

Les symptômes consistent en une diurèse abondante résultant de l'excès des sels de potasse et de soude et s'accompagnant dans la suite d'albuminurie ; on observe peu après de la superpurgation.

Les lésions trouvées à l'autopsie sont celles de la néphrite chronique et de la gastro-entérite irritative (Moussu).

La méthode expérimentale nous a permis d'étudier de près cette importante question et de déterminer : 1° la nocivité du régime mélassique intensif ; 2° sa cause ; 3° la dose maxima correspondant à la tolérance organique. L'observation pure et simple ne peut, en effet, apporter des documents suffisants ; le peu de richesse en mélasse pure des différents produits habituellement consommés et la dose minime à laquelle ils sont distribués, expliquent la rareté relative des accidents d'intoxication.

Les expériences ont porté sur 100 chevaux et ont duré un mois : la dose de mélasse ou de produits mélassés a varié de 1 à 6 kilos, de manière à permettre d'observer tous les effets sur l'organisme, depuis une dose minime jusqu'à la dose massive. Les chevaux étant indisponibles et maintenus à l'infirmerie, nous avons pu suivre avec précision les troubles urinaires et digestifs ; cette condition particulière a un très grand intérêt, car un des symptômes les plus importants, la polyurie, est impossible à contrôler si les animaux sont mis en service.

De nos expériences, il résulte :

a. Que la congestion rénale déterminant la polyurie observée sur tous les sujets d'expérience, se manifeste dès le début du régime mélassique intensif (du quatrième au dixième jour). Cette abondante émission d'urine ne peut être attribuée à la forte proportion d'eau ingérée, la quantité de boisson n'ayant pas varié pendant toute la durée des expériences.

b. L'action irritante sur l'appareil urinaire est bien due à la présence des sels de potasse ; les symptômes observés disparaissent sans aucun traitement au bout de quelques jours par la suppression de la cause (régime mélassique intensif), pour se manifester à nouveau sous l'influence de doses élevées.

c. L'absence de symptômes graves, hématurie, albuminurie, reconnaît pour cause le peu de durée des expériences (30 jours) ; l'action nocive résultant de l'accumulation saline, n'ayant pu dans ce court délai produire les effets néfastes qui se déclarent fatalement au bout d'un temps plus long. Car on sait que la puissance de l'émonctoire rénal n'étant pas illimitée, l'abus des diurétiques est une cause déterminante de néphrite.

Les reins ont pour rôle physiologique de débarrasser l'économie des principes liquides et solides qui ont passé dans le sang, et des substances azotées (urée), provenant de la décomposition des tissus ; il importe donc au plus haut point de conserver l'intégrité et la perméabilité de ces organes qui débarrassent l'organisme de ses produits de déchet.

Moussu est le premier qui ait signalé (*Cours de pathologie bovine*, puis *Traité des maladies du bétail*) la polyurie consécutive à l'emploi de la mélasse ; seule la *diarrhée* avait été mentionnée par les observateurs ; la difficulté d'apprécier la diurèse par suite de la mise en service des animaux, et l'absence de symptômes généraux, expliquent cette omission.

Nos expériences ont permis de préciser la part qui revient aux troubles urinaires et aux troubles digestifs :

1° La dose de mélasse déterminant la polyurie est, dans la majorité des cas, sans action sur l'appareil digestif ;

2° Les troubles digestifs ne s'observent que sous l'influence d'une dose plus élevée et d'un régime prolongé. Ces deux facteurs sont indispensables et les résultats varient dans une large mesure avec la tolérance individuelle et l'accoutumance;

3° Au point de vue de la détermination de la dose maxima, la diarrhée ne doit être considérée que comme un symptôme secondaire, *à manifestation tardive et irrégulière*;

4° La *polyurie*, observée au cours du régime mélassique, *est le véritable signe de l'intolérance.*

Le peu de richesse en mélasse des produits mélassés (20 à 50 p. 100), la dose faible habituellement employée (1 à 2 kilos, apportant $0^k,500$ à 1 kilo de mélasse) expliquent la rareté relative et le peu de gravité de ces accidents. Les cas d'intoxication lente, dus à l'accumulation saline (phlegmasie chronique, marasme, misère physiologique), aboutissant à la ruine du moteur, ne s'observent qu'à une époque plus ou moins éloignée, variant avec la tolérance et l'accoutumance individuelles.

Sous l'influence de doses massives (6 kilos), Maercker a observé en Allemagne des déformations du squelette, et Moussu a signalé des cas mortels d'intoxication; il faut pour cela une dose exagérée (de 6 à 10 kilos) amenant la mort en quelques jours, ou bien une dose élevée et un régime prolongé; en dehors de ces conditions, qui sont d'ailleurs exceptionnellement associées, les effets nocifs varient : 1° avec la quantité de mélasse consommée; 2° avec la durée du régime; 3° avec la provenance des mélasses (teneur variable en sels); 4° avec l'espèce animale (chevaux, gros et petits ruminants); 5° dans chaque espèce avec la tolérance individuelle.

Ce dernier considérant constitue un facteur puissant susceptible de modifier, surtout vis-à-vis de la manifestation intestinale, les symptômes habituels, soit dans leur intensité, soit dans le moment de leur apparition. Il est bien entendu qu'au début du régime mélassique, même à dose très modérée, on peut observer de légers troubles intestinaux, comme dans le cas de toute autre substitution alimentaire ; ces troubles demeurent passagers et ne sont pas dus, à ce moment, à l'action propre de la mélasse (1).

Valeur condimentaire et hygiénique de la mélasse. — Les matières sucrées favorisent l'appétence et la digestion des aliments qu'elles accompagnent ; il est dit par tous les hygiénistes vétérinaires que les eaux sucrées avec des *mélasses*, des *cassonades*, des *sucres avariés*, servent à imprégner les fourrages de faible valeur alibile et de saveur désagréable que, sans ce condiment, les animaux accueilleraient mal. (Voir *Condiments sucrés*.)

Les matières organiques et les sels de la mélasse favorisent la digestion et concourent à l'action condimentaire. Un Anglais (cité par Dickson et Malpeaux), après avoir donné de la mélasse à ses huit vaches, assure qu'il est porté à croire que le foin, si gâté soit-il, serait toujours mangé par le bétail, si on avait soin de le hacher et de l'arroser de mélasse.

Dickson et Malpeaux ont expérimenté avec du foin de trèfle et du foin de prairies naturelles mal récoltés et peu appétés du bétail. Ces fourrages hachés et mélangés avec de la paille d'avoine également hachée, étaient arrosés avec de la mélasse diluée dans trois fois son poids d'eau tiède. Après vingt-quatre heures,

(1) Pour le détail des expériences, consulter : *Contribution à l'étude de l'alimentation mélassée*, par Ed. Curot, Paris, 1902.

ce mélange était recherché avidement par les animaux.

En 1901 pendant une période de trois mois, les chevaux de culture de la ferme d'Armainvilliers (S.-et-M.) ont consommé de la mélasse mélangée avec du foin haché. Le foin était de mauvaise qualité et les animaux ne l'acceptaient pas seul ; mélangé avec de la mélasse et distribué après vingt-quatre heures de fermentation, il était consommé d'une façon absolument complète et même avec avidité. La proportion adoptée était de 1 kilo de mélasse pour 5 kilos de foin. Les chevaux étaient en parfait état d'entretien et travaillaient avec ardeur.

La mélasse peut donc être avantageusement employée pour faire accepter des fourrages grossiers et peu alibiles, pour rendre la paille appétissante et facile à digérer. Sous cette forme, les bovins et les ovins sont appelés à la consommer plus fréquemment que les chevaux. Il y a lieu, toutefois, chez ces derniers, d'utiliser les propriétés alimentaires et condimentaires de la mélasse pour constituer la base d'un régime où sont indiqués des aliments de facile digestion. Pour les chevaux indisponibles (malades ou opérés) qui séjournent à l'écurie, la mélasse, associée à une quantité convenable de fourrage, peut entrer dans la ration d'entretien ; en même temps qu'on réalise une économie sensible sur le prix de la ration, on évite les cas de congestion, qui ne sont pas rares lors de la mise au travail après un repos prolongé. Dans les affections des premières voies respiratoires (angine), la mélasse peut être employée comme succédané du miel, à la fois comme excipient (électuaires) et comme médicament.

Lorsque, au cours de la convalescence d'une grave maladie interne, l'inappétence persiste, la mélasse devient un condiment de choix pour lutter contre l'atonie du tube digestif. Cet effet favorable reconnait pour cause une action légèrement stimulante et laxative.

La mélasse est aussi un véritable agent thérapeutique efficace dans les cas si communs d'altérations du rythme respiratoire qu'on désigne sous le nom de pousse (Trasbot, Cornevin). On sait depuis longtemps que le miel et le sucre améliorent l'état des chevaux poussifs ; mais dans le courant du xixᵉ siècle, plusieurs praticiens, parmi lesquels il faut citer Mannechez, vétérinaire à Arras, et Decrombecque, agriculteur à Lens, ont démontré que l'alimentation au fourrage haché additionné de mélasse régularise le rythme respiratoire altéré par la pousse et donne aux animaux, avec un poil brillant, les apparences de la santé.

Les statistiques des cas de coliques constatés dans une cavalerie importante, avant et pendant le régime à la mélasse, nous ont montré un abaissement notable (50 p. 100) du pourcentage de ces accidents et, en même temps une diminution dans le taux de la mortalité due aux affections intestinales :

Régime sans mélasse. | Mortalité par coliques : 7,41 p. 100.

Régime avec mélasse (dose moyenne, 0ᵏᵍ,500 à 0ᵏᵍ,850 suivant le produit mélassé employé...... (Mortalité par coliques : 6,33 p. 100 pendant la période avec 0ᵏᵍ,250 à 0ᵏᵍ,500 de mélasse. De 4 p. 100 à 4,50 p. 100 pendant la période de 0ᵏᵍ,500 à 0ᵏᵍ,850 de mélasse par jour.

L'action diététique de la mélasse assure la régularité des fonctions digestives ; or cela est une considération importante dans l'hygiène alimentaire de chevaux qui reçoivent une ration intensive et auxquels on demande constamment le maximum de travail.

Valeur alimentaire de la mélasse. — Le rôle alimentaire des mélasses a été étudié attentivement depuis quelques années, et nous n'avons qu'à choisir dans la liste des faits observés, ceux qui sont le plus démonstratifs parce qu'ils ont été suivis avec le plus d'attention. On trouvera dans le travail de Dickson et Malpeaux sur « l'emploi de la mélasse dans l'alimentation du bétail » (*Annales agronomiques*, 1898); dans les *Comptes Rendus des Congrès de la Société d'alimentation rationnelle du bétail* (1899, rapports Dechambre et Grandeau; — 1902, rapport Garola et discussion); dans le rapport de M. Sidersky à la Société des Agriculteurs (1902), et dans la plupart des publications agricoles (en particulier *Journal d'Agriculture pratique*, travaux de Grandeau), des observations très nombreuses concluant à la possibilité de l'introduction de la mélasse dans la ration des animaux de la ferme.

Pour nous en tenir à l'*espèce chevaline*, nous relèverons avec Grandeau les résultats obtenus en Allemagne par l'emploi des mélasses dans l'alimentation du cheval :

La Compagnie des omnibus de Breslau alimente 850 chevaux avec un mélange de mélasse, de betteraves et de tourteaux oléagineux. Les expériences et les observations de contrôle du vétérinaire Voigt montrent que la mélasse augmente l'appétit et le poids; on en donne $2^k,500$ pour le travail aux allures vives et jusqu'à 5 kilos aux chevaux de gros trait lent (poids de 650 à 750 kilos); l'économie réalisée est de 30 à 50 p. 100 du prix de la ration avec grains.

A la sucrerie de Gurhau en 1895-1896, les chevaux reçurent leur ration ordinaire d'avoine et de féveroles dans laquelle 500 grammes du mélange furent remplacés par 1 kilo de tourbe mélassique. (Voy. *Composition au tableau des aliments mélassés.*) Les chevaux acceptèrent volontiers le nouvel aliment et, dans les jours qui suivirent son introduction, s'en montrèrent avides ; on a constaté que les coliques devenaient rares et que l'aspect du poil s'était amélioré ; pendant les durs travaux de charrois de betteraves, on a porté la dose de tourbe mélassée à 1ᵏ,500 (Grandeau).

Les *Instructions pour la nourriture des chevaux de service* dans l'armée allemande recommandent l'emploi de la mélasse après les manœuvres d'automne pour prévenir les coliques, augmenter l'appétit et stimuler la digestion.

Les Allemands nous ont précédés dans les applications de la mélasse à l'alimentation des animaux domestiques ; mais actuellement, grâce au mouvement déterminé par les nombreux travaux dont nous avons parlé, auxquels il convient de joindre ceux de Lavalard relatifs à la consommation de la mélasse par les chevaux de la Compagnie Générale des Omnibus, les propriétaires de chevaux et particulièrement ceux qui possèdent une cavalerie importante, sont convaincus de la possibilité de faire consommer à leurs moteurs une certaine quantité de résidu mélassique en substitution à l'avoine ou autres grains de la ration. La quantité à mettre en distribution varie avec le mode d'emploi de la mélasse, point important qu'il faut maintenant examiner :

Mode d'emploi de la mélasse. — La mélasse en nature dite *mélasse verte*, ne se prête pas très facilement aux manipulations que nécessite sa mise en consommation. A cause de sa consistance sirupeuse, de son contact gluant, elle ne peut être transportée autrement que dans des fûts, ni être distribuée directement aux animaux.

Il faut la dissoudre dans l'eau chaude et arroser les fourrages secs avec la solution obtenue, ou bien faire avec ceux-ci un mélange aussi homogène que possible. Pour éviter l'emploi de l'eau chaude, le professeur Holbrung conseille de mettre la mélasse dans un sac et de suspendre ce dernier dans un tonneau d'eau froide; en faisant cette opération le soir, la dissolution s'effectue pendant la nuit et le mélange est fait le lendemain matin.

Il n'est guère possible d'employer directement la mélasse, sans se servir de l'eau comme véhicule, parce qu'on ne peut pas obtenir sans cela un mélange intime. Toutefois dans quelques sucreries, on arrose avec la mélasse le fourrage sec qui vient d'être placé dans les mangeoires; nous savons que dans le sud de la Russie on opère de même pour les bœufs de travail des sucreries, auxquels on arrive à faire consommer des quantités élevées de ce résidu.

Mais cette utilisation en nature n'est possible que dans l'usine même ou son voisinage immédiat. Les difficultés que présentent le transport et la distribution de la mélasse verte, sont tournées par le procédé qui consiste à la mélanger avec des matières solides. On obtient ainsi des *aliments mélassés* dont la richesse alimentaire est subordonnée à la composition de la substance incorporée et à la quantité de mélasse introduite dans le mélange. Toutes ces denrées représentent des fourrages susceptibles d'être utilisés pourvu que les matières premières soient de bonne qualité.

La question de savoir s'il est recommandable de les introduire dans la ration est subordonnée à celle du prix auquel il est possible de se les procurer. Dès que, mis en regard de leur composition, ce prix de revient permet de réaliser une économie réelle dans la ration, rien ne s'oppose à ce que la substitution soit réalisée. Le prix normal des aliments mélassés doit être calculé d'après ceux des substances absorbantes et de la mélasse employée, auxquels s'ajoutent les frais de préparation du produit (mélange, broyage, séchage, etc.).

D'une manière générale, un aliment mélassé doit posséder les qualités suivantes :

Renfermer la plus grande quantité possible de mélasse, tout en restant d'un transport et d'une manipulation faciles ;

Pouvoir se diviser commodément en vue de son introduction dans la ration des animaux ;

Être livré à l'agriculture au meilleur marché possible, tout en présentant, avec une homogénéité parfaite, le minimum d'eau qu'on pourra y laisser, condition essentielle d'une bonne conservation (Grandeau).

L'agriculteur qui veut mettre en consommation des produits mélassés doit demander à son vendeur de se conformer aux exigences suivantes :

1° Garantir la bonne qualité et la conservation facile du produit (l'indication de la teneur en eau sera utile, un mélange trop aqueux se conservant mal) ;

2° Mentionner les éléments qui composent le mélange ;

3° Garantir une teneur minima :

en sucres et matières hydro-carbonées ;

en graisses ;

en matières azotées totales ;

en matières albuminoïdes.

16.

Composition chimique de divers produits mélassés.

Désignation du produit.	Pain mélassé Vaury.	Tourbe mélassée.	Sucréine.	Son mélassé.	Paille mélassée (Pailmel).
Composition du mélange.	Mélasse et résidus de mouture.	14 à 20 de tourbe. 80 à 86 de mélasse.	Mélasse et tourteau de lin, parties égales.	Son et mélasse, parties égales.	Mélasse, 57. Paille, 43.
Chimiste à qui est due l'analyse.	Grandeau.	Grandeau.		Gerland.	Garola.
Eau.............	17,80	19	»	16,50	14,42
Sucres..........	19,64	39,61	22-25	24,25	28,56
Extractifs non azotés.	24,26	14,20	13	32,20	»
Cellulose.........	21,87	7,77	»	6,38	11,77
Matières minérales..	6,43	9,31	»	5,49	7,94
Matières grasses....	0,32	0,34	3	4,30	»
Matière azotée totale..	9,68	9,77	10	11,31	»
Albuminoïdes.......	4,73	2,03	»	»	3
Amides...........	»	»	»	»	7,12
Prix des 100 kilos...	15 fr.	13fr,50	17 fr.	13fr,50	9fr,50

Désignation du produit.	Sugar feed.	Pain pluchet.	Sang mélassé. Sang et mélasse.	Sang mélassé. Sang, mélasse, son et avoine.	Sang mélassé. Sang, mélasse, son de blé.	Sang mélassé. Sang, mélasse et drèches.	Cossettes de diffusion et mélasse.	Tourteau mélassé.
Composition du mélange.	Mélasse, 30. Tourteau de coton, maïs, etc.	Mélasse et petit blé.	Sang et mélasse.	Sang, mélasse, son et avoine.	Sang, mélasse, son de blé.	Sang, mélasse et drèches.	Mélasse desséchée, 5-6. Cossettes desséchées, 100.	Mélasse, 30. T. de lin, 40. T. de coton, 10. T. de cocotier, 10. T. de maïs, 10.
Chimiste à qui est due l'analyse.		Maret.	Station agronomique de Colmar.	Stift.	Stift.	Stift.	Maerrker.	Maret et Delattre.
Eau.............	»	5,50	17,78	13,30	7,33	8,51	8,50	»
Sucres..........	30	22,06	15,21	15,60	7,50	12,90	2-2,5	22,45
Extractifs non azotés.	31	34,46	19,11	25,06	42,20	53,02	62	»
Cellulose.........	»	19,81	»	18,60	7,02	9,77	14	»
Matières minérales..	»	5,09	6,60	6,54	6,97	5,60	6,50	»
Matières grasses....	5	1,27	4,51	1,10	1,04	0,14	0,25	7,20
Matière azotée totale..	20	11,81	20,48	»	»	»	»	»
Albuminoïdes.......	»	»	»	16,60	24,62	25	»	21,88
Amides...........	»	»	»	3,20	3,32	2,88	»	3,50
Prix des 100 kilos...	47 fr.		13fr,75					

C'est surtout pour utiliser le sucre comme aliment que l'agriculteur emploie les fourrages mélassés ; l'indication précise de la teneur en sucre est donc indispensable et doit autant que possible être contrôlée.

Pour résumer la question très confuse des *aliments mélassés* dont le nombre augmente tous les jours, et pour fournir en même temps des renseignements utiles sur leur nature et leur composition, le tableau ci-contre a été dressé en puisant à des sources diverses les éléments nécessaires.

On remarquera que certaines analyses de ce tableau, données d'ailleurs simplement à titre d'indication, sont assez incomplètes : elles ne mentionnent point notamment les proportions de principes solubles et de principes insolubles ; dans quelques-unes le produit a été supposé sec, d'où absence de la teneur en eau ; enfin, on n'a pas toujours mentionné la proportion de matières minérales.

La quantité de produit mélassé à employer en substitution à l'avoine varie avec la nature de celui-ci ; dans tous les cas la dose maxima est imposée par la teneur en mélasse pure, de telle sorte que la quantité totale de mélasse introduite dans l'organisme ne dépasse pas 2 kilos à $2^k,500$ pour des chevaux de 500 kilos ; ce chiffre correspond à la dose tolérée, au delà de laquelle avec un régime prolongé les accidents peuvent commencer à se manifester.

Par une circulaire en date du 31 octobre 1902 le Ministre de l'agriculture a rendu définitives les dispositions accordées à titre provisoire par la décision du 16 novembre 1900, et a concédé diverses facilités qui, sans compromettre les intérêts du Trésor, paraissent de nature à donner satisfaction aux agriculteurs et qui auront pour effet de simplifier la réglementation.

*Tableau des usages agricoles pour lesquels la dénaturation
de la mélasse est admise
et des procédés de dénaturation autorisés (1).*

Usages.	Procédés de dénaturation.
Alimentation des animaux.	1º Incorporation de la mélasse par mélange intime soit à des céréales, soit à des farines, bas produits de la mouture, graines oléagineuses, foin ou paille hachés ou broyés, cossettes de betteraves desséchées. La proportion de mélasse ne dépassera pas 60 p. 100 du mélange total; le produit sera obtenu à l'état sec, grenu ou pulvérulent, ou à l'état de galettes et de tourteaux. 2º Incorporation de la mélasse par mélange intime à de la tourbe, la proportion de mélasse ne dépasser : pas 55 p. 100 du poids du mélange total; le produit sera obtenu à l'état sec, grenu ou pulvérulent. 3º Versement de la mélasse en ébullition sur du son et de la farine de cocotier ; proportion de la mélasse : 60 p. 100 ; produit obtenu à l'état sec et pulvérulent. 4º Incorporation de la mélasse à des fourrages humides (pulpes, cossettes de sucrerie et de distillerie de betteraves, pulpes de fécules, drêches égouttées de distilleries de grains ou de brasseries); proportion de mélasse, 10 p. 100.
Abeilles.	Mêmes procédés que pour l'alimentation du bétail.
Amendement des terres.	Dénaturation des sels neufs livrés à l'agriculture : addition par 1000 kilos de sels de 5 kilos de peroxyde rouge de fer, 10 kilos de poudre d'absinthe et 10 kilos de mélasse.
Bouillies cupriques.	Traitement des maladies cryptogamiques. Addition à la mélasse de 10 p. 100 de sulfate de cuivre.

(1) Annexé à la circulaire ci-dessus mentionnée.

Les agriculteurs, les éleveurs et les propriétaires d'animaux de toute espèce peuvent recevoir, soit de la mélasse en nature, soit des préparations à base de mélasse. Les mélasses en nature doivent être accompagnées d'un acquit-à-caution ; les mélasses préalablement dénaturées et transformées ainsi en produits destinés aux usages agricoles, peuvent être expédiées librement. Il est permis de penser que les facilités accordées par le nouveau régime auront pour résultat d'accroître sensiblement l'importance des quantités de mélasses employées aux usages agricoles (1).

Exemples de rations avec mélasse. — Afin de fixer les idées, donnors quelques exemples de rations avec mélasse, pour chevaux :

D'après *Garola* (2) :

Rations des chevaux de la sucrerie de Toury. — Avant l'emploi de la mélasse les chevaux recevaient la ration suivante par tête :

ALIMENTS.	Poids brut.	Albumine.	Hydrates de carbone.	Amides.
	kilos.	kilos.	ki os.	kilos.
Avoine aplatie.	7,650	0,450	4,948	0,057
Foin.........	6	0,300	2,400	0,030
Son de froment.	1,500	0,103	0,610	0,022
		0,853	7,958	0,109

(1) Le Bulletin mensuel de l'office de renseignements agricoles (Ministère de l'agriculture) donne cette circulaire in-extenso, n° de novembre 1902.

(2) *Congrès de l'alimentation du bétail*, 1902.

Le prix de revient de cette ration peut s'établir comme il suit :

francs.

	francs.
Avoine aplatie (7ᵏᵍ,650)...............	1,53
Foin (6 kilos)........................	0,66
Son (1ᵏᵍ,500)...........	0,195
	2,385

Ration avec *Tourbe-mélasse :*

ALIMENTS.	Poids brut.	Albumine.	Hydrates de carbone.	Sucre.	Amides.
	kilos.	kilos.	kilos.	kilos.	kilos.
Foin..........	6	0,300	2,460	»	0,030
Avoine aplatie..	3,366	0,198	2,177	»	0,025
Tourbe-mélasse.	3,500	»	0,500	1,109	0,240
		0,498	5,137	1,109	0,295

Le prix de revient de cette ration est le suivant :

	francs.
Avoine aplatie (3ᵏᵍ,366)..............	0,673
Foin (6 kilos)........................	0,66
Tourbe-mélasse..................	0,346
	1,679

La comparaison des prix de revient montre une économie très notable (0 fr. 70 par jour et par tête).

Le même auteur estime « qu'au point de vue dynamique ou calorifique 100 kilogrammes de *paille mélassée* (pailmel) peuvent remplacer 94 kilogrammes d'avoine moyenne ».

Voici la ration qu'il conseille pour chevaux d'agriculture d'un poids moyen de 600 kilos :

Avoine aplatie.................... 3 kilos.
Foin........................ ...... 3 —
Paillmel.... .... 6 —

Prix de revient, 1 fr. 50.

Pendant les périodes de travail pénible, on peut porter la ration à :

Avoine................... .... 4 kilos.
Foin...................... 3 —
Paillmel................... 8 —

Rations des chevaux de culture de la ferme d'Arcy-en-Brie (M. Nicolas) (1).

a. Ration sans mélasse :

	francs.
15 litres d'avoine, à 8 francs l'hectolitre.. ..	1,20
2 kilos de son, à 13 fr. 50 les 100 kilos	0,27
8 — de foin, à 6 francs les 100 kilos......	0,48
6 — de paille, à 4 francs les 100 kilos....	0,24
Dépense journalière par cheval.......	2,19

b. Ration avec mélasse :

	francs.
6 kilos de balle de blé ou paille hachée, à 4 francs les 100 kilos.......................	0,24
6 kilos de son et remoulage, à 13 fr. 50............	0,81
1kg,500 de mélasse, à 7 francs les 100 kilos.........	0,10
6 kilos de paille de blé, partie pour litière.........	0,24
6 litres d'eau...............................	»
Dépense journalière par cheval.....	1,39

Économie réalisée : 0 fr. 80 par cheval et par jour.

Le foin a été complètement supprimé et les chevaux, avides de leur nouvel aliment, sont restés en parfaite santé.

« On prépare la nourriture de la manière suivante :

« On répand sur le sol la balle de blé ou la paille

______

(1) *Congrès de l'alimentation rationnelle*, 1902, p. 17.

hachée ; on arrose cette paille avec la moitié de la mélasse délayée dans 4 litres d'eau par kilogramme de mélasse ; on brasse le tout ; on répand ensuite le son et le remoulage ; on brasse de nouveau ; enfin on ajoute le complément de la mélasse diluée et on brasse ; après quoi on met le tout en un seul grand tas que l'on rejette ensuite dans un coin du local. On remplit enfin des sacs représentant la ration de trois chevaux. Le mélange est parfait et très homogène. » (Nicolas.)

Autre ration mélassée pour chevaux, proposée par M. Nicolas :

Balles de blé, 6 kilos, à 4 francs les 100 kilos.....	0,24
Son et remoulage, 2 kilos, à 13 fr. 50 les 100 kilos.	0,27
Avoine aplatie (1), 3 kilos, à 17 francs les 100 kilos.	0,51
Mélasse, 1^{kg},500, à 7 francs les 100 kilos.........	0,105
6 litres d'eau.	
Manipulation....................................	0,075
Total....................	1,20

La paille pour litière n'étant pas consommée, il est inutile de la comprendre dans la ration.

Pour des chevaux pesant 500 et 600 kilos, Lavalard propose la ration suivante :

Grains mélangés (maïs, avoine et féveroles).	7^{kg},500
Mélasse tourbe...........................	2 kilos.
Paille hachée...........................	3 à 4 kilos.

On remarquera que cette ration, donnée à une partie de la cavalerie des omnibus de Paris, ne comporte pas de foin ; son prix de revient est d'environ 1 fr. 80 (2).

(1) Voir les réserves formulées au sujet de l'emploi de l'avoine aplatie, moins économique que celui de l'avoine concassée.

(2) Lavalard, *Congrès de l'alimentation*, 1902.

Dechambre et Curot.   17

Expériences de M. Laurent, professeur départemental de la Seine-Inférieure, sur l'alimentation des chevaux de trait avec la mélasse — Les chevaux choisis pour les essais étaient des chevaux de gros camionnage, du poids moyen de 650 kilos, soumis à des travaux réguliers.

Avant les expériences la ration distribuée était la suivante :

	kilos.
Avoine blanche de pays................ ...	3,720
Orge d'Algérie.......	3,720
Son de blé.......	6,240
Foin de trèfle	7,500
Tourteau de lin de pays...............	0,200

Les dix chevaux d'expérience ont reçu un kilogramme de mélasse par jour pendant la première quinzaine d'essais, en substitution à $1^k,500$ de son de blé ; la semaine suivante on a donné $1^k,500$, et pendant la dernière quinzaine, on a donné un second kilogramme de mélasse ; soit une diminution de 3 kilogrammes de son remplacés par 2 kilogrammes de mélasse.

La mélasse a été donnée en nature, sans aucune préparation spéciale ; elle était simplement versée à l'aide d'une casserole de contenance bien déterminée, sur le mélange de grains (avoine entière et orge concassée) distribué dans chaque mangeoire.

Les dix chevaux en expérience et neuf chevaux témoins ont effectué le même travail pendant les six semaines des essais : durée du travail, onze heures par jour ; trajet parcouru, 38 kilomètres dont un tiers en montée ; charge, 1100 kilos.

Les chevaux soumis à l'alimentation mélassée étaient en meilleur état à la fin des essais qu'au début ; ils avaient un très beau poil, et ceux du second lot (les essais ont eu lieu en janvier-février-mars) avaient moins bon aspect, et avaient conservé le mauvais poil que présentaient tous les chevaux de l'écurie, à cette même époque les années précédentes.

Au cours de 7 francs les 100 kilos pour la mélasse et de 14 francs pour le son, l'économie dans la dernière période (2 kilos de mélasse pour 3 de son) a été de 0 fr. 28 en faveur de la ration mélassée.

Conclusions. — « L'introduction de la mélasse dans l'alimentation des chevaux de trait semble avantageuse, au double point de vue de l'économie et de l'hygiène.

« La mélasse est à la fois un condiment qui, mélangé à certains aliments grossiers (paille, fourrage, etc.) favorise leur absorption, et un aliment qui peut être substitué dans la ration à un autre aliment.

« La distribution de la mélasse en nature ne présente pas de difficultés insurmontables, et les agriculteurs ont actuellement tout intérêt à prendre la mélasse en sucrerie et à en effectuer eux-mêmes la dénaturation plutôt que d'acheter au commerce des produits mélassés, de distribution certainement plus facile, mais d'un prix beaucoup plus coûteux et dont l'emploi cesse d'être très économique. »

M. Hollard a rapporté à la Société de médecine vétérinaire pratique (décembre 1902) les bons effets qu'il a obtenus avec la mélasse dans l'alimentation du cheval.

Il n'a jamais employé les produits mélassés, pensant que, dans les exploitations agricoles, la mélasse doit avant tout avoir pour effet de faire consommer plus facilement les produits inférieurs ne pouvant trouver acheteur.

En hiver, la mélasse a été donnée à la dose de un

kilo par cheval, en nature, le soir, mélangée à l'avoine en remplacement de un kilogramme de ce grain. Quand les travaux de printemps ont commencé, les chevaux ont reçu en supplément un deuxième kilo de mélasse donné dans l'avoine au repas de midi.

Outre l'économie réalisée (le kilo de mélasse coûtant presque le tiers du kilo d'avoine) on a eu comme résultat favorable la conservation de la bonne santé des chevaux.

M. Hollard a fait entrer la mélasse dans la ration de ses chevaux de service. En remplacement de kilos d'avoine revenant à 1 fr. 20, il a donné :

	francs.
Avoine, 3 kilos à 0 fr. 20.....................	0,60
Drèche de brasserie desséchée (1), 1 kilo à 0 fr. 16..............................	0,16
Mélasse, 1 kilo à 0 fr. 06....................	0,06
Total.............	0,82

Soit une économie de 0 fr. 38 par cheval et par jour. Avec cette ration mélassée les chevaux ont montré la même aptitude au travail et se sont conservés dans le même état, pendant les sept mois durant lesquels ce régime a été suivi.

LE SUCRE ROUX.

On donne le nom de *sucre roux* au sucre impur de deuxième ou troisième jet. La première cuite des sirops les plus purs de la sucrerie fournit des cristaux empâtés dans un sirop brunâtre ; la turbine sépare par la force centrifuge les cristaux (grains) qui cons-

(1) En se reportant à l'article « Drèches desséchées » on verra que ce résidu constitue un excellent excipient pour l'incorporation de la mélasse.

tituent le sucre blanc n° 1 ; il reste un sirop qui, traité, donne le sucre roux. A force de séparer les cristaux, avec des rendements qui diminuent à chaque opération, on finit par ne plus trouver bénéfice à travailler un dernier sirop qui devient la mélasse.

Le sucre roux renferme de 88 à 94 p. 100 de sucre cristallisable ; le tableau ci-contre donne quelques exemples de la composition de ces sucres bruts :

Exemples d'analyses de sucres bruts.

Sucre cristallisable.	Sucre incristallisable.	Cendres.	Eau.	Matières inconnues.	Rendement.
90	0	2,11	3,90	3,99	81,56
88,3	0	2,79	4,20	4,71	77,44
92,1	0	2,59	2,40	2,91	81,74
94	0	2,39	1,96	1,65	84,44
94,3	»	1,50	2,50	1,70	»

N.-B. — Le rendement s'obtient en retranchant du sucre cristallisable 4 fois les cendres + 2 fois le sucre incristallisable.

La teneur du sucre roux en matières salines est très faible (2,50 p. 100 en moyenne) ; elle ne viendra donc pas, comme cela se produit pour la mélasse, limiter la dose de sucre à introduire dans l'alimentation ; cette limite ne reconnaîtra d'autre cause que la nécessité de maintenir entre les différents éléments de la ration des rapports nutritifs convenables.

En Allemagne, le sucre roux destiné à l'alimentation des animaux est exempt de droits après dénaturation.

Celle-ci était obtenue au début par l'addition de 30 p. 100 de farine de riz ou de 20 p. 100 de farine de viande. D'après un arrêté ministériel de 1902, la dénaturation est effectuée de la façon suivante :

Sucre......................	93 p. 100.
Suie....................	2 —
Farine de poisson........	5 —

ou bien :

Sucre......................	93 p. 100.
Suie....................	2 —
Farine de viande	5 —

On peut remplacer la farine de viande par 5 p. 100 de poussières de pulpes de diffusion desséchées.

Le mélange :

Sucre.....................	70 p. 100.
Poudre de balles de riz...	30 —

est le plus employé ; car l'addition de farine de viande, de poudre de poisson et de suie est loin de favoriser l'appétence du produit.

D'après divers auteurs allemands, les bovins peuvent recevoir 2 kilos de ce mélange, soit environ 1 k. 300 de sucre pur ; aux chevaux on donne 1 kilo, et des doses d'environ 500 grammes aux porcs et aux moutons.

Le prix du sucre dénaturé est, en Allemagne, de 14 marks (17 fr. 50) les 100 kilos et en France de 21 fr. 50. Cet écart reconnait pour cause la différence dans le prix de la betterave traitée, et surtout dans les frais de main-d'œuvre.

Jusqu'à présent on s'est encore peu occupé de faire consommer en France, du sucre brut aux animaux. Rien ne s'oppose cependant à son introduction dans la ration. Malpeaux, directeur de l'école pratique d'agriculture de Berthonval (Pas-de-Calais), a communiqué au Congrès de l'alimentation rationnelle du bétail (1903), le résultat de ses recherches sur l'influence du sucre dans l'engraissement, la production du lait et du beurre et la production du travail.

Voici le résumé de ses expériences sur le cheval de trait :

« Le sucre a été distribué dans la mangeoire, en mélange à chaque repas, avec l'avoine. L'expérience fut faite sur six chevaux, aussi comparables que possible, du type boulonnais (poids moyen, 600 kilos). Trois chevaux reçurent la ration ordinaire pendant la première période d'essais, tandis que les trois autres furent alimentés avec du sucre, employé à raison de 1 kilogramme par tête et par jour, en remplacement de pareille quantité d'avoine. Durant la seconde période, les rôles ont été intervertis.

Les rations employées présentaient la composition suivante :

RATION ORDINAIRE.

	Matière azotée.	Graisses.	Hydrates de carbone.
Avoine.......... 9 kilos.	855	405	3 780
Foin de luzerne. 5 — .	500	50	1 675
Paille de froment. 5 — .	40	20	1 780
	1 395	475	. 7 235

Relation nutritive : $\dfrac{1}{6,1}$.

Total des éléments nutritifs : $1\,395 + 7\,235 + (475 \times 2,4) = 9\,770$.

Prix de revient : 1 fr. 99.

RATION AVEC SUCRE.

	Matière azotée.	Graisses.	Hydrates de carbone.
Avoine. 8 kilos....	760	360	3 360
Sucre.. 1 kilo....	»	»	943
Foin... 5 kilos ..	500	50	1 675
Paille.. 5 — ...	40	20	1 780
	1 300	430	7 758

Relation nutritive : $\dfrac{1}{6,7}$.

Total des éléments nutritifs : $1\,300 + 7\,758 + (430 \times 2,4) = 10\,090$.

Prix de revient : 2 fr. 04.

« Les chevaux nourris au sucre se sont bien comportés pendant le travail, et ils ont toujours conservé un excellent appétit ; la transpiration n'a pas été plus active et les déjections sont restées normales. Le sucre ayant été substitué poids pour poids à l'avoine, a augmenté légèrement le prix de revient de la ration ; mais il n'est peut-être pas impossible, étant donné que le sucre augmente la digestibilité des principes nutritifs des fourrages auxquels on l'associe (1), de diminuer la quantité d'avoine employée. » (Malpeaux.)

Nous avons examiné comparativement (2) le prix de revient du kilogramme de sucre dans les différents aliments susceptibles d'en fournir une quantité notable : sucre brut, mélasses, produits mélassés, cossettes de betteraves desséchées, cossettes de topinambours, caroubes. Le tableau suivant présente les résultats de cette comparaison, basée uniquement sur la teneur en sucre, puisque c'est cet élément qu'il s'agit de faire entrer économiquement dans la ration du cheval.

PRODUITS.	Teneur en sucre.	Teneur en sels.	Prix aux 100 kilos.	Prix du kilo de sucre.
	p. 100.	p. 100.	francs.	francs.
Sucre roux......	88 à 94	2,50	21,50	0,24
Mélasse verte...	44	10	12	0,27
Produits mélassés..........	22 à 38	7 à 8	12 à 15	0,43 à 0,77
Cossettes de betteraves........	60	49	15,50	0,26
Cossettes de topinambours.....	64,65	5,75	12,50	0,19
Caroubes........	44,60	2,20	14	0,313

(1) Voir *Condiments sucrés.*
(2) Dans une note présentée au *Congrès de l'alimentation du bétail*, 1903.

Les cossettes de topinambours desséchées laissent le sucre au prix le plus bas ; mais la possibilité d'en extraire de l'alcool amènerait certainement des entraves fiscales à leur libre production, ce qui aurait pour conséquence d'en élever le prix de revient.

Se place ensuite le sucre roux, vis-à-vis duquel les difficultés seront aplanies lorsqu'il aura été exonéré de droits après dénaturation. A cette condition son emploi dans la ration des animaux sera assez économique pour que l'on puisse songer à faire des substitutions ; l'accroissement de consommation ainsi obtenu, s'ajoutant à celui qui sera la conséquence du dégrèvement très large du sucre raffiné (loi du 28 janvier 1903) permettra de parer au malaise que traverse actuellement l'industrie sucrière.

CHAPITRE VI

LES FOURRAGES

Le *foin* est l'herbe fauchée et desséchée destinée à la nourriture des animaux.

Les caractères et les qualités du foin varient avec la sorte de prairies qui le fournissent : prairies naturelles, prairies artificielles ; et, dans chaque sorte, avec la nature des végétaux herbacés, les conditions de leur végétation et de leur récolte.

A. — FOIN DES PRAIRIES NATURELLES.

Origine. — Le foin des *prairies élevées* est court, fin, très aromatique, et généralement très nutritif, à moins qu'il n'ait végété sur des sols très secs et très maigres.

Trèfles blanc et violet, lotier corniculé, pour les légumineuses, flouve odorante, crételle, paturin des prés, avoine jaunâtre, pour les graminées, dominent dans sa composition botanique.

Le foin des *prairies moyennes*, moins odorant et formé de plantes plus grosses que le précédent, est moins digestible et conséquemment moins nutritif.

On y rencontre, avec le trèfle et le lotier, un grand nombre de graminées : houlque laineuse, fétuques, brome des prés, avoine élevée, fléole, ray-grass, dactyle aggloméré, vulpin; puis, comme plantes assaisonnantes, aromatiques ou âcres, des ombellifères, des composées et des renoncules.

Le foin des *prairies humides* ou basses est plus abondant, mais de moindre valeur que celui des prairies hautes ou moyennes. Sa qualité est d'autant plus défectueuse qu'il provient d'un sol plus marécageux sur lequel ont végété des plantes grossières peu aromatiques et peu nutritives.

Dans le cas le plus défavorable, on y trouvera des renoncules, des carex, et, avec les graminées des fonds humides, telles que le paturin aquatique, et la fléole noueuse, le lotier, la gesse des marais, etc.

Dans les stations intermédiaires on trouvera un mélange des flores qui viennent d'être mentionnées.

L'examen botanique d'un foin apporte des données importantes sur sa valeur alimentaire ; la répartition des végétaux qui le composent en plantes très bonnes, bonnes, moyennes, médiocres, toxiques et l'importance relative de chacune de ces catégories renseignent sur les qualités nutritives de l'ensemble.

Composition chimique. -- L'histoire alimentaire du foin est dominée par une constatation du plus haut intérêt et dont on ne saurait trop faire ressortir les conséquences. Il s'agit du peu de stabilité de sa composition chimique.

Donnons d'abord des chiffres qui mesurent, aussi exactement que possible, les variations extrêmes entre lesquelles on a l'habitude de placer une moyenne qui ne correspond, en général, à rien de précis.

Wolff.

	Hydrates de carbone.	Cend.	Matières prot.	Cellulose.	Matières amylac.	Matières grasses.
Foin de prairie qualité inférieure..	14,3	5	7,5	33,5	38,2	1,5
Foin de prairie qualité meilleure...........	14,3	5,4	9,2	29,2	39,7	2
Foin de prairie qualité moyenne...........	14,3	6,2	9,7	26,2	41,4	2,5
Foin de prairie très bonne qualité.......	14,3	6,2	9,7	26,3	41,31	2,5
Foin de prairie marécageuse........... ...	11	6,4	9,2	26,7	44,2	2,4
Herbes acides........	13	6,3	7,6	32,8	35,7	4,6

Müntz et Girard ont relevé les variations suivantes sur un lot de 125 foins d'origines diverses.

	Moyenne.	Maxima.	Minima.
Eau..................	14,06	20,46	9,20
Matières minérales.....	6,25	8,25	4,90
— grasses.......	1,44	1,19	0,85
— azotées........	6,95	9,89	5,03
Extractifs non azotés...	47,37	52,50	38,33
Albumine.............	23,93	30,50	18,90

Kühn donne comme chiffres extrêmes pour la protéine :

Minimum.	Maximum.
5,8	19,4

Ces analyses nous montrent :

1° La faible teneur du foin en matière azotée (7 p. 100 en moyenne), de laquelle il convient de déduire 1,5 p. 100 d'amides.

2° Le peu de stabilité de la composition, conséquence des circonstances infiniment variables qui régissent la végétation, la récolte et aussi la conservation du foin. Rien n'est plus vague, en somme, que de dire : cet animal consomme telle quantité de foin ; cela ne nous indique rien de précis relativement à la somme de principes nutritifs qui sont mis à sa disposition. Les écarts relevés dans la teneur en principes immédiats ne sont pas les seuls ; avec la provenance, la teneur en matières minérales varie dans une large mesure ; les chiffres suivants, empruntés à Wolff, en fournissent la preuve.

Pour 1000 parties de substance fraîche ou séchée à l'air.

	Cendres.	KO.	NaO.	CaO.	Magn.	Acide phosphor.
Foin des pâturages gras.............	82,4	31,6	1,3	10,1	4,6	7,4
Foin des herbes acides...........	37,2	8,8	»	7	1,8	1,4

Le foin composé d'herbes acides renferme moitié moins de matières minérales, et les teneurs en potasse, soude, chaux et acide phosphorique sont abaissées dans une forte proportion. Cela n'expliquerait-il pas la fréquence des maladies du système osseux (cachexie osseuse ou ostéomalacie) dans les contrées qui produisent ces foins de médiocre qualité ?

Digestibilité et valeur alimentaire. — Pour des raisons analogues, les variations du coefficient de digestibilité du foin sont parallèles aux variations d'ordre chimique.

Les expériences de MM. Müntz et Girard donnent les résultats suivants :

	Coefficients.	
Graisse..................	69 à 75	p. 100.
Matière azotée...........	73 à 80	—
Hydrates de carbone.....	77 à 87,5	—
Cellulose brute..........	67 à 81	—
Substances indéterminées.	52 à 82	—

D'après Kühn.

Matières protéiques..................	57
Graisses.............................	53
Extractifs non azotés................	64
Cellulose............................	60

Ces variations reconnaissent pour cause le mélange d'espèces botaniques de diverses familles, dans lequel tel ou tel groupe, telle ou telle espèce peut prédominer ; la nature du sol, les conditions climatériques, enfin le moment de la récolte font varier sensiblement la composition du fourrage et sa digestibilité.

Les agronomes sont d'accord pour attribuer au fourrage récolté à la floraison les meilleures qualités. Gayot considère l'époque de la floraison comme correspondant au développement maximum de la plante, en même temps qu'à une sorte d'équilibre des principes nutritifs dans toutes ses parties, où ils se trouvent alors « dans le plus grand état de perfectionnement pour la nutrition ».

On conseille quelquefois de ne pas attendre le moment de la floraison ; d'après Boitel, « le moment propice est arrivé quand la plupart des graminées montrent les organes de la fructification. Si on attend la floraison ou la grenaison, le rendement en foin est plus considérable, mais c'est aux dépens de sa valeur nutritive ».

Villard et Bœuf ont exécuté en 1897, au laboratoire de Zootechnie de l'école de Grignon, sous la direction de Paul Gay, répétiteur, une longue série d'analyses chimiques dans le but d'étudier la marche de la composition des fourrages aux principales périodes de la végétation. Leurs conclusions corroborent les observations des praticiens :

« La proportion d'azote d'abord élevée, décroît, même assez rapidement jusqu'au commencement de la floraison. Mais pendant toute la durée de cette période et jusqu'à la formation du fruit, la richesse en protéine augmente pour passer par un nouveau maximum.

« La proportion de matières grasses après avoir présenté un maximum dans la première période de végétation décroît assez rapidement pour devenir relativement faible au moment de la floraison, puis se relever légèrement.

« La proportion de cellulose va en s'accroissant dans les fourrages d'une manière continue.

« La proportion des extractifs non azotés présente un maximum au moment de la floraison et s'abaisse aussitôt après.

« De toutes les analyses il semble résulter que le *commencement de la floraison*, ou la semaine qui précède, marque une sorte de crise de la végétation avec une *baisse* de presque tous les principes immédiats nutritifs. Ce moment serait donc très désavantageux pour la récolte des fourrages. » (Villard et Bœuf, *Annales agronomiques*, 1898.)

Le moment de la *pleine floraison* est le plus favorable car il correspond à un maximum de valeur nutritive et à un maximum de protéine digestible.

Les conditions de la *préparation du foin* retentissent sur sa composition et sur sa digestibilité : lorsque la fenaison s'opère dans une période pluvieuse, par suite du départ de matières non azotées solubles, les foins perdent beaucoup de leurs principes nutritifs. Maercker en Allemagne, a constaté que deux foins fanés dans de mauvaises conditions avaient perdu l'un 8 p. 100, l'autre 17,60 p. 100 de leur poids en matière sèche ; la perte a porté sur les sucres, les féculents et les substances minérales.

La teneur en principes nutritifs et le coefficient moyen de digestibilité s'abaissent au fur et à mesure que l'on s'éloigne du moment de la récolte, même pour les fourrages conservés dans de bonnes conditions ; il arrive un moment où les foins âgés tombent à une valeur nutritive qui ne dépasse pas celle de la paille.

Le coefficient de digestibilité des matières albuminoïdes du foin est surbordonné, dans une mesure qui a été déterminée expérimentalement, à la *teneur de ce foin en cellulose*. Cela se conçoit puisque cet élément représente la gangue qui soustrait les principes à l'action des sucs digestifs, et qu'il ne participe que pour une faible part aux phénomènes nutritifs. On peut dire avec Kühn, que le coefficient de digestibilité varie en raison inverse de la teneur en cellulose, et que toutes les circonstances qui favorisent la lignification des fourrages en font baisser le taux de digestibilité.

C'est pour cette raison que les aliments grossiers, imposant aux viscères digestifs un travail considérable, sont des facteurs actifs dans la genèse des troubles abdominaux (coliques).

Les statistiques de la Compagnie des Omnibus de Paris montrent qu'il existe une relation étroite entre la quantité de foin consommée et les cas de coliques observés ; le pourcentage de ceux-ci est plus élevé dans les dépôts où les chevaux reçoivent du foin que dans ceux où cette denrée n'est pas distribuée.

La question de la valeur alimentaire du foin se complique encore, de ce fait que la composition chimique de deux échantillons peut être très rapprochée sans que leurs effets nutritifs soient les mêmes. Cela se présente avec des foins acides qui, tout en ayant une bonne composition chimique, sont de mauvais aliments. Leur digestibilité est faible, vu la nature des plantes qui les composent (carex, prêles, renoncules, etc.); peut-être aussi les huiles essentielles qui s'y trouvent exercent-elles une action déprimante sur les phénomènes digestifs.

Ces constatations nous amènent à dire que le foin est considéré à tort comme un aliment *indispensable*; ceux qui, pénétrés de cette nécessité, distribuent des rations fortes en fourrage, imposent à l'estomac une surcharge inutile, et à tout l'appareil digestif un travail considérable, causes déterminantes de troubles graves.

Elles nous permettent de signaler la difficulté d'établir des substitutions alimentaires précises, toutes les fois que ne disposant pas d'analyses spéciales on s'en rapporte aux données moyennes des tables de composition; et de faire remarquer enfin combien il était peu rationnel d'avoir choisi le foin comme aliment type servant de base aux calculs des équivalents nutritifs.

Il ne s'agit pas toutefois d'exagérer la portée de ces observations; le pouvoir nutritif faible, la digestibilité variable, la dépression sur l'intestin, sont l'apanage des foins de moyenne et de médiocre qualité; nous ne parlons pas des foins altérés, vieux, moisis, vasés dont le rôle pathogène sera signalé plus loin. (Voir *Intoxications alimentaires*.) Les foins de bonne qualité constituent un excellent aliment qui contient des éléments nutritifs utiles, et en même temps exerce sur les fonctions digestives une action stimulante due à la présence de principes aromatiques que renferment les herbes nourrissantes ou les plantes dites assaisonnantes.

Dans le cas de l'alimentation économique, quoique intensive, des moteurs vivants, la consommation de ce foin de bonne qualité est l'exception. Le prix peu élevé consacré à l'achat de cette denrée, fait qu'elle est généralement, sinon toujours, de qualité fort ordinaire ou médiocre ; les nombreuses discussions et les expertises auxquelles donnent lieu les réceptions de fournitures en sont la preuve. A cause de son prix élevé, et de la difficulté d'approvisionnement pour les cavaleries importantes (1), le foin de première qualité n'entre dans la ration des chevaux de grosse utilité que pour une faible part ; conséquemment, il nous paraît nécessaire de faire ressortir, à côté des avantages du foin de première qualité, les désavantages du régime au foin de qualité passable ou mauvaise.

En se plaçant au point de vue économique, on ne tarde pas à constater qu'il existe souvent un écart considérable entre la valeur marchande du foin et sa valeur nutritive. Le tableau suivant qui indique les prix du kilogramme d'azote dans le foin et les grains, ne laisse aucun doute à ce sujet :

Denrées.	Matières azotées digestibles.	Prix des 100 kilos.	Prix du kil. de matière azotée.
Foin, qualité moyenne.	5,4	12	2,10
Avoine...............	8	17	2,10
Fèves...............	22	20	0,99

Le prix de l'unité nutritive du foin au cours de 12 francs le quintal est aussi élevé que celui de l'unité fournie par l'avoine au cours de 17 francs ; avec un aliment très concentré comme la fève, la différence est très accusée.

(1) Supposons une cavalerie de 8 000 chevaux à 5 kilos de foin par tête et par jour. Cela fait 40 000 kilos de foin par jour, quantité impossible à réunir même en y mettant le prix. La Compagnie des Omnibus est arrivée à vaincre cette difficulté en faisant directement ses achats sur place, et en organisant le matériel nécessaire pour presser le foin afin de réduire les frais de transport.

Dans les années de disette fourragère, l'achat de foin à un prix élevé est une faute économique grave ; il est indiqué dans ce cas d'en réduire la quantité en tenant compte de l'exigence physiologique d'un volume convenable pour la ration (aliment de lest), et de recourir à l'emploi d'aliments concentrés (grains) ; la paille pourra même remplacer totalement le foin, si les grains sont donnés en quantité suffisante.

L'économie réalisée par la substitution des aliments concentrés au foin est très nette :

Soit une ration comprenant 5 kilos de foin. Sa teneur en protéine sera de 270 grammes ; elle coûtera, à 10 francs les 100 kilos, 0 fr. 50.

La ration suivante :

Paille...................... 5 kilos.
Fèves..................... 0^{kg},800

qui contient la même somme de principes nutritifs coûte 0 fr. 39, soit une économie de 0 fr. 11 par cheval et par jour.

La suppression du foin a été depuis longtemps réalisée dans de grandes administrations (Omnibus, Petites Voitures), où les questions d'alimentation sont l'objet d'études sérieuses; cette privation complète n'amène aucun trouble dans l'organisme, à la condition que l'aliment de lest (donné sous forme de paille) soit en quantité suffisante, et que la suppression du foin ne soit pas brusque.

L'indication pratique à laquelle nous voulons aboutir est celle-ci :

Le foin de bonne qualité reste l'aliment type pour la ration d'entretien des herbivores. Pour les moteurs soumis à une alimentation intensive et économique, il a cessé d'être l'aliment indispensable. Toutes les fois que son prix trop élevé ou sa qualité défectueuse empêcheront de constituer des rations convenables, on en conservera la quantité juste nécessaire pour servir d'aliment de lest, si on ne veut pas se décider au remplacement total par de la paille ; on complétera sous forme de grains les apports nutritifs nécessaires à l'entretien du moteur et à la production du travail.

Quelques circonstances imposent, par contre, une alimentation comprenant beaucoup de fourrage ; c'est le cas des chevaux lourds, massifs et mal conformés, qui malgré une ration riche en principes nutritifs, paraissent toujours en mauvais état, et restent avec le ventre levretté ; pour ces chevaux on doit insister sur l'emploi de rations volumineuses à base de fourrages qui, en augmentant mécaniquement le volume de la cavité abdominale, font acquérir un embonpoint fictif.

Caractères du bon foin. — Le bon foin est composé de plantes fines, pourvues de leurs feuilles et portant encore des fleurs ; sa *couleur* est *vert tendre* quand il est fauché au moment propice, convenablement fané et bien emmagasiné. La couleur est d'autant plus verte et plus franche que le foin est de meilleure qualité et mieux récolté. Le foin des prairies élevées est *vert jaunâtre* ; celui des prairies basses *vert sale*. Le foin le meilleur jaunit en vieillissant ; les foins comprimés conservent longtemps leur couleur primitive.

L'*odeur* est légèrement aromatique ; la flouve odorante, par sa coumarine, est un des agents de ce parfum spécial. Les plantes des coteaux et des montagnes sont les plus odoriférantes ; le foin des prairies basses dégage une odeur de marais.

Certaines espèces botaniques communiquent au

foin une odeur trop accusée qui le déprécie : la tanaisie, les menthes quand elles sont en excès, les géraniums, le sureau hièble, l'armoise, la sauge des prés, la ballotte fétide, les renoncules, les jusquiames.

Les bonnes herbes fanées possèdent une *saveur* douceâtre avec un arrière-goût amer. Les foins des régions méridionales qui sont les plus aromatiques sont aussi les plus savoureux ; de même ceux des prairies élevées. Les foins de prairies basses ont une saveur acerbe, âcre, un goût désagréable. Les plantes assaisonnantes (flouve, labiées, composées) relèvent la saveur du foin, mais finissent par communiquer un goût désagréable quand elles sont en trop forte proportion.

Les qualités extérieures du foin basées sur les caractères empiriques que nous venons de résumer, donnent des renseignements utiles sur la valeur probable de l'aliment, mais ne constituent pas un moyen d'une rigueur suffisante lorsque l'on doit régler le rationnement d'un nombre important d'animaux pour lesquels on vise à des substitutions logiques. Il n'y a pas toujours concordance, en effet, entre les données fournies par l'apparence extérieure d'un foin et celles apportées par l'analyse chimique ; tel foin qualifié de « très bon » à l'examen physique peut se montrer chimiquement inférieur à un foin reconnu « passable » par ce procédé. Nous essaierons toutefois d'arriver à une appréciation aussi exacte que possible par la méthode de pointage dont il sera parlé à propos de l'expertise des fourrages.

REGAIN

L'herbe de seconde végétation que donnent les prairies après l'enlèvement de la première coupe est généralement considérée comme moins bonne que celle-ci.

Le regain, toujours déprécié sur le marché, sans doute à cause de son aspect, devrait être recherché, au contraire, car sa composition en principes immédiats lui donne une valeur alimentaire supérieure à celle des foins de première coupe.

Comparaison de la composition moyenne du foin et du regain (Wolff).

	Foin.	Regain.
Matière azotée	8,50	8,40
Glycosides	38,30	41
Cellulose et ligneux	29,30	26,80
Graisses	3	2,90
Sels	6,02	6,70
Eau	14,30	14,20

DES SORTES DE FOINS

Le foin peut être : nouveau, fermenté, comprimé, altéré.

Foin nouveau. — Les foins nouvellement récoltés ont une coloration accusée, une odeur aromatique accentuée ; les plantes ne sont généralement pas poussiéreuses ni dégarnies de leurs feuilles, caractères qui s'apprécient surtout comparativement ; le degré de siccité des foins nouveaux est moins élevé que celui des foins des récoltes précédentes.

La consommation du foin nouveau a de tout temps été accusée de produire dans l'organisme des troubles plus ou moins sérieux que l'on résume en disant que ce foin est échauffant. Cette action est réelle, mais elle dépend d'une série de circonstances dans lesquelles on dégage assez mal ce qui est le propre du foin de ce qui ne peut pas lui être imputé. La manifestation des troubles dépend de la manière dont l'aliment nouveau est administré, de la quantité mise en distribution, de sa valeur nutritive et de la nature des plantes qui le composent. On n'observe aucun effet mauvais si le foin est donné en petite quantité et mélangé avec du foin de l'année précédente pour le tiers ou la moitié de la ration. S'il constitue sans transition la nourriture exclusive de l'animal, si, en outre, il est donné sans mesure, on peut observer des troubles gastro-intestinaux : le foin nouveau est très appétissant, les chevaux en sont avides, et pour peu que la ration en soit volumineuse, les chevaux contractent de la fatigue digestive, ou des indigestions. Les accidents observés sont imputables au mauvais emploi du foin nouveau, plutôt qu'aux propriétés particulières dont celui-ci serait doué.

Les expériences, dejà anciennes, de la Commission d'hygiène hippique ont démontré que le foin nouveau peut entrer sans danger dans l'alimentation du cheval, pourvu qu'on le donne dans les proportions où le foin ancien faisait partie de la ration. Employé avec mesure, ce foin ne provoquera pas d'accidents ; lorsque les animaux sont appelés à consommer de fortes quantités estimées approximativement (chevaux de culture), il y a lieu d'instituer un régime de transition par le mélange avec du foin ancien. Il est erroné de croire, comme certains auteurs l'ont avancé, que le foin ne jouit de toutes ses qualités que huit ou dix mois après la récolte, puisque l'on sait que le foin d'un an a déjà perdu de ses propriétés alibiles.

Foin fermenté. — Pour communiquer au foin des propriétés particulières, on le fait, dans quelques contrées, fermenter soit en meules à l'air libre, soit en silos.

La fermentation en *meules* se produit accidentellement ou de façon voulue, quand la mise en tas a lieu avant complète dessiccation ; le foin prend une coloration brune rappelant celle du tabac sec, il acquiert une saveur particulière qui le fait appéter par les ruminants et que certains chevaux acceptent avec plaisir.

Le foin *ensilé* est tassé dans des fosses, ou entre des murs, de manière à être fortement comprimé ; on recouvre la masse de paille, de planches et de terre que l'on tasse énergiquement.

Ces foins, malgré leur odeur forte et leur couleur brunâtre, sont de bonne qualité ; la digestibilité est augmentée ; et il y aurait, d'après le tableau dressé par Heiden, augmentation de la teneur en protéine et en graisse avec diminution des extractifs non azotés.

Luzerne.

	Fanée.	Foin brun.
Protéine brute............	18,4	22,4
Graisse.................	2,3	2,7
Extractifs non azotés.....	38	29,6
Cellulose brute......... .	34	37
Cendres................	7,3	8,3

(Sous la désignation *foin fermenté* il n'est nullement question des foins mal récoltés et mouillés qui fermentent en tas et deviennent impropres à la consommation ; ce sont des *foins altérés* qui seront examinés à cette place.)

Foin comprimé. — Les foins destinés à être consommés très loin des lieux de production sont fortement comprimés en balles, ce qui en facilite le transport et l'emmagasinage. On emploie pour cette préparation des presses de divers modèles, les unes à grand travail, les autres pour de moyennes exploitations.

Les frais de mise en balles sont d'environ 3 fr. 50 à

4 francs les 100 bottes. Les presses à haute compression permettent de réduire le foin à un volume tel que le mètre cube pèse de 220 à 240 kilos ; ordinairement les balles sont réglées de 35 à 80 kilos pour que leur manipulation reste facile.

Les foins comprimés ne diffèrent en rien, comme qualité, des foins mis en bottes à la main ; lorsque les balles ont été bien confectionnées, la conservation est assurée, par ce fait que la quantité de foin qui prend contact direct avec l'extérieur est moindre que dans les foins ordinaires.

Foins altérés. — *Foin vieux*. — Lorsque le foin est simplement trop vieux, c'est-à-dire, lorsque, au cours de sa longue conservation, il n'a pas subi d'altérations spéciales, il a pris une couleur jaune pâle, il est devenu sec, cassant, poussiéreux, il a perdu son odeur, sa saveur et la majeure partie de ses qualités nutritives. Le foin d'un an est déjà inférieur à ce qu'il était dans les premiers mois qui ont suivi la récolte ; après la deuxième année passée dans le fenil sa valeur alimentaire s'est abaissée sensiblement.

Des *insectes*, des *acariens*, de *petits mammifères*, par leur présence, les débris qu'ils occasionnent, leurs excréments et leur odeur spécifique, souillent les foins vieux, que l'on voit en outre souvent attaqués par les *cryptogames*.

Les *foins moisis* sont couverts de végétations microscopiques dont le développement est provoqué par un excès d'humidité. Ces foins possèdent une odeur désagréable qui persiste même après qu'ils ont été exposés à l'air; s'ils sont desséchés ils se brisent en dégageant une poussière âcre et irritante.

(Voir *Intoxications alimentaires*.)

La *carie*, le *charbon*, la *rouille* et des cryptogames

analogues se développent sur les herbes des prairies, et les plantes malades donnent de mauvais foin ; il est rare que ces parasites prennent une extension considérable ; leur présence dans un échantillon est toujours un élément de dépréciation.

Les foins *durs, trop mûrs*, récoltés trop tard sont plus secs, plus ligneux, moins nutritifs que ceux composés de plantes fauchées lors de leur floraison.

Les foins *lavés*, *inondés*, *mouillés* pendant la fenaison prennent la teinte jaune des foins vieux ; comme ces derniers ils sont secs, cassants, couverts de poussière, sans odeur ni saveur et fatiguent vite les organes digestifs.

Les foins *vasés*, imprégnés de terre ou de limon dégagent une poussière irritante ; ils fatiguent les viscères et souvent provoquent des accidents mécaniques ou sont le véhicule d'éléments infectieux.

Les foins *fétides* qui ont gardé l'odeur des engrais mis en couverture sur la prairie ne sont acceptés qu'avec répugnance par les animaux.

D'une manière générale les altérations les plus communes qui viennent d'être passées en revue se décèlent par la *couleur* (teinte lavée ou foncée), l'*odeur* (fétide, odeur de vase ou de moisi), l'état *poussiéreux* et la désagrégation des tiges et des feuilles. Le lavage et la *macération* permettent de préciser ces indications.

On fait macérer pendant un quart d'heure dans de l'eau tiède, 500 grammes de l'échantillon suspect ; on exprime le foin et on examine l'eau.

Celle-ci a acquis une couleur foncée, une odeur fade, ou dégage l'odeur caractéristique du foin avarié avec plus de netteté que le foin sec. L'eau de la macération filtrée sur un linge laisse un résidu poussiéreux, terreux ou vaseux, plus abondant qu'avec un foin de bonne qualité, et dans lequel un examen méthodique permet de retrouver les agents de l'altération.

Le *rôle pathogène* des fourrages avariés est indéniable ; nous l'étudierons au chapitre des intoxications alimentaires ; on comprend d'ores et déjà que des agents microbiens introduits journellement par la voie digestive, ou qui pénètrent avec les poussières dans l'appareil respiratoire puissent déterminer des affections graves.

Les *plantes vénéneuses* des prairies naturelles se retrouvent dans le foin : l'étude des accidents que provoquent les plus communes ou les plus actives sera faite également dans le chapitre consacré aux intoxications.

B. — FOIN DES PRAIRIES ARTIFICIELLES.

LUZERNES.

Caract. botanique. — Famille des Légumineuses ; genre Medicago.

Feuilles pennées et trifoliolées, fleurs petites, jaunes ou violettes réunies en grappe ou en capitule.

Plantes fourragères de premier ordre, dont l'espèce la plus répandue est la *luzerne cultivée* (*Medicago sativa*).

La luzerne est une plante vivace, donnant de 3 à 6 coupes par an et pouvant durer pendant plusieurs années (on cite des luzernières de 30 ans).

Composition chimique (d'après Wolff).

	Luzerne.	
	moyenne.	de très bonne qualité.
Eau	16	16,5
Matières protéiques	14,4	16
Matières grasses	2,5	2,5
Extractifs non azotés	27,9	31,6
Cellulose	33	26,6
Cendres	6,2	6,8

La luzerne comporte des tiges et des feuilles qui n'ont pas la même valeur nutritive. Les feuilles sont plus riches en matière azotée que les tiges et contiennent moins de cellulose ; leur valeur nutritive est donc supérieure. La perte des feuilles qui est occasionnée par des manipulations trop répétées ou mal exécutées, par une mauvaise conservation ou des altérations, entraîne une diminution sensible dans la richesse du foin.

D'après les auteurs allemands, le foin de luzerne se décompose pour 100 en :

52 p. 100 de tiges avec 16 p. 100 de matières azotées.

48 p. 100 de feuilles et capitules avec 29 p. 100 de matières azotées.

La seconde portion, qui comprend près de la moitié du poids total, est donc constituée par les éléments les plus riches et les plus digestibles.

Kühn annonce que dans la luzerne se trouve une proportion élevée d'amides supérieure du double à celle du foin naturel.

La connaissance de la composition différente des feuilles et des tiges, impose quelques conclusions relatives au moment de la récolte. Il ne faut pas attendre la pleine floraison de la luzerne pour la faucher (Villard et Bœuf). C'est un des fourrages qui se détériorent le plus rapidement sur pied. Les feuilles de la base tombent de bonne heure à mesure que la plante s'allonge et, quand on retarde la récolte, il ne reste que de grandes tiges dénudées sur les deux tiers de leur longueur ne portant plus à leur sommet qu'un bouquet de feuilles et les inflorescences.

Digestibilité. — Les expériences de digestibilité faites par M. Müntz donnent les résultats suivants:

Matières minérales......	46,9	p. 100
— grasses	»	—
— azotées totales........	76,5	—
— albuminoïdes	74,3	—
Cellulose brute...............	25,4	—
Matières hydro-carbonées.......	63,2	—

Les coefficients de digestibilité portant sur les tiges seules et sur les feuilles sont les suivants :

	Tiges.	Feuilles et brindilles.
Matières minérales..........	40,9	58,9
— grasses.............	25,9	»
— azotées totales.....	72,6	75,5
— albuminoïdes.......	66,8	75,6
Cellulose brute.............	40,3	52,1
Matières hydro-carbonées....	55,8	75,6

Pour les feuilles et les brindilles le coefficient de digestibilité est donc sensiblement plus élevé en ce qui concerne les matières azotées, hydro-carbonées et la cellulose brute, que dans les tiges.

Valeur alimentaire. — La comparaison des analyses chimiques de la luzerne et du foin montre que la luzerne est sensiblement plus riche en matière azotée que le foin naturel, et plus pauvre en matières hydro-carbonées. Elle peut se substituer au foin, et cette substitution présente même quelques avantages, dus au pouvoir nutritif plus élevé de la luzerne, à sa composition chimique plus stable et à sa qualité généralement meilleure. L'avantage économique qui pourra découler de cette substitution sera dû non au moindre prix de la luzerne, car sous ce rapport ses variations suivent celles du foin, mais à ce qu'il faut en donner une quantité un peu moins forte.

Les chevaux peuvent se dégoûter du foin de luzerne, ainsi que de celui des autres légumineuses parce que ces aliments n'ont pas le goût agréable et la saveur du bon foin naturel composé de plusieurs sortes d'herbes ; de la variété dans le régime et l'adjonction de condiments auront raison de cette inappétence passagère.

Le *regain* n'est pas donné aux chevaux ; on le réserve pour les ruminants, spécialement pour les femelles en lactation.

Livraison. — La luzerne est habituellement livrée, comme le foin ordinaire, en bottes de 5 kilos. Elle est aussi pressée en balles dans les appareils spéciaux. On réalise ainsi une économie considérable sur le transport, et on peut emmagasiner facilement de grandes provisions, mais les manœuvres du pressage ont pour effet de déterminer un effeuillage qui nuit aux qualités nutritives du foin. Sous forme de balles la répartition aux animaux est moins aisée qu'avec des bottes de 5 kilos ; cet inconvénient disparaît lorsque le fourrage est donné haché.

La région du Soissonnais produit beaucoup de luzerne qui est expédiée en grande partie, en balles pressées, sur l'Angleterre.

Ration des chevaux d'une ferme à betteraves du Soissonnais pendant la période des gros travaux :

Foin de luzerne......	3 kilos
Foin de prairies naturelles..........	4 —
Avoine........................ ..	6 —
Paille de blé..................	5 —
Mélasse......................	1ᵏ,500

La mélasse est mélangée avec la paille hachée.

Substitution de la Luzerne au foin dans la ration des chevaux de l'armée.

La substitution de la luzerne au foin est réglementée de la façon suivante :

1° elle est limitée au tiers de la ration ;

2° elle est interdite pendant les mois de mai, juin, juillet et août ;

3° elle est restreinte aux luzernes de première coupe et aux premiers regains. La luzerne de deuxième coupe (les premiers regains) est exclue des distributions à faire dans les établissements de remonte et leurs annexes ;

4° la luzerne doit provenir de luzernières âgées de 2 à 5-6 ans ;

5° la durée maxima de la conservation est fixée à neuf mois ; la luzerne pressée est admise en balles pesant 140 kilos au mètre cube.

La substitution de la luzerne au foin devient absolument facultative, et les chefs de corps peuvent prescrire toutes les substitutions qu'ils jugent convenables, après avis du vétérinaire, à la condition de n'engager aucun excédent de dépense pour l'État (1).

Trèfles.

Les trèfles sont des légumineuses (genre *Trifolium*) parmi lesquelles deux espèces doivent être signalées comme plantes fourragères destinées aux équidés, le trèfle rouge et le trèfle incarnat.

Trèfle rouge (*Trifolium pratense*).

Caract. botanique. — Tige rameuse, haute de $0^m,40$ à $0^m,65$; feuilles composées de trois folioles ovales ou elliptiques, quelquefois maculées ; fleurs roses en capitules globuleux puis ovales, entourés à la base de deux feuilles opposées ; graines de couleur jaunâtre

(1) Circulaire du 6 février 1903.

ou violette, ovoïdes, échancrées dans leur partie médiane.

Le trèfle rouge forme des prairies bisannuelles, donnant ordinairement deux coupes chaque année.

Lorsque l'on attend pour procéder à la fauchaison que les fleurs soient complètement épanouies, on n'obtient qu'un foin de qualité secondaire ; les tiges sont déjà dures et les feuilles se détachent avec facilité pendant le fanage et les manipulations ultérieures.

Caractères du foin de trèfle. — Le foin de trèfle bien fané a une couleur brune, ses tiges sont dures, assez grosses, peu garnies de feuilles, la fenaison en est très difficile ; les foins séchés rapidement se brisent et perdent facilement leurs feuilles ; les foins mouillés sont de couleur noirâtre et peu savoureux.

Le regain est de couleur brun foncé ; ses tiges sont plus minces, moins cassantes, et mieux garnies de feuilles.

Composition chimique du trèfle fané (d'après Boussingault).

Eau	20 p. 100
Matière azotée	5 —
Matières grasses	3,2 —
Amidon, sucres	22 —
Ligneux et cellulose	39,2 —
Sels	10,6 —

D'après Wolff (pendant la floraison.)

Protéine	12,5	Digestible.	8,1
Graisse	2,5	—	1,4
Hydrates de carbone	38		
Cellulose	25	—	38,3

Valeur alimentaire. — Le trèfle rouge est consommé en vert ou en sec.

En vert, il plaît beaucoup aux chevaux ; mais on doit éviter de le donner sans modération, sous peine de voir apparaître des indigestions ; son usage prolongé ne convient pas pour les chevaux qui ont à effectuer des travaux pénibles.

Lorsque le trèfle doit être consommé sur pied, il est indiqué d'attacher les chevaux au piquet, afin de limiter la consommation et d'éviter le gaspillage ; ce mode est adopté dans la plaine de Caen pour les jeunes et les juments poulinières.

Le foin de trèfle n'est bon que s'il est pourvu de toutes ses feuilles, s'il a été bien récolté et conservé à l'abri de l'humidité. Quand il est sec et poussiéreux, au lieu de le secouer, ce qui ferait tomber les feuilles, on l'arrose, avant distribution, avec de l'eau salée ou mélassée.

TRÈFLE INCARNAT (*Trifolium incarnatum*).

Caract. botanique. — Tiges droites et simples, folioles obovales, dentelées à pédicule très court ; fleurs rouge vif, en épis serrés et allongés ; calices velus renfermant une graine arrondie de couleur jaunâtre.

Culture. — Le trèfle incarnat forme des prairies annuelles de très courte durée, donnant de bonne heure une abondante récolte de fourrage vert. Il est très cultivé dans ce but dans tout le nord, l'est et l'ouest de la France.

On sème de la première quinzaine d'août à la première quinzaine de septembre, pour récolter à partir de fin avril, et en mai, suivant les localités et les variétés cultivées.

Composition chimique du trèfle vert (d'après Wolff).

Eau	81,5		
Protéine	2,9	Digestible.	1,6
Graisse	0,6	—	0,3
Extractifs non azotés	7,2		
Cellulose brute	6	—	7,5

Valeur alimentaire. — Le trèfle incarnat n'est pas habituellement transformé en foin; ce dernier est dur, grossier, peu alibile, et d'ailleurs d'une préparation difficile.

Comme fourrage vert, le trèfle est bon quand il a été coupé avant complet épanouissement de ses fleurs. En mai, la plupart des chevaux de culture sont soumis au régime du vert à base de trèfle incarnat. Les accidents que l'on observe à cette époque ne sont pas imputables à la plante, mais à la façon irrationnelle avec laquelle elle est souvent distribuée. (Voy. *Régime du vert.*)

SAINFOIN.

Caract. botanique. — Légumineuse, *Onobrychis sativa*, nommée quelquefois Esparcette ou sainfoin de montagne.

Racine longue et pivotante, tige dressée, pubescente, feuilles formées de 13 à 19 folioles oblongues et pubescentes en dessous; fleurs roses ou purpurines disposées en épis coniques; gousses droites, à une seule loge, marquées de fossettes dentées, épineuses sur leurs faces et leurs bords.

Culture. — Le sainfoin réussit sur les terrains calcaires, les terres sèches et sablonneuses à sous-sol perméable. Les terres compactes ne lui conviennent pas. Il donne de bonnes récoltes dans les Causses et les régions calcaires de l'Auvergne et du Rouergue.

On l'associe quelquefois avec le trèfle rouge, mais cette opération n'est avantageuse que si le sainfoin ne doit pas rester longtemps sans être défriché.

Récolte. — Le sainfoin, qui se fane plus facilement que la luzerne et le trèfle, donne, quand l'opération a été favorisée par le temps, un foin feuillu vert et aromatique; quand la dessiccation est poussée trop loin ou que le foin est vieux, il jaunit, perd ses feuilles et devient sec et cassant.

Valeur alimentaire. — Olivier de Serres donne le sainfoin comme une herbe « valeureuse, exquise, appétissante et substantielle ».

En fait, la composition chimique du sainfoin montre une richesse un peu supérieure à celle du foin de luzerne :

Sainfoin, début de la floraison (d'après Wolff).

Matière sèche totale....	84,2		
— azotée totale ...	15,4	Digestible.	10,9
— grasse	3,2	—	2,1
Extractifs non azotés...	34,0	—	25,4
Cellulose brute........	24,9	—	10,5

Le sainfoin est rarement utilisé comme fourrage vert ; son foin convient très bien aux chevaux ; aussi dans quelques parties du centre le distribue-t-on à ces animaux, de préférence à la luzerne et au trèfle qui sont donnés aux ruminants. Il peut remplacer le foin de prairies naturelles qui est généralement d'un prix plus élevé.

SULLA.

Le *Sulla* (*Hedysarum coronarium*) ou *Sainfoin d'Espagne*, en arabe *Sella*, en kabyle *Thassoulla;* est une légumineuse géante, dont la tige atteint de $0^m,90$ à $1^m,25$ de hauteur, et peut s'élever à 2 mètres. La racine est pivotante et descend à $0^m,50$ et $0^m,70$.

Les tiges sont striées, velues, portent des feuilles imparipennées à 7-9 et plus rarement 11 folioles, disposées par paires avec une terminale ; folioles ovales, presque rondes, velues en dessous.

Fleurs en grappes portées sur des pédoncules axillaires nus et très longs. Corolle de couleur purpurine striée de veinules plus claires. Fruit formé pour chaque fleur d'une série de 3 ou 4 gousses rondes, déprimées au centre, poilues, de 3 ou 4 millimètres de diamètre, en forme de couronne (d'où le nom de *coronarium*); chaque gousse contient une graine réniforme, blonde, avec un hile proéminent situé au tiers supérieur de l'un des petits côtés (1).

Il existe dans l'Afrique du nord onze variétés de Sulla, végétant à l'état spontané.

Celle qui vient d'être décrite est la plus importante : bisannuelle, puissante, robuste, végétant en fortes touffes de tiges drues et serrées, bien garnies de feuilles, elle donne, dans les sols les plus variés, des récoltes abondantes, et, dans les terres régulièrement cultivées, des résultats remarquables.

Généralement le sulla n'est fauché qu'une fois, lorsque la plante est près de terminer sa floraison. Il se fane très bien ; mais sous le climat sec où on le cultive (Algérie) il faut éviter de secouer trop fréquemment le foin pour conserver les feuilles aux tiges.

Composition chimique. — D'après Grandeau, la composition du foin de sulla est la suivante :

A l'état frais l'ensemble de la plante (tiges et feuilles) renferme 85 p. 100 d'eau.

	État frais.	Substance sèche.
Matière azotée	2,38	15,87
— amylacée	5,75	38,32
— grasse	0,27	4,80
Cellulose	4,63	30,85
Matières minérales	1,97	13,16

Comprenant :

Acide phosphorique	0,117
Potasse	0,65

(1) **J. Knill.** — Le Sulla. *Bulletin agricole d'Algérie et de Tunisie,* 1896.

Valeur alimentaire. — Cette composition indique, et la pratique l'a constaté, que le sulla, fourrage très riche en matière azotée, est d'une valeur nutritive au moins égale à celle de la luzerne et très supérieure à celle du foin de prairie naturelle.

Le foin de sulla convient bien pour tous les animaux ; il constitue un bon aliment pour les chevaux et les mulets. A ce titre, sa culture doit être conseillée dans nos possessions de l'Afrique du nord ; elle fournira un appoint important pour l'alimentation des animaux de selle et de trait, et permettra de constituer des réserves, grâce auxquelles on assurera une alimentation régulière. — A Malte et en Sicile, le sulla constitue à lui seul toute la nourriture du bétail et des animaux de trait.

Le *sulla à fleurs blanches*, en grappes lavées de pourpre, est une variété vivace d'une vigueur remarquable, indiquée pour former des prairies permanentes non irrigables dans les plus mauvaises terres (J. Knill).

Une variété à *fleurs rouges*, voisine de celle cultivée en Algérie, se rencontre en Espagne, en Sicile et surtout à Malte. Essayée en Tunisie, elle s'est montrée plus délicate que la variété indigène.

Composition des foins de sulla, trèfle, luzerne, et prairies naturelles, renfermant 16 p. 100 d'eau (d'après Grandeau).

	Sulla.	Trèfle rouge.	Luzerne.	Prairie naturelle.
Matière azotée.......	13,33	12,30	14,40	9,70
— amylacée....	32,19	38,20	27,90	41,40
— grasse.......	1,51	2,20	2,50	2,50
Cellulose brute......	25,91	26	33	26,50
Matières minérales..	11,06	5,30	6,20	6,20

Diagnose des foins de prairies artificielles. — Pour distinguer les trois foins les plus répandus, luzerne, trèfle et sainfoin, et pour les reconnaître dans les mélanges commerciaux, on fera appel aux caractères présentés par les tiges, les feuilles, les fleurs et les fruits. Les renseignements fournis par les feuilles, bien que très précieux, ne peuvent pas toujours être utilisés ; car sur les fourrages mal récoltés, qui ont séjourné longtemps en magasin, ou qui ont subi de trop nombreuses manipulations les feuilles se sont détachées en grande partie.

Tiges. — *Luzerne*. — Tige lisse, très ramifiée.

Sainfoin. — Tige pubescente, unique.

Trèfle. — Tige peu ramifiée ; se comprimant facilement entre les doigts.

Feuilles. — *Luzerne*. — Les folioles, assemblées par trois, sont elliptiques et finement dentées.

Sainfoin. — Les folioles, rangées de chaque côté du limbe principal, sont étroites, avec une nervure marquée ; le limbe porte une foliole terminale, et le nombre de celles-ci varie de 13 à 19.

Trèfle. — Les trois folioles sont plus larges que dans la luzerne et plus rapprochées de leur insertion commune ; elles sont quelquefois marquées de taches brunâtres ou roussâtres (macules).

Fleurs et Fruits. — *Luzerne*. — Fleurs violettes ou bleuâtres réunies en grappes. Gousses petites, enroulées sur deux ou trois tours de spire serrés ; graines jaunes ayant, en miniature, la forme d'un haricot.

Sainfoin. — Fleurs rosées, en épi conique, gousses arrondies, garnies de piquants ; graine jaune rougeâtre.

Trèfle. — Fleurs roses, entourées à la base de deux feuilles opposées ; gousses petites, velues ; graines ovoïdes de couleur jaunâtre ou violette, présentant vers leur partie médiane une échancrure très apparente.

Ajonc.

Botanique. — Légumineuse. Ajonc marin (*Ulex europæus*).

L'ajonc marin est cultivé depuis plusieurs siècles, comme plante fourragère, recommandée pour les poulains, les équidés adultes et le bétail. Cette plante a fait l'objet d'une étude de M. A. Ch. Girard : *Valeur alimentaire et culture de l'ajonc* (1), à laquelle nous empruntons les renseignements suivants.

Dans plusieurs régions de la France, particulièrement dans les terrains primitifs, l'ajonc épineux couvre de vastes surfaces, appelées landes ; cette légumineuse peut jouer là un rôle très important comme engrais, comme litière, comme fourrage. C'est ce dernier point de vue le plus intéressant et le plus controversé que nous nous bornerons à envisager ici.

Composition chimique. — L'analyse d'un grand nombre d'échantillons de provenances très diverses, montre que l'ajonc, venant dans des sols à peu près identiques, empruntant son azote à l'air libre, soustrait à l'action des pratiques culturales, a une composition assez uniforme ; en voici la moyenne :

Eau	52,67
Cendres	1,57
Matières grasses	0,90
— azotées	4,55
Extractifs non azotés	25,99
Cellulose brute	14,52

Le taux d'humidité est très faible pour une plante verte ; celui de la cellulose est élevé ; les matières azotées sont presque toutes à l'état d'albuminoïdes ; enfin, les matières ternaires comprennent une faible

(1) *Ann. agronomiques,* 1899. — Congrès de l'alimentation du bétail, 1899.

quantité de matières sucrées et de corps pectiques, une proportion de pentosanes variant de 8 à 10 p. 100, des acides organiques et de la vasculose.

L'ajonc est constitué par deux parties distinctes, les tiges et les piquants ; l'analyse de nombreux échantillons a permis de déterminer leur proportion et leur composition respectives.

	Tiges.	Piquants.
Proportion centésimale........	32,09	67,91
Eau......................	53,13	57,29
Cendres....................	0,88	1,47
Matières grasses.............	0,91	0,94
— azotées.............	2,24	4,98
Extractifs non azotés........	24,14	22,99
Cellulose..................	18,70	12,33

Les piquants, qui apportent une si grande gêne dans l'utilisation de la plante, en constituent cependant la partie la plus nourrissante, comme poids et comme richesse en principes alimentaires ; on y trouve deux fois plus de matière azotée que dans la tige, un tiers en moins de cellulose ; c'est donc un fourrage plus tendre et plus concentré.

En cherchant à améliorer l'ajonc au point de vue fourrage, on irait au rebours de la logique, si l'on s'efforçait de produire une plante sans épines.

Mais le seul examen de la composition chimique ne peut suffire à fixer la valeur alimentaire d'un fourrage et conduit à des erreurs graves, dont la théorie des équivalents nutritifs offre de nombreux exemples. Il faut, par des expériences directes sur les animaux, déterminer dans quelles proportions les divers éléments révélés par l'analyse sont utilisés dans l'organisme afin d'établir les coefficients de digestibilité.

Ces expériences, faites sur le cheval, ont conduit aux résultats suivants :

Matières azotées	51,8
Cellulose	33,0
Sucres et corps pectiques	100
Corps saccharifiés	65,8
Extractifs	53,8

D'après M. Girard, le rendement minimum d'une ajonnière serait de 20 000 kilos par hectare et par an, et ce savant expérimentateur conclut en disant :

« Connaissant dès lors les multiples services que l'on peut tirer de l'ajonc comme engrais, comme litière et surtout comme fourrage, connaissant sa rusticité, la simplicité de sa culture, ses rendements élevés, nous nous refusons à considérer comme aussi déshérités qu'on le pense, les pays de landes ; nous pensons au contraire qu'il y a là un champ admirable ouvert à l'initiative et aux capitaux des agriculteurs qui sauront prendre cette ressource naturelle comme base de leur exploitation. »

Anciennement, l'ajonc était livré dans le commerce sous deux états : ajonc frais, ajonc demi-sec ; cette denrée sous ces formes, présentait, par suite de sa forte teneur en eau, les inconvénients suivants :

pouvoir nutritif faible ;

conservation difficile ;

transport onéreux.

	Laboratoire des agriculteurs de France. Ajonc demi-sec.	Laboratoire de l'Institut agronomique. Ajonc frais.	
		plus épineux.	moins épineux.
Eau	27,62	65,38	63,18
Matières azotées	8,69	3,87	4,73
— grasses	1,91	0,79	1,01
— sucrées	2,46	0,62	0,74
— amylacées	6,40	5,53	5,49
— extractives	21,68	12,01	14,95
Cellulose brute	28,23	10,73	8,55
Acide phosphorique	0,15		
Autres matières minérales	2,86	1,07	1,35

Actuellement par une préparation nouvelle, spéciale et absolument mécanique (étuvage, broyage, décortication), l'ajonc, qui jusqu'alors avait été employé à l'état de vert, est offert à la consommation décortiqué et desséché.

Sa composition est la suivante :

Eau	12	p. 100.
Matières azotées	9,37	—
— amylacées	31,81	—
— grasses	1,78	—
— minérales	2,57	—
Cellulose	42,47	—

Sous cet état, les inconvénients qui restreignaient l'emploi de l'ajonc frais (pouvoir nutritif faible, conservation difficile), sont supprimés. De plus, la décortication enlève les parties ligneuses constituées par de la cellulose brute, élément peu digestible et dont la présence peut entraver, dans une certaine mesure, l'assimilation des autres principes.

Le produit ressemble à du foin haché, mais les fragments sont plus résistants (longueur, 2 à 3 centimètres); coloration vert clair, odeur aigrelette; légèrement humecté, au bout de quelques heures, il prend une teinte foncée.

On y constate la présence d'une poudre fine de coloration jaunâtre, verdâtre, qu'il ne faut pas confondre avec des poussières minérales. La présence de cette poudre est due aux manœuvres du concassage, et sa valeur nutritive, ainsi que l'indique l'analyse ci-dessous, est supérieure à celle des fragments constitués par l'ajonc :

Matière pulvérulente.

Eau	10
Matières azotées	11,12
— amylacées	35,83
— grasses	2,67
— minérales	3,12
Cellulose	38,70

Action sur les urines. — Il convient de signaler une particularité, la coloration des urines, qui se manifeste dès le début du régime de l'ajonc (2 à 3 kilos) et persiste pendant huit à dix jours ; passé ce délai, les urines reprennent leur état normal. Cette coloration rougeâtre n'est pas due à l'hématurie, l'examen au spectroscope montrant l'absence de globules sanguins.

Est-ce à la présence du tanin qu'il faut attribuer ce changement passager ? Mais, fait important, ce phénomène n'est pas lié à un trouble organique, car la sécrétion urinaire (volume, densité des urines) n'est pas modifiée.

Valeur alimentaire. — La pratique a depuis longtemps reconnu la haute puissance alimentaire de l'ajonc. On a souvent constaté que les chevaux fatigués, soumis à cette nourriture se remettent rapidement.

Tableau comparatif. — Foin et ajonc desséché.

	Foin.	Ajonc.
Eau	14,3	12
Cendres	5	2,57
Matières protéiques	7,5	9,37
Cellulose	33,5	42,47
Matière amylacée	38,2	31,81
— grasse	1,5	1,78

L'ajonc possède donc sur le foin les avantages suivants :

1° Pouvoir nutritif plus élevé ;

2° Composition et qualité stables, permettant d'effectuer facilement les substitutions alimentaires.

Le foin est soumis à des variations de prix fréquentes qui, dans les années de disette en restreignent l'emploi ou rendent celui-ci onéreux ; cet inconvénient n'est pas à redouter avec l'ajonc, dont la culture et la récolte sont peu influencées par les variations atmosphériques, et dont le prix est stable.

Octroi. — Au début, cette denrée était exonérée de droits, mais cette franchise a peu duré ; devant sa consommation importante l'Administration, à partir du mois d'avril 1902, l'a assimilée au foin.

Des démarches sont faites actuellement pour que cette denrée soit taxée comme paille.

Emploi. — Le cheval est très avide de ce produit et lorsqu'il est habitué à cette nourriture, il laisse le foin pour rechercher l'ajonc.

Un cheval peut en manger 20 kilos par jour. Les doses habituelles sont celles du foin et de la paille qu'il peut remplacer intégralement.

C. — DE L'EXPERTISE DES FOINS.

Pour émettre une opinion motivée sur la valeur d'un échantillon de foin soumis à une expertise, on doit examiner les points suivants :

1° Vérification de la qualité spécifiée dans le marché ;

2° Homogénéité de la livraison ;

3° Altérations.

Il faut, pour cela, faire appel aux connaissances qui ont été résumées dans les pages précédentes ; nous pouvons les coordonner systématiquement dans un tableau de pointage analogue à celui qui nous a servi pour l'avoine.

Un échantillon de foin étant présenté, on doit en examiner : 1° la *couleur* ; 2° l'*odeur* ; 3° la *propreté* ; 4° la *composition botanique*.

Le bon foin doit être de couleur vert tendre (sauf la sorte dite foin brun), d'odeur suave, exempt de poussière, de feuilles, de corps étrangers, composé de graminées fines et nutritives ou bien d'une ou deux bonnes plantes de prairies artificielles.

Les trois premiers considérants, de valeur égale, reçoivent comme coefficient l'unité ; vu son importance, la composition botanique reçoit le coefficient 2 :

Considérants.	Coefficients.
1° Couleur	1
2° Odeur......................	1
3° Propreté....................	1
4° Composition botanique......	2

L'examen de chaque considérant permet d'apprécier avec exactitude la valeur du foin pour ce point spécial et de traduire cette appréciation par une note numérique ; on ne laissera pas échapper les altérations, puisque du fait des modifications qu'elles provoquent les notes des trois premiers points seront abaissées ; ni les mélanges avec des foins de mauvaise provenance, puisque le 4° attire particulièrement l'attention sur ce qui doit les déceler.

Comme sanction de ce qui est connu relativement à l'influence du moment de la récolte sur la valeur alimentaire des foins, en même temps qu'on établira la diagnose des plantes de la prairie, l'examen de leurs inflorescences renseignera sur le moment probable où la récolte a été effectuée. La même observation est à recueillir sur les fourrages de prairies artificielles.

Enfin, il est possible d'utiliser l'échelle de points avec maximum fixé à 100, pour préciser les démarcations entre les qualités commerciales. On spécifie dans le marché que la fourniture ne comprendra que du foin de première ou du foin de seconde qualité.

19.

Comment déterminer avec précision où s'arrête la seconde et où commence la troisième et comment enregistrer les écarts que l'on reconnaît toujours entre les foins les meilleurs ? L'expert procède empiriquement, sans faire une analyse méthodique et détaillée, de la même manière qu'un éleveur apprécie un bœuf ou une vache laitière, en se basant sur les connaissances que l'habitude lui a fait acquérir.

Avec le pointage, on apporte une précision beaucoup plus grande ; si on admet, par exemple, que la première qualité ne sera pas notée au-dessous de 80, que la deuxième sera notée de 80 à 66 (les deux tiers du maximum), que la troisième, pour rester acceptable, ne descendra pas au-dessous de 55, on possède une démarcation dont on comprend l'utilité.

En cas de discussion, la notation par considérants séparés permettra de préciser le point sur lequel porte le litige et toute fourniture qui n'arrivera pas au minimum adopté pour la qualité mentionnée au cahier des charges, sera nécessairement refusée.

Résumons cela par un exemple :

1° Voici un foin dont la couleur n'est pas uniforme, vert tendre par places avec beaucoup de brins vert pâle ou vert jaunâtre.

Cette couleur n'est pas bien avantageuse ; partant du maximum 20, je note 14.

2° L'odeur est bonne sans être très accusée ; pas d'odeur de moisi ou décelant d'autres altérations. — Note 15.

3° Dans les manipulations précédentes, en remuant la botte de foin, il en est tombé des feuilles et des poussières ; dans le milieu de la botte, il y a des tiges dures et quelques débris ; le foin n'est pas trop malpropre. — Note 15.

4° L'examen de la composition botanique montre une proportion élevée de graminées, mais celles-ci sont de provenances diverses ; quelques-unes ont été récoltées sur des prairies basses, les autres sont des graminées fines de prairies saines ; notre échantillon provient d'un mélange commercial bien fait. — Note 16.

Récapitulation.

Couleur...................	$14 \times 1 = 14$
Odeur....................	$15 \times 1 = 15$
Propreté..................	$15 \times 1 = 15$
Composition botanique....	$16 \times 2 = 32$
Total............	$\overline{76}$ points.

Notre échantillon reçoit un peu plus des trois quarts de la perfection, représentée par le maximum 100. D'après les conventions que nous avons posées plus haut, il constitue une bonne seconde qualité.

RÈGLEMENT SUR LA RÉCEPTION ET L'EMPLOI DES FOURRAGES DANS L'ARMÉE. — Le foin et les fourrages artificiels doivent toujours être de la bonne qualité de la contrée, suffisamment ressués, en parfait état de conservation, exempts d'humidité et d'altérations quelconques, propres à donner aux chevaux une nourriture saine et substantielle. Cependant, si des accidents atmosphériques ont altéré plus ou moins les produits de la récolte locale, il ne peut être exigé rien de plus que la meilleure qualité des denrées obtenues dans un rayon de 150 kilomètres de la place de livraison.

Toutefois, ce rayon peut s'étendre jusqu'aux centres de production par lesquels les fourrages sont ordinairement fournis.

Il n'est admis aucune tolérance pour le foin pressé, qui doit, en tout état de choses, être de bonne qualité et propre à donner aux chevaux une nourriture saine et substantielle.

La luzerne et le sainfoin peuvent être donnés en remplacement du foin jusqu'à concurrence de la ration normale.

Pour le rationnement des fourrages artificiels, l'entrepreneur adopte le mode le plus convenable pour que les feuilles et les fleurs du sainfoin et de la luzerne ne se séparent pas des tiges ou ne soient pas perdues.

Est formellement interdit le mélange des qualités et des provenances pour tous les foins.

Le *foin pressé* est comprimé en balles dont le poids peut varier de 50 à 100 kilogrammes (en Algérie, les balles seront de 50 kilos autant que possible); sa densité doit être au minimum de 170 kilos au mètre cube.

Les moyens de ligature en fer feuillard ou fil de fer doivent être suffisamment solides pour résister pendant le transport et les transbordements. Les balles doivent pouvoir tomber d'une hauteur de trois mètres sans que les liens se brisent. La ligature ne comporte de planchettes de soutien qu'autant que, eu égard au mode de pressage, ces planchettes sont jugées indispensables pour que les balles réunissent les conditions requises de solidité et n'éprouvent pas de trop forts déchets dans les transports.

Le foin et la paille ne doivent être soumis au pressage que suffisamment ressués. Ces derniers doivent être, sauf autorisation contraire de l'Administration, de la dernière récolte et susceptibles de se conserver dix-huit mois.

La Commission d'hygiène hippique recommande comme pouvant être substitués au foin, outre la luzerne et le sainfoin :

Le trèfle, la spergule, les vesces, le millet, le trèfle

incarnat. La valeur nutritive de ces divers fourrages étant à peu près la même et assez rapprochée de celle du foin, ils pourraient se substituer à cette denrée poids pour poids dans la proportion du tiers.

La Commission signale encore, parmi les denrées agricoles susceptibles d'être employées dans l'alimentation, les gerbes non battues et les carottes.

Les *gerbes des céréales* (blé, seigle, orge, avoine), dans la proportion de 12 à 15 kilogrammes selon l'arme, équivalent à une ration complète d'hiver.

CHAPITRE VII

LES SUCCÉDANÉS DU FOIN.

A. — PAILLE.

La paille est la tige desséchée des plantes herbacées cultivées pour leurs fruits. Toutes les pailles sont plus ou moins sèches et dures ; leur valeur nutritive, peu élevée, varie avec leur origine ; il est donc utile d'étudier séparément celles qui sont le plus employées, en distinguant tout d'abord les pailles des *Graminées* et celles des *Légumineuses*.

§ 1. — PAILLES DES GRAMINÉES.

Les pailles des graminées sont formées de tiges fistuleuses, surmontées d'un épi plus ou moins brisé suivant le mode de battage employé, et garnies de feuilles minces et étroites ; la base des tiges est associée à des plantes messicoles (gesses, vesces, liserons, etc.), dont la présence augmente la valeur alimentaire de la paille, sauf dans le cas de plantes dures ou âcres (chardons, coquelicots, hièble, etc.).

Les pailles sont utilisées soit comme litière soit pour l'alimentation des animaux ; le tableau ci-dessous donne leur composition moyenne pour les céréales :

Paille des céréales.

PRINCIPES.	BLÉ	AVOINE	SEIGLE	ORGE	MAÏS
Eau.....................	14,3	14,4	14,3	14,3	15
Matière azotée.........	2	2,5	2	3	3
Matière grasse.........	1,5	2	1,4	1,4	1
Extractifs non azotés...	35	35,6	35	31,3	36,7
Ligneux...............	49,2	41,2	42	45,6	40
Cendres...............	5,3	4,7	4,7	4,8	4,3
Principes digestibles.					
Protéine..............	0,8	1,2	0,8	0,8	1,1
Graisse...............	0,4	0,6	0,4	0,4	0,3
Hydrates de carbone y compris cellulose....	35,6	38,5	36,5	31,4	40,5

Composition de la paille de blé et de la paille d'avoine (d'après Hébert) (1).

	EAU.	MATIÈRES AZOTÉES.	MATIÈRES SOLUBLES dans l'éther. (*a*).	MATIÈRES SOLUBLES dans l'eau (cendres déduites) (*b*).	CELLULOSE	VASCULOSE.	GOMME DE PAILLE. (*c*).	CENDRES.
Paille de blé	10,40	2,42	1,18	3,37	33,60	24	19,71	6,34
Paille d'avoine ..	8,05	3,57	2,98	5,70	27,15	14,20	27,70	9,85

a. Matières grasses et résidus chlorophylliens.
b. Sucres réducteurs, sucres non réducteurs, gomme, tannin.
c. Calculée en xylose (pentosane).

(1) *Annales agronomiques*, 1890, p. 371.

Valeur alimentaire (1). — Les pailles des céréales sont des aliments peu nutritifs; plus de la moitié de la matière organique qu'elles renferment échappe à la digestion ; les herbivores assimilent seulement 45 p. 100 de celle que contient la paille de blé, tandis qu'ils utilisent 64 p. 100 de celle du foin et 68 p. 100 de celle du grain d'avoine.

Le faible pouvoir nutritif de ces fourrages tient à la migration des principes alibiles pendant la dernière phase de la vie de la céréale et à la transformation chimique que subit la cellulose au cours du développement du végétal.

Dehérain et Nantier ont montré (1877) qu'au moment de la formation des fruits, tous les principes immédiats, à l'exception de l'amidon et de la cellulose, abandonnent partiellement la tige du végétal et s'accumulent dans les graines. Au profit des réserves alimentaires nécessaires à la germination, la paille est dépouillée d'une partie de ses principes nutritifs.

Les recherches de Wœlcker en Angleterre, Isidore Pierre, Corenwinder, Dehérain et Nantier en France, ont montré que l'appauvrissement est d'autant plus grand que les grains sont plus mûrs au moment de la moisson :

Teneur de la base des tiges d'avoine (Dehérain et Nantier).

24 juin.	28 juin.	11 juillet.	19 juillet.
18,87 p. 100	8,13 p. 100	7,18 p. 100	3,18 p. 100

Pendant que ces phénomènes s'accomplissent, la cellulose subit une transformation chimique, qui la rend réfractaire à l'action des sucs digestifs ; la valeur

(1) D'après J. Malet (De la paille de blé et de la paille d'avoine dans l'alimentation du bétail). *Revue vétérinaire de l'École de Toulouse,* février 1898.

alimentaire de la paille est donc encore diminuée du fait que les principes alibiles sont emprisonnés dans des cellules végétales, dont la digestion attaque difficilement les parois.

Les pailles des céréales ne peuvent pas être employées seules à l'entretien des animaux, même lorsque ceux-ci sont rigoureusement maintenus au repos.

Un cheval du poids de 540 kilos, recevant 10 kilos de paille, ne pesait plus que 511 kilogrammes après quinze jours de ce régime ; la ration ayant été portée à 15 kilogrammes, le poids se releva d'abord pour diminuer de nouveau, et finalement, l'animal, devenu extrêmement anémique, succomba vingt-six jours après (Müntz).

En règle générale, les pailles n'entreront guère que pour une part dans la ration ; on les associera à des substances plus riches, telles que les grains ou les résidus concentrés.

La paille constitue, avec le foin, l'aliment de lest indispensable pour assurer le bon fonctionnement du volumineux appareil digestif de nos herbivores ; nous avons vu, au sujet du foin, qu'il y a indication, au point de vue hygiénique, de constituer des rations possédant le volume nécessaire pour distendre les parois des viscères digestifs et en faciliter les contractions ; mais nous avons vu aussi qu'il y a des indications économiques, aboutissant au remplacement d'une partie ou de la totalité du foin par de la paille.

Cette substance intervient, dans ce cas, comme agent mécanique et comme aliment. Comme agent mécanique, elle leste l'intestin, et comme aliment, elle apporte un faible appoint de principes nutritifs ; les grains ou les résidus concentrés interviennent pour combler le déficit.

Les pailles sont encore données aux chevaux qui restent longtemps à l'écurie; après que ces animaux ont consommé la plus grande partie de leur ration, ils trouvent dans le râtelier de la paille qu'ils s'amusent à mâchonner et dont les portions non utilisées passent dans la litière.

La PAILLE DE BLÉ est la plus employée dans l'alimentation du cheval. Les raisons de cette préférence sont multiples : on cultive en France beaucoup plus de blé que d'avoine, d'orge ou de seigle ; la paille de froment est donc plus abondante et plus facile à se procurer ; elle est en outre récoltée avec plus de soin, mieux conservée et moins envahie par les mauvaises plantes (chardons, fougères, coquelicots, etc.).

Elle est aussi plus chère que les autres pailles, ainsi que le montrent les chiffres ci-dessous :

Prix comparatif des pailles de blé et d'avoine (1890-1900).

	Paille	
	de blé. 1000 kilos	d'avoine. 1000 kilos.
1890	54	40
1891	66	42
1892	54	33
1893	106	101
1894	44	42
1895	46	46
1896	56	49
1897	45	40
1898	46	42
1899	52	46
1900	76	74

Par sa composition, cependant, la paille de blé vient après les autres du même groupe, puisqu'elle renferme moins de matière azotée, de matière grasse et d'hydrates de carbone; sa saveur agréable, qui la fait accepter par tous les herbivores, est encore une des raisons de la préférence qui lui est accordée.

La paille de blé doit être fine, flexible, de couleur jaune clair, luisante, garnie de ses épis presque toujours pourvus de la plus grande partie des balles (Magne).

La PAILLE DE SEIGLE est beaucoup moins employée que celle de froment ; elle est réservée pour la litière, la confection des liens et quelques usages industriels. Dure, coriace, difficile à digérer, elle est mieux utilisée par les ruminants que par les équidés.

La PAILLE D'ORGE est donnée aux chevaux, dans les contrées méridionales, au même titre que la paille de blé ; dans les autres régions, elle est moins appréciée que cette dernière et est réservée pour les grands ruminants. Les conditions dans lesquelles l'orge a végété et le moment de la récolte ont beaucoup d'influence sur la valeur alimentaire de la paille ; quand la céréale a versé, la paille est altérée et mauvaise ; le plus souvent la paille d'orge est très dure et ligneuse, parce que la récolte est restée tardivement sur pied. Lorsque cette récolte a été faite au moment convenable et que la paille, garnie de ses feuilles, n'a subi aucune altération, sa valeur comme aliment est au moins égale à celle de la paille de froment ; on aurait tort de la considérer comme uniquement bonne à faire de la litière.

La PAILLE DE MAÏS et celle de MILLET sont si peu employées qu'il suffit de les mentionner.

La PAILLE D'AVOINE mérite, par contre, d'être examinée avec quelques détails ; elle est la plus riche en principes alibiles et sa valeur marchande est toujours inférieure à celle de la paille de blé. Elle jouit cependant d'une faveur moindre et quelques personnes allant jusqu'à la considérer comme nuisible, l'excluent de l'alimentation des animaux.

On a remarqué des cas de diarrhée chez les chevaux nourris à la paille d'avoine et mis au travail presque immédiatement après le repas. D'après Gayot, elle aurait dans certains cas le sérieux inconvénient « d'exercer sur les organes urinaires du cheval une influence puissante, dont les conséquences ne laissent pas d'être graves. Elle les irrite fortement : dès les premiers jours de son administration, les urines perdent le caractère savonneux de leur état normal et deviennent rouges et brûlantes ; enfin, des inflammations des reins et des rétentions d'urine ne tardent pas à se développer. Ces effets, observés à diverses reprises sur des animaux consacrés à la reproduction, sont peut-être moins prononcés sur des individus chez lesquels le rein et la vessie n'ont pas une vitalité aussi considérable ; ils indiquent assez, néanmoins, que la paille d'avoine ne doit entrer que pour partie dans la nourriture des animaux ».

Une étude plus rigoureuse des faits établit que les accidents ne sont pas la conséquence de propriétés spéciales à la paille d'avoine, mais le résultat, soit de l'altération, soit de l'administration défectueuse de cette denrée.

Le regretté professeur J. Malet, de l'École vétérinaire de Toulouse, a montré que la *paille d'avoine de bonne qualité, convenablement distribuée, est un aliment sain pour le bétail, plus nutritif et plus économique que la paille de blé* (1).

Voici quelques faits qui appuient cette manière de voir :

Wœlcker estime que la paille d'avoine est plus nourrissante que celle du froment ; Magne et Baillet l'ont

(1) De la paille de blé et de la paille d'avoine dans l'alimentation du bétail. *Revue vétérinaire*, 1898.

vu donner à la campagne aux solipèdes, seule ou associée à la paille de blé, sans qu'elle ait provoqué chez ces animaux le moindre trouble dans les fonctions. Malet a observé des chevaux de ferme qui n'avaient pas reçu depuis quinze ans d'autre paille que la paille d'avoine. On sait que, depuis 1883, les chevaux de la Compagnie Générale des Voitures à Paris ne consomment que de la paille d'avoine ; ce fourrage, haché et mélangé aux aliments concentrés (avoine, maïs, orge, tourteaux), est le seul aliment grossier qui entre dans la composition du sac de mélange que les chevaux reçoivent pendant leur séjour à l'écurie. (Voir *Exemples de rations*.) La Compagnie de l'Urbaine, à Paris, donne à ses chevaux $2^k,500$ de paille d'avoine en même temps que $2^k,500$ de foin.

Les accidents déterminés par la paille d'avoine sont dus aux altérations auxquelles cette paille est exposée plus que toute autre, pendant sa récolte et sa conservation.

La pratique du *javelage* consiste (Voir *Récolte de l'avoine*) à laisser l'avoine séjourner sur le sol pendant un temps assez long ; au contact du sol, sous l'influence de la rosée ou de la pluie, quand le javelage est trop prolongé, on observe un commencement de germination du grain et une fermentation de la paille. Les végétations cryptogamiques qui se développent à ce moment peuvent parfaitement déterminer les troubles intestinaux (coliques) et les troubles nerveux (vertige), observés par Gayot. Ces accidents rentrent dans la catégorie de ceux que nous étudierons avec la gastro-entérite mycosique, qui en est la manifestation la plus fréquente.

Les accidents observés à la suite de l'usage prolongé d'une paille d'avoine de bonne qualité s'expliquent par une administration défectueuse de cette denrée alimentaire. S'exagérant la valeur nutritive de cet aliment, quelques personnes l'ont donné à leurs animaux, tantôt comme nourriture exclusive, tantôt associé à une trop faible quantité de substances plus alibiles. De sorte que, sans s'en douter, elles se sont trouvées en présence d'une alimentation insuffisante dont les effets se sont montrés seulement à la longue. Ce qu'elles ont pris pour les symptômes d'une affection échauffante n'était vraisemblablement que la manifestation de l'anémie consécutive à cette alimentation insuffisante.

On ne doit pas oublier, en effet, que si la paille d'avoine est plus riche que les autres en principes alibiles, c'est toujours une paille, et, à ce titre, une substance très peu nutritive qui ne doit jamais constituer qu'une partie de la ration. Cette fraction sera d'autant plus petite que l'animal travaillera davantage. On donnera par exemple (Malet) :

Cheval de labour de 500 kilos.

	au repos.		période de travail.
Paille........	8 kilos.	Paille.......	4 à 5 kilos.
Luzerne	3kg,500	Luzerne	7kg,500
		Avoine	3 kilos.

Le tableau comparatif des prix de la paille de 1890 à 1900, montre que la paille d'avoine se vend habituellement moins cher que la paille de blé ; l'écart moyen est de 4 à 5 francs par quintal ; cela permet de faire des substitutions économiques.

La paille d'avoine de bonne qualité peut donc entrer dans l'alimentation du cheval. On la donnera, hachée ou entière, à la dose de 2^k,500 à 3 kilos pour les chevaux pesant de 400 à 450 kilos (2^k,800 pour les chevaux des Petites Voitures) ; on donnera 5 kilos pour les chevaux de gros trait (550 kilos et au-dessus).

D'après le règlement sur l'emploi de la paille dans l'armée, la *paille de froment*, à moins de circonstances exceptionnelles, est la seule dont on fasse usage. Les pailles de *seigle*, d'*avoine* ou d'*orge* peuvent être données en remplacement de la paille de froment, jusqu'à concurrence des deux cinquièmes de la ration normale. (Voir *Ration des chevaux de l'armée*.)

Mode d'emploi de la paille. — La paille est distribuée entière ou hachée.

Entière, elle sera donnée de préférence au repas du soir afin que le cheval ait un temps suffisant pour consommer sa ration.

La digestibilité de la paille dépend de l'état dans lequel elle se présente à la mastication, et de cette mastication elle-même. La paille brisée par le battage à la machine est plus facilement écrasée par les dents que la paille battue au fléau ; la *paille hachée* présente sur la paille entière des avantages qui la font préférer, malgré la majoration de prix qu'entraîne la préparation.

La paille hachée permet, en effet, un dosage régulier de la ration, et elle convient pour assurer le mélange des grains qui complètent celle-ci. La paille hachée augmente, en général, la mastication, l'insalivation et, par suite, la digestibilité des aliments concontrés et durs auxquels elle est associée. Le mélange a, en outre, par réciprocité, l'avantage d'augmenter l'appétence pour la paille et de diminuer sensiblement la perte qui se produit chaque fois qu'elle est distribuée seule.

Lorsque la paille est associée à la mélasse ou à un

produit mélassé, elle est acceptée en totalité, et sa digestibilité se trouve augmentée.

Paille pressée. — Les pailles pressées présentent les mêmes avantages que les foins qui ont subi cette manipulation. Le transport et l'emmagasinage sont rendus plus faciles et moins onéreux.

Sous cette forme, l'appétence se trouve diminuée, et si la compression est poussée trop loin (au delà du tiers du volume de la masse primitive) la paille ne donne plus qu'une litière défectueuse.

Examen de la paille. — La bonne paille se reconnaît aux caractères suivants :

Les tuyaux sont minces, flexibles et luisants; leur couleur est d'un blanc mat ou d'un jaune doré; les épis sont garnis de leurs balles. L'odeur de la paille doit être agréable. Sa qualité augmente avec le nombre des plantes herbacées de bonne qualité qu'elle contient. Toute paille terreuse, rouillée, cariée, charbonnée ou moisie doit être refusée.

Le règlement sur l'emploi de la paille dans l'armée ajoute :

« La paille doit être autant que possible garnie de ses épis, en parfait état de conservation, exempte d'humidité ou d'altérations quelconques. (La tolérance accordée en considération des accidents atmosphériques qui peuvent altérer la récolte locale, est libellée comme pour le foin.)

« La paille pressée est comprimée en balles d'un poids pouvant varier de 50 à 100 kilos (50 kilos en Algérie, autant que possible), avec une densité minima de 120 kilos au mètre cube. »

Altérations des pailles. — La *paille rouillée* est caractérisée par la présence sur les tiges, les gaines et les feuilles, de taches brunes ou noires, éparses ou réunies, le plus souvent associées en séries linéaires.

La rouille est produite par un champignon, *Uredo linearis*, dont l'une des phases du développement (*Æcidium*) s'opère sur l'épine-vinette (*Berberis vulgaris*). Sur les graminées, elle détermine des stries de couleur jaunâtre (rouille orangée) ou noire (rouille noire). La première est due aux spores d'été du champignon (urédospores) qui propagent la maladie de graminée à graminée ; la seconde est due aux spores d'hiver (téleutospores) qui germent au printemps et contaminent les feuilles de l'épine-vinette. Ainsi se trouve engendrée la forme æcidienne (*Æcidium berberidis*) d'où sortent les germes (æcidiospores) qui transportés sur les céréales y déterminent la rouille proprement dite.

Les pailles ainsi altérées sont plus cassantes que les pailles saines et généralement de médiocre qualité. Les accidents ne sont pas dus au parasite, qui, par lui-même, ne paraît pas exercer une action nocive (Magne), mais sont la conséquence des changements de composition que présente la paille et de son envahissement facile par les moisissures et leurs toxines. Si on est obligé de les faire consommer, on les distribuera en petite quantité après les avoir battues, secouées et arrosées avec une solution salée ou mélassée.

La *paille cariée* est altérée par le champignon *Tilletia caries*, qui attaque principalement les grains. Atteinte dans toutes ses parties, cette paille est de mauvaise qualité.

La *paille niellée* est parcourue dans toute sa longueur par le petit ver parasite qui vit dans les grains (*Anguillulina tritici*). La paille ainsi attaquée est courte, rabougrie et d'un aspect peu avantageux ; cette altération, plus fréquente sur la paille d'avoine que sur la paille de blé, se dénote par une hypertrophie de la base de la tige et la torsion des feuilles ; l'examen microscopique des parties atteintes décèle un nombre considérable de petits vers parasites.

Le *charbon* (*Ustilago segetum*) envoie ses filaments mycéliens dans tous les tissus ; sous son influence, les épis du blé, du seigle, de l'orge, les panicules des avoines sont transformés en une masse charbonneuse d'où s'échappe une fine poussière noire de spores. La *paille charbonnée* est mauvaise, car elle a été dépouillée par le parasite de la plupart de ses propriétés nutritives.

La *paille moisie* est envahie par les champignons des moisissures (genres *Aspergillus*, *Penicillium*) qui lui communiquent une teinte verdâtre, jaunâtre ou brune et souvent une odeur fétide. Sèches, les pailles moisies sont cassantes et poussiéreuses ; elles doivent être rejetées de l'alimentation des animaux (Voir *Intoxications alimentaires*).

§ 2. — PAILLES DES LÉGUMINEUSES.

La valeur alimentaire des pailles des légumineuses, de beaucoup supérieure à celle des pailles des céréales, est sensiblement égale à celle du foin :

Composition des pailles de légumineuses.

	Fèves.	Pois.	Vesces.	Lentilles.
Eau	18	14,3	14,3	16
Matière azotée	9,9	7,3	7,0	14
— grasse	1,9	2	2	2
Extractifs non azotés	29,7	32,3	26,7	27,9
Cellulose et ligneux	35,6	39,2	44	33,6
Cendres	5,3	5,1	5,2	6,5

Aussi y a-t-il indication d'utiliser ces produits pour l'alimentation des animaux ; cela est particulièrement à recommander dans les contrées de production. Dans le Boulonnais, par exemple, on donne aux chevaux des pailles de fèves, de vesces et de pois.

Par leur coefficient de digestibilité, aussi bien que par leur relation nutritive, les pailles de légumineuses peuvent être comparées au foin et s'y substituer à poids égal. Malgré ces avantages, elles sont le plus souvent réservées pour les ruminants ; cela tient à ce qu'elles sont grosses, dures, peu appétées par le cheval, et qu'on les mélange habituellement avec des racines ou des tubercules qui les ramollissent et dont elles augmentent la valeur alimentaire.

B. — ALFA.

L'alfa (*Stipa tenacissima*) est une graminée du groupe des Agrostidées, très commune en Algérie et en Tunisie. C'est une herbe vivace, qui forme des touffes d'une hauteur d'un mètre environ. Le Sahara et le Tell sont, par endroits, couverts de véritables et immenses prairies d'alfa. Les tiges filiformes de ce végétal sont douées d'une ténacité remarquable que l'on met à profit dans la confection d'objets (sparterie) d'une durée exceptionnelle.

L'alfa est susceptible d'entrer dans la ration des chevaux d'Algérie, au cours des expéditions dans le Sud.

Dans cette région, les approvisionnements étant particulièrement difficiles, on ne peut souvent se procurer du foin, pour donner la ration réglementaire :

Foin......................... $3^{kg},500$
Orge......................... $4^{kg},500$

On remplace alors le foin par une distribution supplémentaire d'orge ($0^k,250$—$0^k,500$). Cette manière de faire donne de médiocres résultats. Les animaux, manquant d'aliment de lest, digèrent mal l'orge ; ils en laissent une bonne partie, et, de ce qui a été consommé, beaucoup passe dans les crottins sans avoir été attaqué. Pour permettre aux animaux de mâcher un peu d'herbe pour se lester l'intestin, on ramasse de l'alfa ; les chevaux en consomment une partie, et le reste sert à faire de la litière.

Le *diss*, les *lentisques*, les *tamarix* sont, comme l'alfa, des plantes des régions sahariennes que les chevaux et les mulets broutent ou mâchonnent, mais qui seraient incapables de les nourrir suffisamment.

C. — BALLES. — COQUES. — COSSES.

Les glumes, glumelles et enveloppes externes des grains, séparées de ceux-ci au moment du battage, ou par des procédés spéciaux intervenant ultérieurement, possèdent une valeur nutritive variable avec leur origine botanique, mais jamais négligeable. Nous consacrerons quelques pages à l'examen des produits de cette nature que laissent les graminées, les plantes à siliques et à gousses, les graines de lin, et quelques graines d'origine coloniale.

Balles des graminées. — La valeur nutritive de ces déchets est égale à celle de la paille.

Composition des balles de graminées (d'après Wolff)
(éléments digestibles).

	Protéine.	Matière grasse.	Hydrates de carbone.	comprenant en cellulose.
Blé	1,4	0,7	22,8	12,1
Avoine	1,7	1	32,6	13,6
Seigle	1,3	0,4	24,5	15,5
Riz	1,2	0,5	31,4	17,5

Gousses des légumineuses.

Teneur en éléments digestibles (d'après Wolff).

	Fèves.	Pois.	Lentilles.	Vesces.
Matière azotée..........	5,1	4,8	11,7	4,7
— grasse	1,2	0,9	1,3	1,2
Hydrates de carbone...	35,5	35,1	30,7	43,6
dont en Cellulose......	14,3	15,1	9,5	13,5

Le foin, de qualité moyenne, a une teneur de
5,4 p. 100 en protéine digestible ; ces sous-produits ont
donc une valeur nutritive égale à celle du foin et
quelquefois supérieure. On les recueillera avec soin
pour les faire entrer dans la ration ; on évitera surtout
leur mélange avec la terre, les poussières, les cailloux,
ou bien on leur fera subir un nettoyage complet.

Leur légèreté exige une incorporation à des aliments
mouillés, ce qui en fait le plus souvent réserver l'emploi pour les bovins (buvées) ; pour les chevaux, ils
pourront former un bon excipient de fourrage mélassé.

Balles de lin (*paillettes*). — Le nettoyage de la
graine de lin laisse comme résidu : des feuilles, les
enveloppes de la graine et quelques graines qui passent
pendant l'opération ; le commerce livre ce mélange
sous le nom de *paillettes de lin*.

La valeur nutritive des paillettes doit être supérieure
à celle des balles seules, grâce à la présence de feuilles
très fines et de graines entières ; la composition des
balles est la suivante (éléments digestibles) :

	Eau..........................	11,6
	Matière azotée.................	1,7
	Graisse	1,7
	Extractifs non azotés.............	33,8
dont :	Cellulose	16,3

De nombreuses impuretés se rencontrant dans ces
déchets, il est absolument nécessaire de les cribler ;

après cette opération, les chevaux en sont très avides; on les distribue à l'état sec ou après incorporation à la mélasse.

Cosses de minette (*Luzerne lupuline*). — Les graines de minette se conservent mieux lorsqu'elles sont entourées de leurs cosses que lorsqu'elles en sont dépouillées; aussi, les marchands de grains ne les battent qu'au fur et à mesure de la vente.

La composition de ces cosses se rapproche sensiblement de celle du foin de première qualité; elles sont très minces, et leur digestibilité doit être élevée. Leur prix minime (1 à 1 fr. 50 les 100 kilos) en fait un sous-produit précieux.

Elles possèdent une saveur légèrement amère qui fait que les chevaux en sont peu friands; après mélange avec la mélasse, cet inconvénient disparaît.

Coques d'arachides. — L'enveloppe des graines d'arachide, par suite de son prix peu élevée et de la forte quantité disponible sur le marché, est fréquemment employée dans la sophistication des sons (V. cet article).

Elle sert de véhicule à la mélasse et entre, à ce titre, dans la composition d'un grand nombre de produits mélassés. Mais les chevaux n'appètent que médiocrement cette substance; même en mélange avec la mélasse, lorsque le taux de coques d'arachides est élevé, les chevaux refusent le produit.

Son d'arachides. — Les coques, plus ou moins finement pulvérisées, sont livrées dans le commerce sous le nom de *son d'arachides;* or, il ne faut pas confondre celui-ci avec le produit donné par la mouture des graines avortées. Ce dernier jouit d'un pouvoir nutritif réel, tandis que les coques broyées n'ont qu'une faible valeur alimentaire; les analyses suivantes en fournissent la démonstration :

	Son de graines.	Éléments digestibles.	Son de coques.	Éléments digestibles.
Matière sèche......	89,2	»	89,4	»
— azotée totale.	22,4	16,8	7,1	4,3
— grasse......	19,2	16,3	3,2	2,5
Extractifs non azotés.	23,8	15,7	15,3	7,62
Cellulose brute......	18,7	9,3	60,8	20,30

Composition des coques d'arachides (Garola, 1902).

Eau....................	7,28	p. 100.
Cendres................	3,39	—
Albuminoïdes digestibles..	1,40	—
— indigestibles.	4,25	—
Amides............. ..	2,57	—
Graisse................	6,17	—
Pentosanes	17,58	—
Celluloses.............	47,50	—
Substances indéterminées.	9,86	—

Coques et cabosses de cacao. — Le fruit du cacaoyer, vulgairement appelé *cabosse*, est une baie peu charnue de 12 à 20 centimètres de longueur sur 6 à 10 centimètres de largeur et marquée de dix côtes plus ou moins rugueuses; elle renferme vingt à quarante graines maintenues dans une pulpe blanche ou jaunâtre. Les graines sont extraites de la cabosse aussitôt après la cueillette de celle-ci.

L'enveloppe est riche en matière azotée et renferme une certaine quantité de caféine; en raison de cette composition, et se basant sur ce que les animaux en sont très friands, le Dr Heckel, directeur de l'Institut colonial de Marseille, a pensé que la cabosse de cacao pourrait jouer le rôle de l'avoine; les premiers essais d'alimentation faits à son instigation ont donné d'excellents résultats, mais la douane ayant frappé ces cabosses d'un droit élevé, il n'a plus été possible de donner suite à ces recherches (1).

(1) Communication personnelle.

Il en est de même pour les *coques* très développées du *café de Libéria*. Ce serait un excellent aliment pour les chevaux, ânes et mulets. Il y a lieu d'insister pour que dans les colonies productrices on réserve pour l'alimentation des animaux ces produits et d'autres analogues, aujourd'hui abandonnés et sans usage.

Les *coques de cacao* sont plus connues comme aliment que les cabosses. Elles sont constituées par le tégument externe de la graine, dont on débarrasse celle-ci, dans les usines européennes, au moment de la fabrication du chocolat. Après torréfaction et décortication, on obtient une membrane de couleur café au lait, très friable et d'odeur rappelant celle du chocolat.

Les analyses ont donné pour ce produit la composition suivante :

	Boussingault.	De Marneffe.
Eau	12,18	13,24
Matières albuminoïdes..	14,25	11,08
— grasses	3,90	2,90
Extractifs non azotés (total)	62,78	46,71
Cellulose	»	16,03
Matières minérales	6,89	10,04

Dans les cendres, on trouve une teneur élevée en oxyde de fer (8,62 p. 100 de cendres). Les coques renferment aussi des traces de théobromine dont l'action peut être favorable ; pour cette raison, ces sous-produits ne conviendraient-ils pas au cheval, et ne pourraient-ils pas être en partie substitués à l'avoine ?

On les fait entrer dans la composition de quelques fourrages mélassés, comme excipient principal.

CHAPITRE VIII

LES ALIMENTS AQUEUX.

A. — RÉGIME DU VERT.

Le régime du vert consiste dans l'usage alimentaire d'herbe fraîche, donnée à l'écurie ou pâturée directement dans la prairie. « Mettre au vert, disait Fabre de Genève, c'est remédier aux maux de la domesticité, par un retour momentané vers l'état de nature. » Le régime diététique ainsi constitué, produit dans l'organisme des animaux des modifications assez sensibles pour qu'il ne puisse pas être appliqué sans mesure.

S'il convient aux cas nombreux qui vont être mentionnés, il est contre-indiqué vis-à-vis des chevaux mous, lymphatiques, et de ceux dont les excréments sont abondants et sans consistance.

Le vert est pris en liberté, à la prairie ou à l'écurie.

VERT A LA PRAIRIE.

Ce mode est le plus rationnel, parce qu'aux avantages du changement de régime, il ajoute l'action bienfaisante de l'existence au grand air.

Les *prairies naturelles* conviennent généralement bien pour la mise au vert. Le séjour sur une prairie fraîche exerce une action favorable sur les sabots, surtout si on a pris la précaution de déferrer les animaux. Une prairie trop humide ne convient pas aussi bien, car elle donne un fourrage de qualité inférieure.

Les prairies assises sur des sols frais, non humides ni marécageux, donnent un fourrage abondant et de bonne qualité ; elles réalisent la situation la plus favorable pour la mise au vert.

Effets produits par la mise au vert. — Les chevaux soumis à ce régime débilitant perdent rapidement leur énergie, leur aptitude au travail est diminuée dans une large mesure, le ventre se développe, une légère diarrhée se manifeste.

Au début de la mise à l'herbe, on observe généralement une diminution du poids vif ; cet amaigrissement persiste deux à trois semaines et, passé ce délai, si l'herbe est abondante, les chevaux récupèrent leur poids primitif ou augmentent d'état.

Aux effets hygiéniques (exercice modéré, action laxative, dépurative), viennent s'ajouter les effets bienfaisants résultant d'une véritable cure d'air. L'état des chevaux surmenés ou convalescents est modifié avantageusement.

Les fourrages verts luttent avec succès contre la constipation, sans irriter le tube digestif. La mise à l'herbe (cure d'air) est même employée comme base de traitement dans la convalescence de certaines affections (fièvre typhoïde).

Les chevaux peuvent être soumis au régime exclusif du vert ou au régime mixte (vert et grains). Ce dernier est préférable car il évite l'effet débilitant et favorise la mise en service immédiate des chevaux dès leur rentrée dans le rang.

Indications. — Les indications de la mise à l'herbe sont nombreuses :

a. Période de convalescence des maladies internes.

Sous l'influence de ce régime l'atonie du tube digestif disparaît, la cure d'air joue un rôle utile dans le processus de guérison, et la durée de la convalescence est abrégée.

Pour ces chevaux, le régime mixte est indiqué.

b. Chevaux opérés dont la guérison nécessite une indisponibilité longue et onéreuse. Quand les opérations ont pour siège un pied postérieur et que l'état de la corne ne permet pas de déferrer, l'envoi au pré est contre-indiqué à cause des accidents (coups de pieds) possibles.

c. Fatigue des membres, surmenage. Les aplombs se modifient avantageusement à moins que la cause reconnaisse une lésion incurable.

d. Boiteries diverses du pied (encastelure, fourbure, maladie naviculaire).

Sous l'influence de la mise à l'herbe (sol meuble et humide) et de l'exercice modéré, le pied se dilate et récupère son intégrité fonctionnelle.

Cette dilatation du pied n'est pas douteuse; au bout de quatre à cinq semaines, le pied s'est élargi et les vieux fers ne peuvent plus, dans la plupart des cas, être utilisés.

e. Boiteries à siège inconnu. Bien des boiteries à siège inconnu qui ont dérouté les praticiens et résisté à des traitements divers s'atténuent ou disparaissent.

f. Les maladies de peau (gale, eczéma, dartre, herpès) sont modifiées avantageusement par ce régime qui constitue un véritable traitement dépuratif et joue un rôle important dans la guérison de ces affections tenaces et rebelles.

g. Excédent de relai. Dans quelques administrations, à certaines périodes de l'année, les exigences du service sont moins grandes et il y a une véritable pléthore de chevaux, aussi ces bouches inutiles doivent-elles être envoyées au pré : l'hygiène et l'économie seront conciliées.

Économie réalisée. — En plus des avantages hygié-niques, on réalise par l'envoi au pré des chevaux indisponibles une économie sérieuse. On trouve à traiter au régime du vert exclusif à 30 francs par mois et par cheval; on voit que cette dépense est de beaucoup inférieure à celle de la ration d'infirmerie.

Un autre avantage précieux consiste à profiter de l'indisponibilité accordée (fatigue, convalescence), pour appliquer des feux préventifs ou curatifs, les premiers ayant l'avantage de prolonger la durée du service.

Depuis sept ans, nous avons été à même de constater les avantages retirés de la mise à l'herbe sur un effectif d'environ **cent** chevaux pendant une période d'envoi de six mois. Ces chevaux étaient soumis au régime du vert exclusif, les pesées effectuées à leur retour, après un séjour variant de six à sept semaines, indiquaient une légère diminution de poids sur quelques sujets, mais ceux-ci reprenaient leur poids primitif dans un délai très bref (huit à quinze jours), leur aptitude digestive étant augmentée.

Les chevaux très maigres mis au régime du vert exclusif ne reprennent pas d'état; pour eux, le régime mixte (vert et grains) est indispensable.

Durée du séjour. — L'effet débilitant, purgatif, se manifestant le premier mois, il convient, pour retirer un effet avantageux, de laisser au moins deux mois les chevaux au pré.

VERT A L'ÉCURIE.

Lorsque l'on tient à donner du vert sans cesser de faire travailler les chevaux, ou lorsque la saison humide, froide, ou au contraire trop chaude, n'engage pas à envoyer à la prairie des animaux qu'un brusque changement de milieu pourrait incommoder, on donne le vert dans les râteliers.

Le plus souvent, on fait consommer ainsi l'herbe des prairies artificielles : le trèfle, le sainfoin, la luzerne, les graminées, seigle, avoine fourrage, maïs, fourrage, sont utilisés suivant le moment de l'année où l'on opère, et l'abondance de leur récolte.

Le seigle est la plante la plus précoce ; le trèfle incarnat, fauché quand ses fleurs commencent à épanouir (du début de mai à fin juin, suivant la variété cultivée) constitue un excellent fourrage. La gesse provoquant des accidents de lathyrisme, doit être consommée avant la formation des gousses.

L'avoine est cultivée comme fourrage vert dans presque toute l'Europe, principalement dans le Midi ; elle forme, seule ou mélangée à des légumineuses, de très bonnes prairies annuelles. Elle doit être fauchée, de préférence, quand le grain commençant à se former est mou et sucré ; à ce moment, la plante constitue une nourriture substantielle et rafraîchissante que l'on considère en certains pays, l'Allemagne notamment, comme un des fourrages verts les plus nutritifs.

Distribution du vert. — Les indications des Règlements du Service vétérinaire de l'armée, sur l'administration du *Vert à l'Écurie*, seront consultées avec profit par les exploitants qui, à défaut du vert à la prairie, voudront adopter ce *modus faciendi*.

« Lorsque le vert doit être donné dans les écuries, il est mélangé au fourrage sec et distribué à la plupart des chevaux, en faible proportion, de manière à les rafraîchir sans les débiliter, et sans forcer à interrompre le travail.

« Lorsque le vert doit être donné à la prairie ou à l'infirmerie, on se conforme aux prescriptions suivantes :

« Le vétérinaire propose pour être soumis à ce régime spécial les jeunes chevaux en mauvais état, par suite de gourmes ou d'acclimatement difficile, les chevaux atteints d'inflammation chronique des organes digestifs ou d'affections de la peau, ceux dont les membres sont fatigués et ceux dont les pieds sont altérés par la ferrure ou toute autre cause.

« Les chevaux reçoivent à l'écurie, outre le vert, les rations d'avoine et de paille qui leur sont attribuées.

« L'herbe, coupée quelques heures d'avance seulement, est conservée à l'abri dans un lieu bien aéré, étendue sur une couche de paille pour éviter qu'elle se salisse au contact du sol et pour prévenir la fermentation. Elle n'est pas conservée plus de vingt-quatre heures, et on la donne par petites portions afin que les chevaux la mangent mieux et ne se dégoûtent pas.

« Pendant toute la durée de ce régime, les chevaux ne sont promenés qu'au pas. »

ARMÉE FRANÇAISE
Rations des chevaux au vert.

CATÉGORIES.	VERT.	PAILLE.	AVOINE.
	kilos.	kilos.	kilos.
État-major, cavalerie de réserve, artillerie......	50	2,500	3
Cavalerie de ligne.......	45	2,500	2,500
Cavalerie légère	40	2,500	2
Chevaux de race arabe..	40	2,500	2
Mulets	40	2,500	2

Au printemps, dans les exploitations agricoles, les chevaux sont régulièrement mis au vert ; ils reçoivent alors des quantités considérables d'herbe, sans que, le plus souvent, on se rende exactement compte de ce qu'ils doivent consommer. Cette manière de faire est la cause des nombreuses indigestions par surcharge ou coliques gazeuses que les vétérinaires sont appelés à combattre à ce moment.

Une herbe de bonne qualité, consommée peu de temps après fauchage, et distribuée en quantité convenable, ne produira pas ces accidents.

Sachant que l'herbe verte a une valeur nutritive quatre fois moindre que le fourrage sec, on déterminera sur cette base, la ration en fourrage vert. Un cheval de 500 kilos dont la ration (foin et grains) représente 15 kilos, continuera à recevoir une partie de grains et de paille, soit 3-5 kilos (suivant travail) et 40-45 kilos d'herbe verte.

Les portions non consommées serviront à la litière ou seront données aux bovins, afin d'éviter les accidents consécutifs à un commencement de fermentation de l'herbe.

S'il est nécessaire de prendre quelques précautions, au début, pour ménager la transition de régime, des soins de même nature sont exigés au moment de la clôture, car il importe d'éviter les troubles digestifs qui se produisent fatalement quand on passe brusquement du sec au vert ou réciproquement.

B. — LES RACINES ET LES TUBERCULES.

BETTERAVE. — Plante bisannuelle, de la famille des Chénopodées, espèce *Beta vulgaris*, qui fournit à l'alimentation du bétail ses feuilles et ses racines.

La composition chimique de ces dernières dépend de la variété considérée (fourragère, distillerie, sucrerie); les betteraves fourragères ont comme composition moyenne :

	Betteraves fourragères	
	petites.	grosses.
Matière sèche	13	11
Protéine totale	1,1	1,4
Matière grasse	0,1	0,1
Extractifs non azotés	10,1	6,6
Cellulose brute	0,8	1

Les grosses betteraves sont moins riches que les petites, en principes nutritifs ; Dehérain a montré le désavantage de la culture des betteraves géantes ; après lui Garola, Brétignière et Dupont, P. Gay ont reconnu que les grosses betteraves obtenues avec de grands espacements, donnent moins de poids à l'hectare que des racines plus petites de la même variété résultant d'un faible espacement.

La betterave demi-sucrière ou de distillerie, livre à l'alimentation une quantité plus considérable de matière sèche nutritive que les grosses betteraves fourragères habituellement cultivées.

Digestibilité. — Des expériences de Garola sur la digestibilité de la betterave, il résulte : que l'amidon et le sucre sont entièrement absorbés, que la cellulose et les pentosanes sont digérés en proportion très élevée, que les amides sont absorbés en totalité, et que l'acide phosphorique est plus digestible que dans tout autre aliment.

Emploi. — Les betteraves sont habituellement réservées pour les ruminants. Certaines exploitations les emploient dans l'alimentation du cheval à la dose journalière de 10 kilos sans déterminer de diarrhée ;

avec ce poids, en effet, la quantité de sels de potasse
et de soude introduite dans l'organisme, est insuffisante pour déterminer des troubles urinaires et digestifs, puisque dix kilos de betteraves renferment :

Teneur saccharine............ 800 grammes.
    —   saline.............. 100   —

D'après Wolff, la dose maxima pour le cheval ne
dépasserait pas un cinquième du poids total de la
ration : soit 3 kilos, pour une ration de 15 kilos.

Après avoir été nettoyées, débarrassées de la matière
terreuse qui y adhère, les betteraves sont réduites en
tranches pour être distribuées aux animaux. On évitera l'emploi de betteraves gelées : Van Walendaele
a signalé des cas d'empoisonnements de bestiaux consécutifs à la consommation de betteraves ainsi endom-
magées.

CAROTTE. — La carotte (Ombellifère ; espèce : *Daucus
carota*) est originaire du midi de l'Europe. C'est une
plante bisannuelle, parfois annuelle, à racine pivotante, charnue, rouge, jaune ou blanche.

Les nombreuses variétés sont rangées dans deux
séries distinctes : les potagères et les fourragères ; les
premières servent exclusivement à la nourriture de
l'homme, les secondes à celle des animaux herbivores
domestiques. Les carottes potagères contiennent
moins d'eau et plus de substance nutritive à volume
égal, que les carottes fourragères. Elles possèdent en
outre un principe aromatique et des propriétés digestives plus accusées.

Parmi les carottes fourragères, les deux variétés les
plus répandues sont la rouge et la jaune de Flandre.
Grâce à la rapidité de leur croissance, on peut les
obtenir en culture dérobée. On les sème en avril dans

le colza d'hiver, le seigle ou l'avoine. Après la moisson, les carottes, restées à peine visibles sous le colza ou la céréale ne tardent pas à grandir.

Rendement. — Elles donnent avant l'hiver 40 000 kilos de racines par hectare. Sous le climat du centre de la France, les carottes fourragères peuvent impunément passer l'hiver en terre et n'être arrachées qu'au fur et à mesure des besoins de la consommation.

Toutes les bonnes terres conviennent aux carottes fourragères excepté les terres fortes trop argileuses.

La carotte rouge à collet vert de Flandre, conique, profondément enterrée, très productive, est cultivée surtout comme plante fourragère.

Les feuilles ou fanes qui sont aromatiques procurent un fourrage abondant et de bonne qualité.

Composition chimique.

Substance sèche	15,0
Protéine	1,04
Matière grasse	0,2
Extractifs non azotés	10,8
Cellulose brute	1,7

Éléments digestibles.

Protéine	1,0
Matière grasse	0,13
Matières hydrocarbonées	11,4

y compris :

Amides	0,5
Cellulose	1
Relation nutritive	1:11,7

Teneur saccharine. — La carotte contient 9 à 10 pour 100 de sucre cristallisable, elle renferme en outre des phosphates, des sels alcalins et une huile volatile qui lui communique ses propriétés excitantes et son odeur.

Valeur alimentaire. — Ces racines, comme tous les aliments similaires, par suite de leur forte teneur en eau ne doivent pas être considérées comme pouvant former la base de la nourriture du cheval. Les chevaux qui en absorbent de fortes quantités sont affaiblis, transpirent facilement et résistent moins aux travaux pénibles que ceux qui sont nourris avec des aliments secs.

La carotte forme toutefois une excellente transition de l'automne au printemps, du régime de la stabulation au régime du pâturage.

Par son principe aromatique et par sa saveur sucrée elle possède une action condimentaire marquée.

Ses propriétés émollientes, rafraîchissantes en font l'aliment diététique par excellence dans la période de convalescence des maladies internes des voies digestives ; elle rend de grands services dans toutes les affections intestinales ; par la pectose qu'elle renferme (Cadéac), elle est en même temps un régulateur des fonctions digestives.

A haute dose la carotte est débilitante et laxative, aussi ne doit-on employer cette racine que comme supplément de ration.

Sa teneur élevée en sucre (100 grammes par kilogramme) peut expliquer l'effet avantageux observé sur le système pileux sous l'influence d'un régime prolongé et de doses élevées.

Les substitutions alimentaires admises dans l'armée sont les suivantes :

6 kilos de carottes pour 1 kilo d'avoine.
3   —   1 — de foin.
2   —   1 — de paille.

Toutefois cette substitution ne devra pas dépasser 3 kilos de la denrée fourragère par cheval et par jour.

Ces données peuvent servir de base à l'emploi de la carotte pour les chevaux de service ; nous en avons fait distribuer sans inconvénient jusqu'à 6 kilos à des chevaux du poids moyen de 500 kilos.

PANAIS. — L'usage du panais est restreint en France par la difficulté de sa culture ; c'est seulement sous l'influence des climats humides qu'il prend un grand développement et l'emploi en reste limité à la partie occidentale de la Bretagne.

En Bretagne on préfère les panais aux carottes fourragères pour les substituer à l'avoine. Les panais sont considérés comme plus sucrés, moins aqueux et consommés avec plus de profit par les animaux.

Le rendement à l'hectare est inférieur à celui des carottes, il varie de 25 à 30 000 kilos de racines.

Composition chimique (Wolff).

Eau	85,7
Cendres	0,9
Matière protéique	1,4
Cellulose	1,2
Matière amylacée	11,6
Graisse	0,2

Éléments digestibles.

Albumine	1,4
Matière amylacée	11,6
Cellulose	1
Graisse	0,2

Dans l'armée les substitutions alimentaires pour cet aliment, sont les mêmes que pour les carottes.

Tout comme la carotte, le panais ne peut servir d'aliment exclusif.

On le donne cru, et quelquefois cuit.

POMME DE TERRE. — La pomme de terre (famille des Solanées, espèce *Solanum tuberosum*) s'accommode de presque tous les terrains, néanmoins les terres argileuses compactes lui sont peu favorables. Sous le rapport du climat, elle peut être cultivée partout où viennent les céréales, elle dépasse même cette limite. si l'on choisit les variétés hâtives.

Dans les circonstances les plus convenables, un hectare de terrain produit en moyenne 270 hectolitres de tubercules ou en poids 21 600 kilos, l'hectolitre pesant environ 80 kilos.

La pomme de terre est sujette à différentes maladies, les unes qui attaquent les parties aériennes (rouille, frisolée), les autres qui attaquent les tubercules (gangrène sèche, gangrène humide .

Composition chimique.

	Payen.
Eau.............................	74
Fécule...........................	20
Épiderme, pectose, pectine...........	1,65
Matière protéique..................	1,50
Asparagine.......................	0,12
Graisse..........................	0,10
Sucre, résine, essence, sels minéraux, acides organiques.................	1,56

	Wolff.	Digestibles.
Eau......................	75	»
Protéine.................	2,1	1,6
Matière grasse............	0,1	0,08
Extractifs non azotés.......	21	21
Cellulose brute............	0,7	»

La proportion de fécule contenue dans la pomme de terre varie dans une certaine limite avec la variété, la nature du sol. le climat, les conditions atmosphériques et la plus ou moins bonne conservation des tubercules ; ainsi elle diminue beaucoup après la germination, aussi faut-il avoir soin d'éviter ce travail naturel. On conserve à cet effet les pommes de terre dans des silos creusés dans un sol ferme et peu humide et recouverts de 0^m,30 de terre.

21.

D'après les travaux de Fresenius et Stohmann, on apprécie le rendement probable des pommes de terre en les immergeant dans une solution aqueuse de sel marin d'une densité connue et en observant si elles flottent ou non.

Action sur la digestibilité des autres éléments de la ration. — La pomme de terre amène la dépressibilité de la digestibilité des fourrages et autres aliments.

Taux de dépression pour 100 (Wolff).

Proportion de tubercules au fourrage brut.	Pour la protéine.	Pour les corps extractifs.	Pour la cellulose brute.	Pour les substances organiques.
1/6........	5	3	4	4
1/4 à 1/3...	10	5	7	6
1/3 à 1/2...	15	7	10	9
1/2 à 1.....	25	10	14	12

En tenant compte de ces données la dose maxima de pomme de terre rapportée à une ration de 15 kilos (fourrage et grains) ne devrait pas dépasser 3 kilos.

Valeur alimentaire. — En France les pommes de terre sont quelquefois utilisées dans l'alimentation des chevaux ; en Allemagne, leur usage est plus fréquent et les substitutions ont lieu dans le rapport suivant :

6 kilos de pommes de terre pour 2^{kg},500 de foin.

En France quelques exploitations ont employé avec succès les pommes de terre crues pour les chevaux à la dose de 4 à 5 kilos.

Pommes de terre cuites. — La cuisson a pour effet d'augmenter la digestibilité et de favoriser l'engraissement. Pour la préparation à la vente certains marchands ou éleveurs emploient les pommes de terre cuites, afin de donner un embonpoint fictif et masquer quelques défectuosités de l'animal.

Toxicité. — Les graines, la tige, les fleurs, les

tubercules renferment un alcaloïde toxique, la solanine. Les germes de pomme de terre présentent à l'analyse 5 grammes de solanine pour 5 kilos.

Les accidents toxiques s'observent chez les porcs et les vaches qui reçoivent des doses intensives de ces tubercules.

C'est une erreur de croire que la cuisson détruit la solanine, ce principe n'étant pas volatil ne peut qu'être déplacé et passer en partie dans l'eau de cuisson.

La dose minime de tubercules employée chez le cheval et la durée passagère du régime ne peuvent produire d'accidents ; il sera prudent néanmoins d'écarter de la consommation les pommes de terre gelées ou germées.

Topinambour. (Famille des Composées, genre Helianthus. Espèce : *Helianthus tuberosum.*) — Dans le langage vulgaire, on appelle le topinambour artichaut de Canada ou poire de terre.

Cette plante, qui paraît originaire du Mexique, produit des tubercules assez semblables à ceux d'une pomme de terre allongée. Leur peau est brune, leur chair est blanche, et brunit à l'air ; la saveur se rapproche de celle des artichauts.

Culture. — Ce tubercule se cultive comme la pomme de terre ; bien qu'il donne de très beaux produits dans les sables, même avec une faible fumure, il se plaît autant dans les terres argileuses où la pomme de terre lui est inférieure par le rendement et surtout par la qualité. Le grand avantage de la culture du topinambour est d'être possible et profitable dans des terres si peu fertiles que nulle autre culture ne saurait y réussir.

Il ne faut pas cultiver le topinambour comme plante jachère, parce que, quel que soit le soin avec lequel on procède à l'arrachage, il reste toujours en terre une multitude de racines et de petits tubercules qui repoussent parmi les céréales avec une telle vigueur qu'ils y dominent.

Le topinambour se reproduit par ses propres racines et les récoltes de la seconde et de la troisième année, lorsqu'on lui abandonne le terrain, sont plus considérables que celle de la première. Il faut donc laisser le topinambour en possession du même champ jusqu'à ce qu'il cesse de donner de bons produits, ce qui n'a souvent lieu que passé la dixième année.

On cultive surtout le topinambour dans la Vienne, la Dordogne, la Charente.

Composition chimique.

Payen.		Wolff.	
Eau..............	76,44	Eau..............	80
Inuline, sucre, glucose	16,16	Sucre, glucose...	16
Matière azotée....	3,12	Matière azotée...	1,8
Cellulose, pectine.	2,79	— grasse ..	0,20
Matière grasse...	0,20		
Matières minérales..........	1,29		

Müntz et Girard.

	Vienne.	Dordogne.	Charente.	Seine.
Matière azotée.......	2,16	2,03	2,0	2,27
Sucre et inuline.....	14,85	14,27	13,40	12,42
Matière grasse	0,22	0,12	0,11	0,11
Cellulose..........	0,87	0,88	0,86	0,66
Corps pectiques.....	2,10	4,09	2,64	2,59
Matières minérales..	0,95	1,43	1,39	1,65
Eau	78,35	77,18	79,60	80,30

Principes digestibles.

Protéine	1,4
Matière grasse.............	0,12
— hydro-carbonée.....	16,4

y compris :

Amides....................	0,8
Cellulose..................	0,6

Relation nutritive 1 : 11,9

Il nous paraît intéressant de comparer la teneur en sucre et en matières minérales offerte par un kilo des produits alimentaires qui en renferment une quantité notable :

Produits.	Sucre.	Matières minérales.
Caroube	450	20
Topinambour	160	15
Betterave	60 à 80	10
Carotte	90 à 100	9
Mélasse	440	100

Valeur alimentaire. — En Allemagne on donne souvent une ration composée de :

Topinambour	12kg,500
Foin	5 kilos.
Avoine	3 —

En France, Boussingault donnait la ration suivante :

Foin	5 kilos.
Paille	2kg,500
Avoine	3kg,390
Topinambour	14 kilos.

M. Lavalard dit qu'une ration de 6 à 8 litres de topinambour en addition à l'avoine et au foin, qui peuvent être réduits proportionnellement, donne de bons résultats et que le cheval présente toutes les apparences d'une bonne santé.

Il y aurait avantage au point de vue économique et hygiénique à remplacer par le topinambour les carottes que l'on donne aux chevaux dans un but rafraîchissant ; le topinambour est d'une teneur saccharine beaucoup plus élevée (16 p. 100) et d'un prix de vente inférieur.

CHAPITRE IX

LES CONDIMENTS.

Les *condiments* sont les substances que l'on mélange aux denrées alimentaires afin d'exciter l'appétit et de favoriser la digestion. En dehors de toute action alimentaire, ils apportent un stimulant aux fonctions gustatives, excitent l'insalivation, et, dans une mesure variable avec leur nature, rendent plus abondantes et plus actives les sécrétions digestives.

Grâce à l'assaisonnement qu'ils ont subi, les aliments sont acceptés avec plaisir et digérés avec profit.

D'après leur origine, les condiments forment les groupes suivants : condiments *salins*, *acidules*, *toniques*, *excitants*, *sucrés* et *gras* (H. Boucher).

Condiments salins. — Le plus important est le *chlorure de sodium* ou sel marin ; on l'emploie en nature ou bien dénaturé, sous forme de sel gemme déposé dans les râteliers, ou d'eau salée avec laquelle on arrose les fourrages. Dans le premier cas les animaux le prennent à leur guise ; sous le second mode il permet de mettre en distribution des fourrages poussiéreux, trop secs, ou de qualité inférieure qui, sans cet assaisonnement, seraient inutilisables.

Donner directement aux animaux des cristaux de sel est une pratique blâmable, à dose élevée le sel marin étant irritant ou toxique ; la dose normale est de 50 à 60 grammes.

On s'abstiendra d'employer la saumure qui contient des ptomaïnes et produit des empoisonnements,

Le *sulfate de fer* en solution à 2 à 4 pour 1000 est employé pour arroser les fourrages. Il remplace le chlorure de sodium chez les animaux anémiques.

Condiments acidules. — Pendant les grandes chaleurs, ou bien lorsqu'ils ont les voies digestives fatiguées par un régime intensif, les chevaux se trouvent bien de l'usage de ces condiments qui sont dits *rafraîchissants*. Les herbes et les fruits acides qui jouissent de cette propriété étant surtout réservés aux ruminants, on emploiera des boissons aiguisées par l'acide sulfurique, l'acide chlorhydrique (4 p. 1000), le vinaigre (50 p. 1000) ou du petit-lait.

Condiments toniques. — Les plantes amères (rosacées, gentianées, labiées, composées, lierre) ; les écorces de chêne, de saule, les racines de gentiane, les glands, le cachou, les composés du fer sont les principaux condiments toniques (Boucher) ; on les utilise dans le régime des animaux faibles ou anémiques.

Condiments excitants. — L'alcool, les liquides spiritueux et les substances aromatiques sont des excitants quand on les emploie à dose convenable ; lorsque celle-ci est dépassée, on obtient l'ivresse, la dépression après une surexcitation qui rend les sujets difficilement maniables.

Lorsque l'on veut exiger du cheval un effort considérable on lui donne des grains trempés dans une boisson alcoolique (chevaux de course).

« Les chevaux de halage qui remorquent les bateaux sur les fleuves rapides comme le Rhône et le Rhin, font un tirage continuel sans aucun moment de répit, et éprouvent de très grandes pertes de chaleur en hiver, étant très souvent obligés de tirer en marchant dans l'eau ; aussi est-il nécessaire de leur fournir une alimentation très riche et de les maintenir toujours en bon état de graisse pour leur permettre de mieux résister au froid. Leur ration se compose, pour un cheval de 800 kilos :

Luzerne...................... 15 kilos.
Avoine...................... 18 —

« Lorsque les travaux sont pressants, on ajoute assez souvent 1 à 2 kilos de pain, 2 à 3 litres de *vin* sur leur avoine. C'est l'exemple des plus fortes rations que je connaisse ; il correspond environ à un double travail ordinaire. » (Crevat.)

Les nombreuses préparations offertes comme poudres stimulantes, excitantes ou fortifiantes sont des mélanges de farines et de poudres aromatiques ; leur valeur marchande est généralement de beaucoup supérieure à leur valeur réelle. Il y a une raison qui s'ajoute à celle-ci pour en conseiller chez le cheval un emploi modéré : cet animal accepte des rations appétissantes, mais on a des difficultés à lui faire absorber des aliments dont l'odeur et la saveur sont trop prononcées.

Condiments sucrés. — Les produits sucrés, sucres avariés, sucre roux, mélasse, joignent à leur action alimentaire des propriétés condimentaires qui sont utilisées depuis longtemps. Les eaux sucrées ou mélassées servent à arroser des fourrages de faible valeur alibile et d'odeur désagréable, que les animaux accepteraient difficilement sans cette préparation. (Voy. *Mélasse*.)

Le sucre ajouté à une ration normale joue véritablement le rôle d'un condiment, c'est-à-dire d'un élément qui favorise la digestibilité. Les recherches de Grandeau sur l'influence du sucre vis-à-vis de la digestibilité des divers composants de la ration ne laissent aucun doute à cet égard :

Si, en effet, on compare les coefficients de digestibilité d'une ration composée exclusivement de maïs et de paille avec ceux des mêmes aliments associés au sucre, on aboutit aux constatations suivantes :

Digestibilité pour 100.

	Ration maïs et paille.	Ration maïs paille et sucre.
Matière organique totale..........	71,95	78,40
— azotée....................	61,14	65,99
Cellulose	47,06	43,65
Amidon.......................	98	99,70
Substances indéterminées, pentosanes, etc.....................	16,70	50,40

Cette comparaison est des plus intéressantes : elle montre que loin d'exercer une dépression sur la digestibilité de la masse organique et des principes essentiels de la ration, le *sucre* donné à l'état naturel, et en quantité relativement énorme (2^{kg},500 par jour à des chevaux du poids vif moyen de 425 kilos), *favorise* au contraire l'assimilation des divers constituants du fourrage (Grandeau).

Quelques chiffres empruntés au même auteur, montreront l'influence de la ration sucrée sur la vitesse du cheval.

Chemin parcouru à l'heure.

	Kilomètres.
Avec ration au foin seul.............	9,780
— de maltine (produit très azoté).................	9,445
— de maïs et sucre........	11,193

« Contrairement à l'idée préconçue qu'on aurait pu avoir, une dose élevée de sucre dans la ration *n'augmente pas la soif* de l'animal ; c'est avec la ration sucrée que la quantité d'eau bue a été la moindre, à la fois par rapport au poids de la substance sèche et absolument parlant. Avec la ration paille, maïs et sucre, la quantité d'eau bue est tombée à $1^{kg},900$ par kilogramme de substance sèche ; elle a atteint le maximum ($3^{kg},900$) avec la ration la plus riche en matière azotée. » (Grandeau.)

La conclusion générale de toutes les recherches nouvelles (travaux de Chauveau, de Grandeau, etc.) est donc que l'on aurait tort de considérer le sucre uniquement comme un condiment utile ; à ce point de vue, il rend des services, mais sa valeur alimentaire et énergétique indiscutable permettra de le faire entrer dans l'alimentation, dès que les réformes fiscales si vivement réclamées auront été réalisées.

Condiments gras. — En raison de leur grande puissance thermogène les condiments gras viennent utilement s'ajouter à une ration insuffisamment riche en graisse. Ils donnent de la souplesse et du brillant aux poils ; aussi les distribue-t-on quelquefois aux chevaux, bien que leur emploi habituel soit réservé pour les animaux d'engrais.

Les graines oléagineuses ou les tourteaux non dégraissés sont employés avec avantage pour ramener, dans des limites convenables, le rapport adipo-protéique de rations pauvres en graisse ; c'est à ce titre qu'elles figurent dans quelques rations dans une proportion beaucoup plus faible que celle des autres grains.

Les graines riches en graisse le plus souvent usitées sont la *graine de lin*, le *chènevis* et le *soja* ou pois oléagineux (Voy. *Graines des légumineuses diverses*).

Le *chènevis* possède la composition suivante (Boussingault) :

	Kilos.
Eau	12,20
Matière azotée	16,30
— grasse	33,60
Glycosides	21,60
Ligneux	12,10
Sels	4,20
Acide phosphorique	0,77

Magne le fait entrer dans plusieurs des *rations sans avoine* qu'il a établies, à une dose variant de 0ᵏᵍ,500 à 1 kilo :

	Kilos.
Foin	7,500
Orge	6
Chènevis	1

	Kilos.
Foin	7,500
Orge	3,500
Chènevis	0,600

Pour chevaux de 450 à 500 kilos.

Les chevaux sont très avides du chènevis, qu'on peut leur donner en nature ; 0ᵏᵍ,650 remplace 1 kilo d'avoine.

La *graine de lin* est également appétée ; mais on la donnera écrasée ou mélangée à l'avoine pour en assurer la mastication.

L'*huile de foie de morue*, utilisée en Angleterre dans la préparation des animaux de boucherie pour les concours, pourrait entrer dans le régime des jeunes à une phase critique, ou dans celui des animaux convalescents.

Mashs. — Les mashs constituent une nourriture rafraîchissante que l'on donne avec avantage, une fois par semaine, aux chevaux soumis à une ration intensive ; ils conviennent aussi aux chevaux dont on arrête brusquement le travail et chez lesquels on doit réduire la ration.

Un mash se compose pour un cheval, de 1 kilo à 1^k,500 d'avoine, et de 5 décilitres de graine de lin dans 5 à 6 litres d'eau.

On fait bouillir le mélange pendant trois heures ; on ajoute du son ; on couvre le récipient et on laisse refroidir ; on peut ajouter ensuite du sel ou de la mélasse.

On donne aussi le nom de mashs à des préparations contenant du foin, de la paille hachée, de l'avoine, de la farine d'orge, du son et de la graine de lin. Boucher donne la formule de deux sortes de mashs usités dans la cavalerie :

I

Grammes.

Foin haché........	200	
Paille hachée......	200	Infusés dans 2 litres d'eau et
Avoine...........	500	donnés en sus de la ration.
Son	160	Pour chevaux maigres à ap-
Farine d'orge......	80	pétit capricieux.
Sel marin.........	10	

II

Grammes.

Foin haché........	200	
Paille hachée......	200	Infusés dans 2 litres d'eau
Avoine...........	500	tiède. Pour chevaux échauf-
Son	160	fés par l'avoine ou atteints
Graine de lin......	30	d'inflammation intestinale
Farine d'orge....	80	chronique.
Sel marin.........	15	

CHAPITRE X

LES BOISSONS

Nous passerons en revue dans ce chapitre :
L'Eau ;
Les Boissons alimentaires ;
Les Boissons médicamenteuses.

I. — L'EAU.

L'eau existe dans l'organisme animal en proportion énorme, mais sa distribution varie suivant les tissus ; on en trouve pour 1000 : 486 dans le squelette, 757 dans les muscles, 791 dans le sang, 995 dans la salive. Elle se présente sous deux états : à l'état libre, elle est un agent de dissolution et de diffusion ; à l'état d'eau de constitution, elle fait partie intégrante de la substance vivante ; dans les deux cas son rôle est considérable (Laulanié).

L'eau est fournie à l'organisme par les aliments et par les boissons. Les aliments en apportent une proportion évidemment variable avec leur état physique ; ce qui fait que la nature du régime (sec ou vert) influe sur la quantité de boisson absorbée. Les animaux nourris d'herbes vertes ou de racines aqueuses boivent moins que ceux qui prennent du fourrage sec et des grains.

Pour remplir utilement son rôle et ne déterminer

aucun trouble organique, l'eau de boisson doit posséder des qualités que nous allons examiner sommairement:

Caractères des eaux potables. — *Température.* — L'eau de boisson doit être fraîche, à une température comprise entre 8° et 14° centigrades. Les eaux tièdes sont fades et d'une digestion difficile ; pour étancher leur soif les chevaux en prennent souvent de grandes quantités, ce qui provoque de la fatigue des organes digestifs. Afin d'éviter les inconvénients que présentent les eaux dont la température est supérieure à 16°, Magne conseille de les saler ou de les vinaigrer, si on ne peut abaisser leur température en les laissant dans un endroit frais.

Les eaux froides sont légères et stimulantes, mais à la longue elles amènent de l'affaiblissement des organes digestifs, de la congestion intestinale, de la diarrhée.

Limpidité. — L'eau potable est incolore, bleue ou bleu verdâtre. Toute eau trouble, boueuse, limoneuse, tenant en suspension des matières minérales et organiques, doit être rejetée de la consommation.

Odeur. — L'odeur suspecte de l'eau, peu perceptible, à moins d'altération sérieuse, à la température ordinaire, se révèle soit à 0°, soit par le chauffage à 50°. L'opération se fait en portant à la température voulue l'eau renfermée dans un flacon bien bouché, que l'on ouvre au bout de quelques minutes de séjour dans le bain-marie.

Une eau de bonne qualité, conservée à la température ordinaire (maximum 25°) dans un vase clos, ne dégage aucune odeur, même au bout de quinze jours.

Saveur. — Les matières minérales et gazeuses que renferme l'eau, lui communiquent une saveur particulière ; celle-ci varie avec la provenance du liquide, elle est sensible même lorsque les échantillons sont prélevés dans des localités voisines. Les personnes qui font de l'eau leur boisson exclusive perçoivent avec la plus grande netteté ces écarts de saveur. Lorsque celle-ci est franchement désagréable, l'eau est impropre à la consommation.

« Le goût *douceâtre* des eaux accuse la présence des sels d'alumine ; le goût *terreux* vient des sels de magnésie ; le goût *amer* est dû aux composés du potassium ; le goût *saumâtre* correspond au sel marin ; le sulfate de chaux donne aux eaux une saveur *sélénitteuse* ; les matières organiques leur communiquent de la *fadeur*. » (H. Boucher.)

La présence de matières organiques rend l'eau putrescible ; et cette altération se traduit par une odeur de croupi, d'œufs pourris, etc. ; en même temps l'eau verdit ou se trouble ; la putrescibilité est rendue évidente quand on conserve l'eau en vase clos, pendant un mois, à une température voisine de 30°.

Bactéries. — Les eaux « pures » contiennent de 10 à 1000 bactéries par centimètre cube ; sont « médiocres » celles qui en contiennent de 1000 à 10000 ; « impures » celles où cette proportion est dépassée (Miquel).

Gaz. — L'eau potable renferme ordinairement en dissolution 20 à 25 centimètres cubes de gaz par litre. Cette quantité comprend :

Acide carbonique........ 50 p. 100

Oxygène et azote, pour le reste, dans la proportion suivante :

Oxygène............... 33 p. 100
Azote................. 67 —

Ces gaz donnent à l'eau sa *légèreté*, qualité indispensable qui n'existe pas dans les eaux peu aérées qui sont indigestes. Les eaux *lourdes* ne seront données qu'après avoir été agitées, transvasées, en les laissant tomber d'une certaine hauteur, ou laissées pendant assez longtemps au contact de l'air.

Sels. — Les eaux potables tiennent toutes en dissolution des substances minérales, et laissent après évaporation un résidu qui oscille entre 1 et 3 décigrammes par litre. La moitié environ de ce résidu est constituée par du carbonate de chaux ; le reste comprend : des chlorures alcalins, des sulfates alcalins et terreux, des silicates et de la silice libre, des traces de fer, d'alumine, de fluor, d'iode et de brome. La proportion de ces sels qui jouent dans la nutrition un rôle important, complément de celui des matières minérales apportées par les aliments, ne peut descendre au-dessous du taux minimum qui vient d'être indiqué.

Lorsque la teneur en matières salines est trop élevée, on dit que l'eau est *dure, crue, séléniteuse* : il y a excès de carbonate et de sulfate de chaux. Elle devient impropre au savonnage du linge et à la cuisson des légumes : une eau avec laquelle le savon forme des grumeaux ou qui durcit les légumes au cours de la cuisson, sera rejetée comme boisson.

Si les ruminants s'accommodent d'eaux saumâtres et les acceptent à défaut d'autres, le cheval les dédaigne parfaitement.

La consommation d'eaux non potables nuit à la santé des animaux. Les eaux des mares et des étangs, les eaux putréfiées, celles qui sont contaminées de germes irritants peuvent engendrer des entérites microbiennes plus ou moins graves. Galtier a observé des enzooties successives dans une ferme où les animaux étaient décimés tant qu'on les obligeait à s'abreuver dans des eaux croupissantes ; Reynal et plusieurs autres vétérinaires ont relaté des entérites graves avec symptômes d'empoisonnement chez des chevaux abreuvés avec des eaux putréfiées.

Dans certaines écuries industrielles où les cas de coliques sont nombreux, lorsqu'un examen attentif des denrées alimentaires (nature, conservation, mode de distribution) ne révèle pas la cause de ces accidents, on est en droit d'incriminer les eaux de boisson ; ne rencontre-t-on pas fréquemment des puits contaminés par des infiltrations provenant des fumiers et des fosses, ou des citernes remplies d'une eau lourde, pauvre en sels et chargée de matières organiques ? L'usage continu de ces eaux explique les troubles digestifs observés ; la cause supprimée, l'effet disparaît.

Quantité d'eau à distribuer. — La quantité de boisson absorbée par un cheval en vingt-quatre heures varie avec le régime, le travail et les agents extérieurs (circumfusa).

La soif de l'animal est influencée pour une forte part par l'abondance de sa sécrétion salivaire, laquelle est subordonnée à la nature des aliments mastiqués. Les expériences de Lassaigne ont appris que les fourrages secs absorbent pendant la mastication quatre fois leur poids de salive, l'avoine un peu plus d'une fois, la farine près de deux fois, et les fourrages verts à peine la moitié de ce poids. Ces chiffres mesurent ce que l'on pourrait appeler le *coefficient d'hydratation* des aliments (Laulanié). Ce coefficent est égal à 4 pour les fourrages secs, 2 pour la farine, 1 pour les fourrages verts, 1/2 pour les racines.

La quantité de boisson nécessaire au cheval doit varier avec le régime dans le rapport de ces coefficients ; on manque toutefois d'observations précises sur ce point. Colin calcule qu'il faut au cheval pour chaque kilogramme d'aliment « supposé sec » de 2 à 3 kilogrammes d'eau. Magne estime qu'avec la même nourriture, la quantité d'eau ingérée par le cheval peut s'élever de 20-22 litres à 30-35 litres en vingt-quatre heures ; pour lui, un cheval de 500 à 600 kilos ne doit pas recevoir plus de 25 litres d'eau par jour ; les chevaux de petite taille (400 kilos) des contrées méridionales prennent de 14 à 18 litres d'eau.

Le travail, en provoquant une accélération des échanges dans les tissus et, avec celle d'autres déchets, l'élimination d'une quantité d'eau supplémentaire, augmente la soif.

Les variations dans les agents extérieurs (humidité ou sécheresse, chaleur, agitation de l'air, etc.) ont des effets bien connus.

Mode de distribution. — Il est nécessaire de régler la quantité d'eau mise en distribution ; les animaux doivent boire à leur soif, mais un excès de liquide leur serait nuisible, en devenant une cause d'indigestion. (Indigestion d'eau, plus commune chez les ruminants que chez le cheval.)

Quand un cheval a souffert de la soif, il ne faut pas le laisser prendre tout d'un coup la quantité d'eau dont il a besoin ; à l'écurie, on lui donnera celle-ci en plusieurs fois, avec précaution ; s'il est conduit à l'abreuvoir, on lui tiendra de temps à autre la tête hors de l'eau, ou on le fera marcher quelques pas, pour interrompre ses déglutitions.

Lorsque les chevaux arrivent en sueur à l'écurie, on ne leur donne pas immédiatement à boire. S'ils hésitent à prendre leur repas, on leur présente une petite quantité d'eau maintenue à la température de l'écurie ; on les abreuve définitivement quand ils sont reposés.

La meilleure façon de procéder, en matière de distribution d'eau, serait de laisser celle-ci à la disposition des animaux pour qu'ils puissent, au cours du repas, se désaltérer à leur aise. Dans la majorité des cas, cette condition est difficile à réaliser. Aussi pour obvier aux inconvénients d'une distribution intempestive de la boisson, doit-on se conformer strictement à la règle dont nous avons déjà discuté la nécessité et qui est celle-ci :

Si le repas comporte du foin et des grains, on fait boire l'animal avant le repas, s'il y consent. Dans le cas contraire, on donne le foin, puis on fait boire ; on distribue en dernier lieu l'avoine ou les aliments concentrés.

Dans les écuries industrielles, l'emploi d'auges individuelles avec distribution automatique par canalisation, résout pratiquement et économiquement la question de l'abreuvement des chevaux.

Les avantages de cette installation sont, en effet, les suivants :

Distribution régulière de l'eau ;

Maintien de cette eau à la température normale ;

Facilité laissée aux chevaux de boire à tous les moments du repas ;

Économie réalisée sur le temps nécessaire à la distribution de la boisson (une heure pour 20 chevaux) ;

Diminution des chances de propagation de maladies contagieuses (morve, gourme) par la suppression du seau, de l'auge commune, de l'abreuvoir, qui sont des causes très efficaces de dissémination des agents infectieux.

II. — BOISSONS ALIMENTAIRES ET MÉDICAMENTEUSES.

Le lait, les bouillons de viande, dont il a été traité a une autre place, les eaux chargées de farines ou de sons (barbotages) servent à la fois à calmer la soif et à apaiser la faim ; on les emploie comme complément des aliments ordinaires pour les animaux malades ; les barbotages entrent utilement dans le régime des chevaux qui reçoivent des rations concentrées et qui sont soumis à un travail pénible (Voy. *Farines*).

Le *thé de foin* est une boisson que l'on prépare en versant de l'eau bouillante sur du foin de bonne qualité ; ou bien en laissant ce foin macérer dans l'eau froide pendant dix à douze heures. Ce dernier procédé donnerait même un liquide plus nutritif que dans la préparation à chaud, le plus communément employée, puisqu'il évite la coagulation des matières albuminoïdes. On obtient un liquide de couleur jaunâtre ou brune, de saveur agréable, jouissant de réelles propriétés nutritives, et qui rend des services dans le régime des jeunes au moment du sevrage, et dans celui des animaux débilités et d'appétit nul.

Les boissons médicamenteuses sont des infusions chaudes de plantes toniques, aromatiques ou excitantes (thé, café, menthe poivrée, etc.) additionnées d'un produit médicinal qu'il est impossible d'administrer seul ; à l'effet du médicament s'ajoute celui de la boisson qui agit aussi par sa température.

CHAPITRE XI

CONSERVATION DES GRAINS
PRÉPARATION DES RATIONS. — MANUTENTION.

I. — CONSERVATION DES GRAINS.

Constituer des réserves de grains pour s'assurer un approvisionnement régulier et se mettre à l'abri des fluctuations commerciales, est une question du plus grand intérêt ; mais deux obstacles s'opposent à ce qu'elle puisse être constamment résolue avec avantage : l'humidité qui favorise l'envahissement des grains par les microorganismes, ferments et moisissures ; les insectes qui, en pullulant dans la masse, en détruisent une partie et en détériorent des quantités encore plus considérables.

Dans les contrées à climat sec, où les pluies sont rares, dans celles, comme l'Égypte, où l'eau ne tombe pour ainsi dire jamais, où les récoltes donnent toujours des graines parfaitement desséchées, le problème est résolu par l'emploi du *silo*, cavité creusée dans le sol où l'air n'a pas accès : pendant un temps très long, les graines s'y conservent sans altération.

Dans les pays tempérés et dans les contrées du nord, l'ensilage des grains donne de mauvais résultats. Cet insuccès est attribuable, pour une forte part, à l'humidité du sol qui finit par gagner, au travers de parois en apparence étanches, l'intérieur des silos les mieux construits.

Abandonnant donc ce mode de conservation, et s'appuyant sur cette observation que les grains convenablement aérés sont moins sujets à s'échauffer que ceux laissés au repos, on a cherché à réaliser l'aérage et la ventilation des grains. On a, dans des greniers ordinaires, soumis les grains à des pelletages répétés, opération dispendieuse ; on a imaginé des greniers à ventilateurs, des greniers à compartiments où le grain passe de l'un dans l'autre pour être remué et aéré, à l'aide de vis d'Archimède ou de chaînes à godets, etc. Tous ces systèmes sont d'une installation coûteuse et ne garantissent pas une conservation rigoureusement parfaite ; ils n'empêchent pas la fermentation des grains mal ventilés et non remués qui s'amassent dans les angles, et ne s'opposent pas complètement aux ravages des insectes ; leur emploi ne donne pleine satisfaction que si l'on opère avec des grains déjà bien secs.

On doit chercher à mettre le grain entièrement à l'abri de l'air. Le silo souterrain en maçonnerie offre sur le grenier ce grand avantage de posséder une température peu élevée et constante ; mais il n'est pas complètement inaccessible à l'air, et nous avons dit qu'il était impossible d'y éviter la pénétration de l'humidité. Pour faire disparaître ces deux inconvénients et bénéficier des avantages de la méthode, Doyère a proposé l'emploi de *silos métalliques* ; son système consiste dans des enveloppes de tôle très minces, isolant complètement les grains de l'action de l'air. Enfouis dans le sol à une profondeur convenable ou suffisamment abrités pour rendre peu sensibles les variations de température, réalisant une étanchéité parfaite, sans aucune pénétration d'air, ces silos ont en outre l'avantage de diminuer les frais d'emmagasinage en supprimant le pelletage, indispensable avec les greniers ordinaires. On construit actuellement des silos en *ciment armé* qui offrent aussi beaucoup de sécurité.

Les grains et les graines renferment toujours de 10 à 20 p. 100 d'eau, soit en moyenne 15 p. 100. Lorsque la teneur en eau est inférieure à cette moyenne, les fermentations qui se produisent dans la masse sont excessivement faibles, et la conservation en vase clos (système Doyère) devient possible et est assurée pour un temps très long. Au-dessus de 16 p. 100 d'eau, l'altération des grains se produit au bout d'un temps plus court que dans le cas précédent ; la masse fermente, s'altère, et les grains acquièrent des propriétés plus ou moins nocives susceptibles de déterminer des troubles dans la santé des animaux. (Voy. *Affections mycosiques.*)

Lorsque les grains ne doivent séjourner dans les magasins que pendant peu de temps, on les conserve en *sacs* ou en *vrac*.

Le procédé de *conservation en sacs* est employé dans les docks et entrepôts ; il permet de réunir sur de petites surfaces d'importantes quantités de grains dont le déplacement est rendu facile ; la quantité totale étant fractionnée en unités de 120-100-75 kilos, ne s'échauffe pas aussi vite qu'en une seule masse.

Pour la *conservation en vrac*, les grains sont déposés dans les greniers, sur un plancher de bois, de briques creuses, de bitume, etc. ; l'épaisseur du tas, variable avec la quantité de grain, et la surface du grenier, ne doit pas, cependant, dépasser 1^m,20. Les grains seront remués par des pelletages méthodiques auxquels on procédera tous les deux mois en moyenne ; un état insuffisant de siccité, des circonstances atmosphériques défavorables commandent, pour la bonne conservation, de répéter cette manipulation à intervalles plus rapprochés.

Les pelletages répétés ont encore pour effet de déranger les insectes qui s'établiraient et pulluleraient en toute tranquillité dans des tas non remués. Les charançons fuient les greniers où ils causeraient des dégâts, sans cette simple précaution.

II. — PRÉPARATION DES RATIONS. — MANUTENTION.

On désigne sous le nom de *manutention* l'établissement où s'effectuent les principales opérations (nettoyage, aplatissage, concassage, hachage, mélange) qu'on fait subir aux grains et aux fourrages avant de les distribuer aux chevaux.

L'installation de la manutention d'une entreprise de transports, où les derniers perfectionnements ont été apportés, va nous servir de cadre pour l'exposé de ces préparations :

Le bâtiment occupe un emplacement de 17 mètres de long sur 11 mètres de large (187 mètres carrés) ; il comporte deux étages et est desservi par un quai.

Au deuxième étage, où les denrées (avoine, maïs, fèves, orge) arrivent par un monte-charge mû mécaniquement, se trouvent quatre *tarares* américains. Ces appareils, par leur fonctionnement régulier, l'emplacement réduit qu'ils occupent et leur prix minime, tendent à remplacer les tarares aspirateurs et ventilateurs.

Leur principe est le suivant : les graines tombent dans une coulisse munie d'une série de plans inclinés, formés par des grilles de dimensions variables ; la grille située à la partie supérieure fait office de cribleur et d'émotteur ; elle élimine les corps étrangers plus gros que l'avoine.

Ces appareils donnent un débit de 30 000 kilos de grains par jour.

Les déchets du tarare consistent en grains vides ou avortés, balles d'avoine, fragments de paille, graines légères, matières terreuses ou siliceuses.

A sa sortie, l'avoine est conduite dans le *trieur à alvéoles*, appareil basé sur la différence de forme des grains à séparer.

Les graines éliminées par le trieur se rangent en trois catégories :

1° Graines étrangères comestibles ;

2° Graines étrangères non comestibles et inertes :

3° Graines étrangères nocives.

Outre ces graines, le trieur a séparé l'avoine de petites dimensions, qui, bien que jouissant d'un pouvoir nutritif moins grand que l'avoine normale, peut être utilisée dans l'alimentation, au lieu de constituer une perte sèche figurant dans les déchets.

CARACTÈRES DES GRAINES ÉTRANGÈRES ÉLIMINÉES.

1° GRAINES COMESTIBLES.

VESCES. — Graines globuleuses, anguleuses ou comprimées ; hile oblong ou linéaire.

Vesce cultivée (Vicia sativa). — Graine brune, irrégulièrement globuleuse, lisse à la maturité ; hile n'occupant pas le quart de la circonférence.

Vesce des haies (V. sepium). — Graine grisâtre ou jaunâtre tachée de noir ; hile occupant les deux tiers de la circonférence.

Vesce à bouquet (V. cracca). — Graine d'un brun marbré, à hile occupant le tiers de la circonférence.

Vesce variable (*V. varia*). — Graine brun foncé.

Pois. — Graines globuleuses de volume variable.

Pois des champs (*Pisum arvense*). — Graines granuleuses, petites, tachées de brun.

Pois cultivé (*P. sativum*). — Graines grosses, globuleuses, jaunes, non tachées.

Luzernes. — Gousse arquée ou contournée en spirale à plusieurs tours ; souvent chargée d'épines sur le bord extérieur.

Graine très petite, aplatie, jaunâtre.

Luzerne lupuline (*medicago lupulina*). — Gousse réniforme, à faces convexes et sillonnées.

2° Graines non comestibles ou inertes.

Centaurées. — *Centaurée jacée* (*Cent. jacea*). *Centaurée bleuet* (*Cent. cyanus*). — Fruits (akènes) blanchâtres, ovoïdes, comprimés latéralement, dépourvus de côtes, couverts de poils fins, aigrette nulle ou remplacée par une couronne de petites paillettes denticulées.

Liseron (*Convolvulus arvensis*). — Capsule ovoïde, sub-globuleuse, glabre, terminée en pointe ; graines tuberculeuses.

Gaillet (genre *Galium*). — Fruit sec, en deux carpelles presque globuleux, se séparant à maturité.

Gaillet croisette (*G. cruciatum*). — Fruit assez gros, glabre, lisse.

G. gratteron (*G. aparine*). — Fruit gros, arrondi, hérissé de poils crochus.

G. printanier (*G. vernum*). — Fruit petit, lisse et glabre.

3° Graines irritantes ou toxiques.

Coquelicot (*Papaver Rheas*). — Capsule glabre, courte, ovale, renfermant des graines petites, rondes, noires ou marron foncé.

Ces graines, en forte proportion, pourraient déterminer, par leur opium, l'atonie du tube digestif.

Moutarde sauvage (*Sinapis arvensis*). — Graines globuleuses, rarement oblongues, n'ayant jamais plus d'un millimètre de diamètre, noires ou grises, très luisantes et lisses.

Écrasées dans la bouche, les graines de moutarde laissent une saveur piquante ; introduites dans l'appareil digestif en quantité notable, elles peuvent provoquer une entérite irritative, par suite de l'action de l'essence de moutarde.

Ravenelle (*Raphanistrum arvense*). — Silique allongée, bosselée, se brisant en articles de 3 à 4 millimètres de diamètre, renfermant une graine ressemblant beaucoup à celle du radis cultivé.

Gesse ou jarosse (*Lathyrus cicera*). — Gousse oblongue, graines globuleuses ou anguleuses, grises, marbrées de noir ; diamètre 3, 4 millimètres ; assez irrégulières de forme et de nuance.

(V. *Lathyrisme*.)

Nielle (*Agrostemma githago*). — Graine de 2 à 3 millimètres de diamètre ; irrégulièrement arrondie, surface finement chagrinée, écorce noire, intérieur très blanc.

Certains lots d'avoines exotiques (Suède, Russie) renferment jusqu'à 17 p. 100 de graines de nielle.

(V. pour l'action toxique, *Githagisme*).

Ivraie enivrante (*Lolium temulentum*). — Fruit (caryopse) largement canaliculé, muni au sommet d'un appendice arrondi, plus court et plus étroit que le grain d'avoine, de couleur jaune fauve teintée de vert clair.

Après avoir subi l'action des tarares et du trieur, l'avoine passe, par une vis sans fin, au *concassage*.

L'aplatissage et le concassage sont deux préparations dont il a déjà été parlé au sujet de l'emploi de l'avoine dans la ration.

L'*aplatissage* est obtenu par des appareils à cylindres, dont le degré de serrage est réglé par une vis ; malgré cela, les appareils n'ont pas un fonctionnement régulier ; l'avoine est incomplètement aplatie ou l'est trop ; et, dans ce cas, il y a production de farine, ce qui constitue un déchet.

Ainsi que l'a déjà fait ressortir Paul Gay, et comme le montrent les chiffres ci-dessous, l'aplatissage est plus onéreux que le concassage.

Aplatissage de 10.000 kilos de grains.

8 chevaux-vapeur............	96 francs.
2 hommes.................	10 —
	106 francs.

Soit 1fr,06 par 100 kilos.

Concassage de 10.000 kilos de grains.

6 chevaux-vapeur..........	72 francs.
2 hommes	10 —
	82 francs.

Soit 0fr,82 par 100 kilos.

Pour le concassage, les avantages sont évidents et rendent utile la préparation, dans les conditions que nous avons indiquées. Les inconvénients de l'aplatissage (fonctionnement irrégulier, prix de revient élevé) sont supprimés par l'emploi d'un appareil nouveau, le *désagrégateur*.

Les grains sont concassés par l'action de marteaux articulés; sous l'influence de chocs répétés, l'avoine est décortiquée ; l'amande reste intacte et les glumes sont isolées.

Les avantages de cet appareil, qui fonctionne dans la manutention que nous décrivons, consistent en un débit élevé, l'absence de formation de farine, et une dépense de force motrice moindre qu'avec les aplatisseurs et concasseurs ordinaires.

Pour le maïs et les fèves, le degré de concassage varie avec la vitesse dont on anime, à volonté, les marteaux.

Après avoir été ainsi traités les grains sont transportés par une vis sans fin au RATIONNEUR.

Cet appareil est formé d'un cylindre partagé en un nombre de compartiments égal à celui des denrées qui vont constituer la ration. Le réglage de chacun de ces compartiments s'effectue au moyen d'un plateau mobile fixé sur une tige graduée, dont on fait correspondre la division avec la quantité de grain mise en consommation.

Chaque portion ainsi mesurée (avoine, fève, maïs, etc.) tombe dans une gouttière qui conduit à l'orifice de sortie, où la ration mélangée est recueillie dans un sac, le *pochet individuel*, qui va servir à la distribution dans les dépôts. Chaque ration du matin, du midi et du soir est ainsi obtenue isolément.

Le rationneur donne un débit de 3 000 rations (environ 5 par minute) ; un compteur actionné mécaniquement enregistre chaque pochet et sert de moyen de contrôle.

Cet appareil ingénieux permet le dosage régulier de la ration ; point capital quand celle-ci résulte du mélange de diverses denrées de pouvoir nutritif différent, comme l'avoine et les fèves. En même temps qu'on supprime un mélange hétérogène et une distribution vicieuse, on économise les frais de pelletage et de mise en sacs.

Le rationneur donne un fonctionnement régulier avec les grains ; l'incorporation dans la ration de fourrage ou de paille divisés est plus délicate ; elle nécessite une très grande régularité dans le hachage.

Le prix d'un appareil donnant un débit de 4 500 rations est de 3 600 francs ; deux hommes suffisent pour en assurer la marche : un, plaçant le pochet, l'autre l'enlevant et le ficelant.

Le but des manipulations que nous venons de décrire est, en définitive, l'obtention du *pochet indivi-duel* ; le nettoyage, le concassage ne sont que des temps préparatoires ; nonobstant beaucoup d'exploitations s'y arrêtent et ne poussent pas jusqu'à la division de la ration totale pour chaque individu et chaque repas. Le pochet individuel présente pourtant des avantages sérieux ; il assure un mélange régulier de la ration ; et nous savons que les accidents attribués à la consommation de tel ou tel succédané de l'avoine sont une conséquence de mélanges irréguliers. Il permet une distribution rapide et parfaite des aliments préparés et il supprime le gaspillage ; la pratique une fois généralisée pour une cavalerie importante dispense de préparer spécialement la ration des chevaux qui prennent leur repas hors de l'écurie.

Tous ces avantages se traduisent finalement par un meilleur état général de la cavalerie et par la diminution très nette du nombre des affections digestives causées par des préparations alimentaires insuffisantes ou mal pratiquées.

Conclusion. — M. Grandeau a depuis longtemps

insisté sur les avantages considérables que présente
le nettoyage des grains.

« Cette préparation élimine toutes les matières
étrangères qui tendent à modifier (en l'abaissant) la
valeur nutritive réelle de l'avoine et à entacher
d'erreur les calculs des rations.

« Elle supprime les poussières minérales et organiques, cause incontestable d'accidents assez fréquents
et presque toujours mortels chez le cheval.

« En ajoutant que le produit des graines extraites
de l'avoine brute, graines qui peuvent être utilisées
soit par l'industrie, soit par l'agriculture (engrais,
nourriture des porcs), couvre les frais de nettoyage,
nous aurons indiqué les avantages pratiques, hygiéniques et économiques qui résultent de l'installation
d'une manutention. »

DIVISION DES FOURRAGES. — Le hachage des fourrages,
pratiqué en Angleterre dans un grand nombre d'exploitations, présente les avantages suivants :

Il ne diminue pas, comme on le croyait (G. Colin),
la longueur des repas, mais il facilite la mastication,
permet un mélange régulier et une distribution facile ;
par l'incorporation de fourrage haché aux grains,
ceux-ci sont mastiqués plus complètement et subissent
une digestion plus parfaite ; rendant nécessaire la distribution dans la mangeoire de la ration-mélange, il
supprime l'installation des rateliers et fait disparaître
du même coup la perte, le gaspillage résultant de la
préhension des foins et des pailles dans ces derniers
appareils.

En Angleterre, en Belgique, en Hollande, en Allemagne, les compagnies de transports et bon nombre
de particuliers font pratiquer le hachage ; en France,
hormis les grandes compagnies de transports (omni-

bus, petites-voitures, camionnages, etc.), l'usage de cette préparation n'est pas généralisé.

Cela ne tient pas forcément à la méconnaissance de ses avantages ; mais à ce que ceux-ci ne compensent pas toujours les frais nécessités par l'opération quand celle-ci porte sur un petit nombre d'animaux dont la ration n'est pas manutentionnée, comme dans les grandes administrations :

Le hachage de 8.000 kilos de
foin nécessite............ 6 hommes....... 30 francs.
                          6 chevaux-vapeur. 72 —
                          ————————————
                                          102 francs.

Soit une dépense de 1fr.27 par 100 kilos.

On peut cependant conseiller cette préparation dans l'alimentation des chevaux âgés, des poulains pendant la période de remplacement des dents, ou des adultes qui ont les arcades molaires en mauvais état.

Pour une exploitation comprenant un effectif de 1 600 chevaux, la manutention complète des rations (nettoyage et concassage des grains, hachage des fourrages, confection du pochet individuel) nécessite un personnel de 6 hommes, un chef d'équipe et une force motrice de 30 chevaux. Le bâtiment, l'achat des appareils et des machines à vapeur, représentent une dépense d'environ 60 000 francs.

Les bons résultats que l'industrie particulière retire d'une installation semblable à celle dont nous venons de parler permettent de se demander s'il n'y aurait pas lieu de proposer pour l'armée des installations analogues.

Les économies que font les particuliers en recourant aux substitutions alimentaires, pourraient, dans la même mesure, être réalisées dans les régiments, où, jusqu'à présent, ces substitutions ne sont faites que d'une manière tout à fait exceptionnelle, et avec une circonspection qui n'est plus en harmonie avec nos connaissances physiologiques et zootechniques. Les progrès hygiéniques qui sont la conséquence d'une manutention bien pratiquée, viendraient s'ajouter aux avantages des substitutions, sans que, par l'installation et le fonctionnement de cette manutention, les économies réalisées se trouvassent absorbées, bien au contraire.

Pour chaque régiment, ou pour chaque garnison importante, l'installation d'une manutention ne serait pas coûteuse ; un petit nombre d'hommes s'y trouverait employé, et la force motrice pourrait être demandée aux chevaux que l'on envoie à la promenade, à ceux qui ne peuvent être montés pour cause de blessures, etc., etc.

Il ne nous appartient pas plus de traiter la question avec détails que de la trancher quant au fond ; mais il est impossible, dans les circonstances économiques et budgétaires actuelles, de ne pas se la poser.

TROISIÈME PARTIE

DES INTOXICATIONS ALIMENTAIRES

Il ne sera traité dans cette partie que des accidents consécutifs à l'ingestion des aliments altérés ou des plantes vénéneuses, car nous n'avons pas à nous occuper des intoxications produites par les poisons minéraux. L'absorption intestinale de substances toxiques, compliquée fréquemment d'infections diverses (affections typhoïdes ou pasteurelloses) aboutit à des manifestations pathologiques dont les dominantes sont des lésions gastro-intestinales et des troubles nerveux. L'expertise médico-légale de ces accidents sera le corollaire de leur étude.

Les données étiologiques et pathogéniques auxquelles conduit l'étude des intoxications alimentaires montrent l'importance qu'il faut attacher à l'examen attentif des denrées et la nécessité des préparations qui permettent d'écarter de la consommation les éléments toxiques.

Les matières se succéderont dans l'ordre suivant :

CHAPITRE Ier. — Intoxications par les denrées avariées ou irritantes.

A. — Gastro-entérite mycosique.

B. — Paraplégie d'origine infectieuse.

CHAPITRE Ier

INTOXICATIONS PAR LES DENRÉES AVARIÉES OU IRRITANTES.

A. — GASTRO-ENTÉRITE MYCOSIQUE.

On désigne sous le nom de gastro-entérite mycosique l'ensemble des accidents consécutifs à l'ingestion d'aliments avariés.

Étiologie. — Les aliments et les boissons sont les agents d'introduction dans l'organisme des éléments nocifs qui occasionnent la maladie.

Les fourrages altérés, moisis, infectés de champignons parasites et de microbes sont la cause la plus commune. La flore cryptogamique des fourrages est très riche ; sur les foins de première qualité, à côté d'agents favorables, tels que le *Bacillus amylobacter*, existent des formes pathogènes nombreuses qui restent sans action tant que l'organisme se maintient en état de résistance. Lorsque la muqueuse intestinale lésée permet l'introduction des microbes dans le chyle, lorsque à la suite de l'ingestion de fourrages avariés et peu alibiles l'organisme affaibli ne peut plus lutter contre le nombre formidable d'éléments nocifs apportés par ces aliments, les troubles apparaissent.

Les fourrages durs, ligneux, coriaces, incomplètement mastiqués par des chevaux ayant l'appareil dentaire en mauvais état, provoquent mécaniquement des

23.

irritations de l'intestin. A la faveur des traumatismes exercés à la surface de la muqueuse, des infections secondaires ne tardent pas à se produire, qui font évoluer l'inflammation initiale dans le sens des entérites mycosiques. ·

Les agents infectieux, inoffensifs quand l'intestin est indemne, deviennent dangereux lorsqu'une voie de pénétration leur est ouverte. Ce fait est de la plus haute importance relativement à l'hygiène de nos animaux domestiques, et aux avantages que présentent les préparations alimentaires (division, broyage, concassage) qui assurent la bonne exécution des phénomènes mécaniques de la digestion.

Galtier et Violet ont cru trouver dans deux espèces (*diplococcus pneumo-enteritis* et *streptococcus pneumo-enteritis equi*) la cause des affections de nature typhoïde qui sont consécutives à l'ingestion d'aliments avariés. Lignières a montré que les liquides obtenus par la macération de foin et d'avoine de toutes provenances, injectés sous la peau du lapin et du cobaye, déterminent toujours la mort. Les microcoques, les streptocoques, les diplocoques, le streptocoque pyogène, le staphylocoque pyogène, le coli-bacille, qui existent à l'état normal sur les fourrages, sont donc susceptibles de déterminer des accidents quand ils sont apportés en nombre considérable par des produits avariés, et quand l'intestin est lésé superficiellement ou l'organisme affaibli par le surmenage ou une alimentation mauvaise.

A côté de cette flore microbienne proprement dite, se placent les moisissures, les rouilles et les charbons.

1° **Les moisissures.** — Les moisissures sont des champignons qui appartiennent pour la plupart aux ordres des *Phycomycètes* et des *Ascomycètes* (1).

Les *Phycomycètes* comprennent comme familles importantes :

Les *Mucorinées* ; genre *Mucor* ; exemple : *mucor mucedo*, très commun et que l'on rencontre partout. Genre *Rhizopus*, genre *Thammidium*, genre *Phycomyces*, etc.

Les *Péronosporées* ; exemples : *Peronospora viticola*, ou moisissure du mildiou ; *Phytophtora infestans*, ou moisissure de la maladie de la pomme de terre.

Les *Saprolégniées* qui vivent toutes dans l'eau : *Saprolegnia ferrax* sur le pain qui séjourne dans l'eau.

Les *Entomophtorées* ; exemple : *Empusa muscæ*, qui attaque les mouches à l'automne.

La plupart des moisissures appartenant au groupe des *Ascomycètes* ne sont que des formes imparfaites (ou conidiales) de champignons dont on connaît la forme parfaite qui est la forme à asques ; il y en a néanmoins un certain nombre dont on ne connaît pas la forme parfaite ; on les réunit toutes sous le nom de *Mucédinées*.

Exemple : G. *Bothrytis* ; *B. cinerea*, très commun ; en se développant régulièrement sur les raisins blancs du midi, produit la pourriture noble ; détermine la pourriture vraie, dans le centre, par les temps humides.

G. *Aspergillus* ; *A. glaucus*, *A. fumigatus*, etc

G. *Penicillum* ; *P. glaucum* : *P. crustaceum*.

G. *Sterigmatocystis* ; *S. nigra* (anciennement *Aspergillus niger* de Raulin).

Font encore partie de ce groupe les moisissures de

(1) La classe des champignons se divise en quatre ordres : Myxomycètes, Phycomycètes, Basidiomycètes, Ascomycètes.

la fumagine des feuilles (oranger). Exemple : *Fumago vagans*.

Les Mucédinées qui viennent d'être citées sont des mucédinées simples, à filaments séparés. Or, il y a un groupe à filaments associés donnant les Mucédinées agrégées ; exemple : *Tubercularia vulgaris* qui forme sur le bois mort de petites masses orange (1).

Les moisissures se présentent d'ordinaire sous la forme de taches diversement colorées (blanchâtres, vertes, vert jaunâtre, etc.), constituées par les filaments mycéliens qui émergent du substratum vivant ou mort sur lequel le champignon se développe. Ces filaments portent les spores (ou conidies) qui reproduisent l'espèce ; dissociés ou agrégés ils forment la partie extérieure visible du parasite. Mais ils sont en relation avec des filaments de même nature qui vivent dans le substratum et le décomposent par leurs secrétions.

C'est la présence dans l'intérieur des tissus de la substance moisie, de ces filaments mycéliens qui détermine les altérations à la suite desquelles cette substance devient vénéneuse ; les moisissures fabriquent des *toxines* par un mécanisme analogue à celui par lequel les microbes donnent naissance à des produits de secrétion dangereux pour l'organisme qui les héberge.

Ces substances toxiques produisent, après ingestion des aliments avariés, des troubles locaux suivis d'accidents d'une généralisation plus ou moins étendue.

Leur *action toxique générale* se traduit par les signes suivants : rétrécissement de la pupille ; para-

(1) Les champignons des Teignes, si bien étudiés par Matruchot et Dassonville, peuvent être rapprochées des Mucédinées.

lysie des nerfs vaso-moteurs (à rapprocher des troubles nerveux qui permettent d'interpréter l'obstruction œsophagienne par les caroubes avariées) ; ralentissement de la respiration ; suppression de la contractilité musculaire, somnolence, puis convulsions précédant de peu la mort.

Les fourrages, l'avoine, la farine, le pain moisis ont déterminé chez les animaux, en particulier chez les chevaux, des *entérites* et des *gastro-entérites* graves. Repiquet a observé chez le cheval une gastro-entérite déterminée par l'ingestion de fourrages et d'avoine avariés, dont les symptômes avaient beaucoup d'analogie avec ceux de la fièvre typhoïde. Mais, d'après ce que nous savons du mode de vie des moisissures, les accidents ne sont pas dus à l'action vénéneuse propre des champignons, mais aux produits de sécrétion dont les tissus du substratum sont imprégnés.

2° **Les rouilles.** — La forme la plus commune est *Puccinia graminis* qui attaque surtout les céréales. (Voir paille rouillée.) La consommation des pailles rouillées amène du ballonnement, de la constipation et des troubles plus graves si l'usage en est continué,.

La cause de l'intoxication est la même que pour les moisissures.

3° **Les charbons**, ustilaginées dont le type est l'espèce *Tilletia caries*, peuvent provoquer des inflammations de la muqueuse intestinale, et, comme tous les autres champignons d'ailleurs, causer des bronchites, des pneumonies, lorsqu'ils pénètrent avec les poussières dans l'appareil respiratoire.

Les grains attaqués par la carie possèdent une odeur repoussante qui persiste dans la farine ; ils sont complètement remplis d'une poudre foncée formée par l'accumulation d'une quantité considérable de spores.

On a recherché expérimentalement si les champignons qui attaquent les céréales possèdent une action toxique propre, ou si celle-ci est la conséquence de l'altération subie par le végétal. Le problème n'est pas encore résolu, mais les faits semblent pencher en faveur de la seconde hypothèse. Ainsi le D* Smhoff a pris pendant 14 jours, 3 grammes d'*Ustilago maïdis* et n'en a éprouvé aucun dérangement ; il est vrai que ce charbon est un des moins actifs ; le D* Cordier a obtenu le même résultat négatif en expérimentant sur lui-même avec *Ustilago segetum* ; Tessier a pu donner impunément des quantités assez considérables de *Tilletia caries* à des Gallinacés. Il semble donc que ces parasites doivent agir tout comme les moisissures par les altérations qu'ils provoquent et par leurs produits de sécrétion. Quoique se manifestant d'une manière indirecte, leur action nocive n'en est pas moins suffisante pour faire exclure de la consommation les aliments qui en sont le véhicule.

Il convient donc d'incriminer les fourrages, les pailles, les avoines et autres grains moisis, les pailles et les balles rouillées, les produits obtenus après nettoyage d'aliments avariés, les farines, les sons provenant de grains cariés, les résidus industriels (drèches, tourteaux) et les fruits conservés dans des conditions défectueuses, etc., etc.

L'action nocive de ces substances se fait sentir dans toutes les espèces ; les empoisonnements par les résidus avariés sont plus fréquents chez les Bovins que chez les Équidés, parce que l'usage des sous-produits est plus répandu chez les premiers ; les accidents causés par les foins, les pailles et les grains sont, par contre, assez fréquents chez le cheval, où nous allons en suivre la manifestation symptomatique.

SYMPTÔMES. — Dans les cas d'intoxication bénigne, les symptômes du début sont toujours vagues, on observe de l'inappétence, de l'abattement et de la constipation ; les excréments sont très durs et exhalent une odeur fétide.

L'origine alimentaire de cette forme bénigne passe souvent inaperçue ; les chevaux sont traités pour inappétence, constipation, sans diagnostic précis. On peut remarquer, cependant, que l'inappétence qui n'est pas liée à un trouble organique ou au surmenage, doit reconnaître pour cause l'alimentation ; un examen attentif des denrées alimentaires permet de rapporter ce symptôme à sa véritable étiologie.

Dans les cas d'intoxication aiguë, les accidents prennent rapidement une forme grave : l'abattement, la torpeur sont extrêmes ; à la constipation très marquée, succède une diarrhée abondante et infecte ; la respiration devient courte et plaintive ; les battements du cœur sont tumultueux ; le poil est sec, piqué, la température s'élève à 40°-40°,5 ; l'animal maigrit rapidement.

L'origine alimentaire de ces accidents sera reconnue parce que l'affection frappera du même coup plusieurs animaux de la même écurie, parce qu'elle restera limitée à ceux qui reçoivent les aliments avariés, et que les symptômes s'amenderont, au début, dès que l'on supprimera ces derniers.

Dans l'intoxication lente à marche chronique, à la constipation succède une diarrhée abondante, fétide, noirâtre, parfois sanguinolente et dont l'expulsion s'accompagne de douleurs abdominales.

Les champignons ne provoquent quelquefois que des accidents superficiels : dermatite, rhinite, conjoncti ite, stomatite; ils peuvent, outre la gastro-entérite de gravité variable, déterminer de la polyurie allant jusqu'à la néphrite parenchymateuse; des bronchites et des pneumonies mycosiques sont une complication qui résulte de la pénétration des agents infectieux dans les voies respiratoires; enfin les troubles nerveux, conséquence de l'intoxication organique, se révèlent par une dépression, rarement par une excitation cérébrale, spinale ou périphérique. La paraplégie est une manifestation nerveuse qui peut ne pas s'accompagner de troubles digestifs, et dont nous dirons quelques mots dans un article spécial.

La gastro-entérite mycosique est fréquemment d'un pronostic fàcheux. La mort est la conséquence de l'intoxication dont les symptômes (troubles nerveux, vertige, paraplégie, néphrites, cystites, etc.) ont indiqué la marche progressive.

Laissant donc, en dehors, la forme bénigne, nous reconnaissons dans la gastro-entérite d'origine alimentaire, deux phases successives :

1° La période de début se traduisant par de l'inappétence et des symptômes locaux.

2° L'infection par les toxines fabriquées dans l'intestin et passées dans la circulation, déterminant des troubles généraux graves.

Cette interprétation, en même temps qu'elle explique la succession des symptômes, permet de rattacher à la gastro-entérite infectieuse les cas de vertige abdominal, de paralysie, de paraplégie qui reconnaissent pour point de départ une intoxication d'origine alimentaire.

LÉSIONS. — La muqueuse gastro-intestinale est le siège de lésions congestives et inflammatoires; l'intestin grêle est imprégné de pigments biliaires qui lui donnent une teinte jaunâtre ; le gros intestin, moins enflammé, renferme souvent des matières alimentaires incomplètement digérées. On observe de la congestion ou du ramollissement du foie, de la néphrite quelquefois, et des lésions très peu accusées (hyperhémie) des centres nerveux.

TRAITEMENT. — L'origine alimentaire étant reconnue, on supprime immédiatement, pour tous les animaux de l'exploitation, les aliments suspects. On combat les fermentations par les antiseptiques intestinaux (naphtol, 15-20 grammes), et par des lavements ; les purgatifs, amenant l'expulsion des matières alimentaires et des produits de la putréfaction, combattent l'intoxication. Alasonnière conseille la graine de moutarde blanche donnée à la dose de 500 grammes, en électuaire.

Régime rafraîchissant (barbotage, bicarbonate de soude) lorsque les troubles aigus ont disparu.

B. — PARAPLÉGIE INFECTIEUSE D'ORIGINE MYCOSIQUE

Les troubles nerveux qui dénotent l'intoxication se manifestent quelquefois sous forme d'immobilité ou de *paraplégie*. Thomassen, professeur à l'École vétérinaire d'Utrecht, a recueilli un très grand nombre d'observations de paraplégie, sur des animaux qui avaient consommé des fourrages avariés. Guillemard a communiqué en 1899, à la Société de médecine vétérinaire pratique, la relation d'une enzootie de paraplégie observée à Paris dans des écuries approvisionnées par le même grainetier. La preuve scientifique et expérimentale de l'intoxication alimentaire n'a pu être faite ; mais cette cause a paru infiniment probable. Il en est de même pour l'enzootie de paraplégie infectieuse observée par Comény en 1888 sur les chevaux d'un régiment de cavalerie.

L'origine alimentaire de ces accidents ne peut être reconnue que si plusieurs animaux sont frappés après avoir consommé les mêmes denrées, et lorsque l'examen attentif de celles-ci a révélé la présence de moisissures ou de champignons parasites des céréales.

Thomassen rapporte le cas d'un cheval qui fut empoisonné par du *son*, dans lequel l'examen microscopique dénonça la présence d'une grande quantité de spores de la carie (*Tilletia caries*).

Fröhner a observé la paraplégie sur cinq chevaux empoisonnés par une avoine moisie, de couleur bleu verdâtre ; cette couleur était due au *Penicillium glaucum* qui pénétrait jusque dans l'intérieur du grain.

La paraplégie d'origine mycosique peut ne pas être accompagnée de troubles digestifs ; il est probable que les effets toxiques des champignons varient suivant les conditions dans lesquelles ils sont appelés à exercer leur action ; c'est pourquoi il nous a paru utile d'attirer spécialement l'attention sur cette manifestation assez commune dont le pronostic est toujours très grave.

Lésions. — On constate une injection des vaisseaux de la pie-mère cérébrale (surtout à la partie basilaire) et spinale, et même des hémorrhagies ; ensuite un épanchement séreux dans les cavités sous-arachnoïdiennes de la moelle et du cerveau. Dans certains cas, les lésions du système nerveux central font défaut. (Thomassen).

C. — GASTRO-ENTÉRITE IRRITATIVE.

L'irritation inflammatoire de la muqueuse intestinale peut être produite autrement que par l'action mécanique de fourrages durs ou coriaces; la gastro-entérite que nous distinguons de la forme précédente, sera considérée comme le type des intoxications alimentaires résultant de l'emploi intensif de sous-produits industriels irritants, tels que les mélasses et les résidus de distillerie.

Par les sels minéraux qu'ils contiennent (mélasses), par l'acidité due aux procédés chimiques employés (distillerie), ces aliments excitent la muqueuse intestinale; l'irritation, d'abord temporaire, devient permanente si l'usage des aliments se prolonge, et détermine des accidents de gravité variable avec la durée du régime, la dose employée, et la résistance individuelle. La dessiccation des sous-produits n'en diminue pas l'acidité.

Ces accidents sont encore plus graves lorsque les aliments acides sont en outre avariés.

Dans une observation faite en 1896 à l'Institut agricole de Gembloux (Belgique) (1), on a relevé des accidents mortels consécutifs à l'ingestion par des porcs de drèche de maïs brute, c'est-à-dire non séchée.

L'examen organoleptique montra, comme c'est d'ailleurs le cas général, que cette matière avait subi une fermentation très prononcée. Un dosage acidimétrique décela 1,27 p. 100 d'acide lactique libre. Cette quantité d'acide peut certainement produire déjà des effets fâcheux, occasionner des troubles digestifs, des diarrhées plus ou moins intenses, une débilité plus ou moins profonde des sujets. La fermentation de la masse a, en outre, déterminé la formation de ptomaïnes qui ont contribué à l'action nuisible des drèches.

(1) Nocivité des drèches de maïs, par Masson et Grégoire, dans l'*Ingénieur agricole de Gembloux*, 1896.

Dans la majorité des cas, les lésions ne consistent pas dans la destruction des éléments histologiques, mais dans une modification organique d'ordre inflammatoire; les sous-produits incriminés ne présentent pas, en effet, un degré de concentration acide ou de causticité suffisant pour désorganiser chimiquement les tissus.

Les lésions de la muqueuse intestinale peuvent favoriser des infections secondaires par les microbes qui existent dans les sous-produits (drèches). La gravité du pronostic est donc extrêmement variable, depuis l'inflammation intestinale légère jusqu'à la gastro-entérite mortelle.

Au cours de cette maladie, les animaux éprouvent des coliques, sont atteints de diarrhée, puis de troubles circulatoires et respiratoires ; ils manifestent de l'abattement, de la stupeur, prennent un poil terne, piqué, et maigrissent dès que les altérations passent à l'état chronique.

On constate un retentissement sur la nutrition générale par acidification du sang avec phosphaturie; et comme conséquence de cet état morbide, une altération du tissu osseux avec prédisposition aux tares, fractures, etc. (1).

_____

(1) Bien qu'il ne s'agisse pas à proprement parler, dans ce qui va suivre, d'intoxications alimentaires, il est nécessaire de signaler le rôle que Drouin fait jouer à l'alimentation dans la *pathogénie des tares osseuses du cheval.*

Pour notre distingué collègue, la prédisposition à la formation des exostoses semble se produire dans deux conditions :

1° par l'ingestion d'aliments trop pauvres en phosphates de chaux ;

2° par l'*alimentation acide.*

Les aliments acides, ainsi incriminés, sont d'abord les fourrages récoltés sur les terrains à sous-sol tourbeux, terrains dont la réaction est elle-même acide et qui sont en même temps pauvres en phosphates (V. art. FOURRAGE, *Le foin acide*).

Dans l'intoxication par le régime mélassique intensif, les troubles intestinaux apparaissent après les troubles urinaires; la polyurie constitue le premier signe de l'intolérance organique vis-à-vis des sels que renferme la mélasse. Nous pourrions passer en revue à cette place toutes les conséquences pathologiques du régime mélassique; mais nous avons cru préférable de faire de ce sous-produit si important à l'heure actuelle, une étude d'ensemble, et de traiter de l'action nocive des mélasses en même temps que de leur valeur alimentaire.

TRAITEMENT. — La suppression des résidus irritants est la première indication à remplir dès que le diagnostic est posé. On traite ensuite l'entérite par les moyens classiques; on ajoutera des antiseptiques pour combattre les infections secondaires, et des alcalins pour neutraliser l'excès d'acide dû aux aliments.

Pendant la convalescence, on instituera un régime léger et rafraîchissant. Dès que les troubles aigus sont calmés, les animaux se remettent assez vite en état. Si la saison s'y prête, le régime du vert produit d'excellents effets (V. *Régime du vert*). L'observation suivante en est une preuve :

Il faut faire rentrer dans cette catégorie certains résidus industriels, et en particulier les drêches de distillerie, qui, même après dessiccation, retiennent encore une partie de l'acide ajouté avant la distillation. Moussu conteste l'action des fourrages acides, tout au moins en ce qui se rapporte à l'espèce bovine, puisque les bœufs vendéens élevés en partie dans des régions basses sont d'excellents animaux de travail chez qui les tares osseuses sont rares.

On fera bien, nonobstant, d'exclure les aliments acides de la ration du cheval de service, et, *a fortiori*, d'écarter de la ration du jeune, ceux chez lesquels à un degré d'acidité marqué se joindra une teneur en phosphates insuffisante pour assurer la nutrition régulière du système osseux*.

* *Bull. de la Soc. centrale vétérinaire*, février 1903.

Cheval âgé de huit ans, réformé pour indisponibilités fréquentes causées par des accès d'entérite. Très maigre.

Poids le 28 avril 1902 (après son premier repas).   450 kilos.
—   le 27 mai 1902 (à jeun)..................   525 —
—   le 13 décembre 1902 (à jeun)............   550 —

Avec le régime du vert associé à l'avoine, ce cheval a gagné 75 kilos en trente jours ; il est certain que l'action favorable de ce nouveau régime a été augmentée par le repos à peu près complet, dans lequel le cheval est resté ; les travaux légers auxquels il fut soumis constituaient un exercice hygiénique, contrastant singulièrement avec le travail intensif qui lui était demandé sur le pavé parisien ; il faut tenir compte également, dans l'augmentation de poids, du lest introduit par la ration volumineuse dans les viscères digestifs.

Le surmenage, par l'affaiblissement organique qui en est la conséquence, peut être considéré comme cause prédisposante des intoxications alimentaires ; les chevaux fatigués, usés par un travail excessif sont dans un état évident de réceptivité vis-à-vis de toutes les affections microbiennes.

La relation que l'on doit établir entre le travail et la ration aura donc non seulement pour effet de réaliser le rendement maximum du moteur, mais aussi d'assurer à ce dernier une carrière économique suffisamment longue ; les quelques économies obtenues par une ration calculée avec parcimonie seraient vite absorbées et transformées en déficit en raison de l'usure prématurée qui en serait la conséquence.

CHAPITRE II

INTOXICATIONS PAR DES PLANTES VÉNÉNEUSES.

A. — PLANTES VÉNÉNEUSES MÉLANGÉES AUX FOURRAGES.

Les Ciguës. — Les principales espèces vénéneuses de ce groupe d'ombellifères sont la *grande ciguë*, la *ciguë vireuse* et la *petite ciguë*.

La *grande ciguë* (*Conium maculatum*) ou *ciguë tachetée* est bisannuelle, elle atteint une hauteur de un mètre, sa tige robuste, fistuleuse, ramifiée est maculée de taches violacées ; les feuilles sont vert sombre, d'une odeur vireuse, très sensible quand on les frotte entre les doigts. Elle croît dans les lieux incultes, ombragés, un peu humides, le long des haies.

La *ciguë vireuse* (*Cicuta virosa*) végète sur le bord des eaux stagnantes, dans les fonds vaseux ; son odeur est repoussante.

La *petite ciguë* (*Æthusa cynapium*) ou faux persil, haute d'environ 50 centimètres, à tige rameuse, à feuilles découpées comme celles du persil, est extrêmement vénéneuse.

La grande ciguë est l'espèce qui cause le plus d'accidents chez les animaux.

Lorsque la dose ingérée est faible, on observe sur le cheval de l'abattement, des borborygmes, de l'accélération du pouls, de la dilatation de la pupille.

Avec une quantité plus forte, il y a de la dyspnée, des tremblements musculaires, des sueurs, des efforts de vomissement, de la paraplégie ; la paralysie arrive, puis la mort survient par arrêt de la respiration, lorsque le cheval a ingéré la dose maxima de 2 kilos à $2^k,500$ de ciguë.

On trouve des lésions de gastro-entérite hémorragique, d'engouement du poumon, du foie, des centres nerveux.

Antidotes : tanin, opium, émollients.

ELLÉBORES. — Thierry, qui a observé l'empoisonnement par les ellébores, signale la gastro-entérite avec faiblesse et tremblements musculaires. L'intoxication est, en général, à marche lente, car il est rare que les animaux consomment assez d'ellébore pour éprouver des accidents rapidement mortels.

Le traitement doit viser la gastro-entérite.

EUPHORBE. — Les espèces du genre *Euphorbia* sont toutes âcres et vénéneuses, mais les accidents qu'elles provoquent chez les animaux sont excessivement rares, car elles ne sont que rarement touchées par eux.

On observe des symptômes de superpurgation et de gastro-entérite violente, avec, dans les cas mortels, des troubles nerveux et circulatoires. Les lésions sont celles d'une gastro-entérite intense.

MERCURIALES. — La *mercuriale annuelle* (*Mercurialis annua*) ou foirole, est très répandue, mais son odeur désagréable fait que les animaux ne la consomment pas sur pied ; les empoisonnements s'observent seulement quand elle est donnée à l'écurie mélangée aux fourrages verts. Les propriétés toxiques disparaissant par la dessiccation, les fourrages secs ne sont pas dangereux.

La mercuriale fait sentir ses effets sur le tube digestif (symptômes habituels d'indigestion, de coliques, de diarrhée suivie de constipation) et sur l'appareil urinaire, en provoquant de l'hématurie.

Les lésions sont celles de la gastro-entérite et de la néphrite.

COLCHIQUES. — Le genre *Colchicum* renferme de nombreuses espèces dont la plus connue est le *colchique d'automne* (*Colch. autumnale*).

Cette plante possède un bulbe duquel naissent à l'automne de une à trois fleurs de couleur lilas et hautes de 15 centimètres en moyenne. Les feuilles apparaissent au printemps, ce qui fait que dans le foin on trouve des feuilles et jamais de fleurs et que dans le regain on trouve des fleurs. (Indication qui peut servir à reconnaître le mélange de ces deux sortes de fourrages.) Les feuilles sont lancéolées, assez larges, sans découpures, et prennent en se desséchant une coloration brune.

Toutes les parties du colchique d'automne sont vénéneuses et les accidents sont assez fréquents; on les observe au printemps et à l'automne sur les bêtes qui sont au pâturage, ou qui reçoivent du vert à l'écurie; les feuilles desséchées restent vénéneuses et rendent nuisibles les foins qui en renferment une quantité notable.

Les symptômes sont ceux d'une purgation violente, avec de l'hématurie, de la polyurie, des palpitations cardiaques, des nausées, des coliques, des mouvements spasmodiques du train postérieur. Le pronostic est toujours très grave.

Les lésions portent sur l'appareil digestif et les reins; Cornevin fait remarquer que l'inflammation siège surtout dans les parties postérieures du gros intestin.

VÉRATRE. — Le *vératre blanc* (*Veratrum album*),

comme le colchique, est vénéneux dans toutes ses parties, en vert et en sec. A l'état frais, sa saveur âcre le fait généralement repousser par les animaux ; il est surtout dangereux dans le foin, et de faibles quantités de vératre provoquent chez le cheval de la salivation, de l'agitation, des tremblements et de la purgation. Avec des doses plus fortes, pouvant déterminer la mort, on observe des efforts de vomissement, une sudation abondante, de l'incoordination des mouvements et des secousses musculaires.

Les lésions portent surtout sur l'appareil digestif. Il est vraisemblable (Cornevin) que le poison s'accumule dans le bulbe et la moelle allongée. L'élimination se fait par les urines.

Renoncules. — L'empoisonnement par les renoncules n'est provoqué que par les plantes vertes puisque la dessiccation les rend inoffensives.

Ainsi que dans la plupart des intoxications déjà mentionnées, on observe de la gastro-entérite par irritation du tube digestif, qu'accompagnent des troubles nerveux, avec dilatation des pupilles, affaiblissement et perte de la vue, difficultés dans la préhension des boissons et la mastication. Les animaux succombent avec des convulsions.

A l'autopsie, lésions inflammatoires du tube digestif et quelquefois des reins.

Aconit. — L'aconit napel (*Aconitum napellus*), est une grande renonculacée commune dans les lieux ombragés, un peu humides, et que l'on cultive quelquefois comme plante d'ornement.

C'est une plante fort vénéneuse, mais que généralement, dans les pâturages, les animaux évitent. Lorsque le cheval a pris accidentellement de l'aconit, il éprouve des coliques, des contractions douloureuses des muscles, de la raideur des membres; il peut succomber à une paralysie motrice, respiratoire et sensitive. (Kaufmann.)

Sorgho. — Le sorgho sucré, consommé en vert, provoque quelquefois des accidents toxiques ; Cornevin en signale une série dans son *Traité des Plantes vénéneuses;* on sait que dans les pays tropicaux, ces accidents ne se remarquent qu'après la consommation des plantes jeunes. Deux savants anglais, R. Dunstan et A. Henry viennent de découvrir la cause, jusqu'ici mal connue, de cette toxicité.

En écrasant les tissus de jeunes plantes de sorgho — des jeunes seulement, car on n'obtient pas le même résultat en opérant sur des plantes adultes ou sur des graines — ils ont constaté que la pulpe renferme de *l'acide cyanhydrique* dans la proportion d'environ 0,2 p. 1000 de la plante sèche. L'acide n'existe point à l'état libre; sa production est due à un enzyme hydrolitique qui parait identique à l'émulsine des amandes amères, agissant sur un glucoside cyanogénétique auquel on a donné le nom de *dhurrine* (de *dhurra*, nom arabe du sorgho). Dunstan et Henry ont étudié la dhurrine avec soin et en donnent avec détails les caractéristiques et les réactions (1).

L'acide cyanhydrique a déjà été rencontré dans d'autres plantes, le manioc, le lin, un lotus ; aussi doit-on poursuivre des recherches dans cette voie.

Prêles. — En Allemagne, le vétérinaire militaire Ludwig a recueilli (1902) plusieurs cas d'intoxication, dont 6 mortels sur des chevaux de cavalerie légère. Les symptômes observés sont : paralysie avec élévation de température, pulsations et respirations nor-

(1) *Comptes rendus de la Société royale de Londres,* 1902, n° 641.

males, appétit conservé ; le deuxième jour l'animal reste couché ; la mort est parfois rapide (entre 1 et 7 jours) dans les cas très graves ; l'appétit diminue peu jusqu'au dernier moment.

On a reconnu que le foin consommé par ces chevaux était bien récolté et exempt d'altérations, mais renfermait une grande quantité de prêles, particulièrement l'*Equisetum palustre*.

L'action des prêles fut essayée sur un cheval d'expérience qui reçut : 5 litres d'avoine, 5 livres de foin, 1 livre de paille et de 0ᵏ,300 à 5 kilos de prêles par jour en deux fois. On remarqua au bout de 12 jours de la dilatation de la pupille ; puis apparurent les troubles moteurs du train postérieur, la difficulté de se mettre debout, avec un vacillement des membres qui persista pendant plusieurs heures après que l'animal eut été levé. L'expérience fut arrêtée au bout de trois semaines ; trois jours après le cheval avait repris son état normal.

L'analyse chimique, faite à l'école supérieure d'agriculture de Dantzig, a permis de reconnaître un magma acide d'aconitène en quantité notable, partie allié à de la chaux et insoluble, partie en sel alcalin soluble.

L'aconitène acide aux doses progressives de 3ᵍ,25, 6 grammes et 9 grammes en électuaire, amena en 3 jours la mort d'un cheval d'expérience. Les symptômes furent la dilatation de la pupille, la faiblesse des membres postérieurs, la chute sur le sol peu de temps avant la mort.

Autopsie. — Muqueuse de l'estomac congestionnée et hypertrophiée ; coloration jaune grisâtre de la muqueuse de l'intestin grêle et du gros intestin, reins jaune brun, muqueuse vésicale très rouge ; urine trouble légèrement jaune clair ; vaisseaux des méninges distendus ; on remarque une petite quantité de liquide rougeâtre dans les ventricules, de la sérosité rouge clair baigne la pie-mère et la dure-mère ; elle est particulièrement abondante au niveau de la région lombaire (1).

B. — GRAINES VÉNÉNEUSES.

LUPIN. — La consommation du lupin détermine l'affection désignée sous le nom de *lupinose*, qui a été observée en Allemagne où cette légumineuse joue un rôle important dans l'alimentation du cheval.

Symptômes. — La lupinose peut être aiguë ou chronique.

Dans la forme aiguë, l'animal frappé soudainement présente des symptômes nerveux, du vertige, une grande élévation de température (1°-1°,5); apparaissent peu après des symptômes digestifs, de l'hématurie, de l'albuminurie, finalement de l'ictère.

Dans la forme chronique où les symptômes nerveux sont beaucoup moins accusés, les accidents se portent du côté du foie et on trouve surtout les symptômes de l'hépatite interstitielle chronique.

Le *pronostic* est toujours grave.

Toxicité. — On ne connaît pas exactement la nature du principe toxique du lupin jaune ; ce principe, insoluble dans l'éther, l'alcool, la glycérine, peu soluble dans l'eau acidulée, est très soluble dans les liquides alcalins. On met à profit cette propriété pour extraire le poison, en laissant macérer les graines de lupin dans de l'eau acidulée, ou mieux dans une solution de carbonate de potasse.

(1) *Zeitschrift für Veterinarkunde für Rossarzt d. armee.* Novembre 1902.

24.

Sans proscrire complètement le lupin de la ration des animaux, on ne doit l'employer qu'avec modération, ne jamais le donner seul et en interrompre de temps en temps la distribution pour éviter l'intoxication chronique (v. p. 173).

500 grammes de graines et gousses, 300 grammes de gousses vides, ou 100 grammes de graines seules, données quotidiennement au mouton, amènent l'empoisonnement (Cornevin).

Nielle. — L'intoxication provoquée par les graines de la *nielle des blés* (*Agrostemma githago*) a reçu le nom de *githagisme*.

Symptômes. — *Forme aiguë*. — Cette forme a été étudiée chez le cheval, par Cornevin : l'animal salive, bâille fréquemment, regarde son flanc ; des borborygmes, puis des coliques apparaissent ; les muqueuses pâlissent, le pouls devient petit et précipité, la respiration s'accélère et la température s'élève. Apparaissent ensuite des tremblements musculaires auxquels succède une raideur prononcée ; les excréments sont diarrhéiques et fétides ; l'animal se couche et ne se relève qu'avec peine ; il tombe dans le coma, s'étend et succombe sans convulsions.

Forme chronique. — Il n'apparaît pas de symptômes spéciaux, l'intoxication est annoncée par une diarrhée chronique résistant aux médications habituelles, et par un affaiblissement progressif de l'organisme.

Toxicité. — D'après Malpert, le principe actif de la nielle serait la *saponine*, glycoside de la formule $C^{18}H^{54}O^{32}$. Les accidents, peu fréquents à la suite de la consommation de grains mélangés de nielle, apparaissent surtout quand on distribue des farines de basse qualité faites avec des déchets de grains. Dans plusieurs échantillons de ces farines que nous avons eu à examiner, nous avons rencontré jusqu'à 40 et 50 p. 100 de nielle. Ces farines sont rarement destinées aux chevaux; mais les accidents observés sur des bovins et surtout sur des volailles, sont assez graves pour qu'il soit prudent de se mettre en garde contre l'emploi de ces produits par tous les animaux domestiques. (Des poules ayant reçu des pâtées dont la farine renfermait 40 p. 100 de nielle ont succombé en vingt-quatre et quarante-huit heures). L'empoisonnement du cheval s'observe d'ailleurs quelquefois. Il nous a été signalé par deux de nos confrères, des cas d'intoxication mortelle sur les chevaux d'un meunier qui, ne croyant pas à la vénénosité de la nielle, en avait distribué à ses animaux et se disposait à en mélanger à ses farines.

Lorsque la quantité de nielle est faible, le cheval éprouve des coliques, avec tremblements nerveux, et surtout des bâillements fréquents. Dès qu'il existe un grand nombre de graines de nielle en mélange avec celles qui ont donné les farines incriminées, les troubles marchent très rapidement; l'animal succombe après avoir présenté des bâillements, des tremblements, des éructations, des borborygmes et des coliques très violentes.

On ne peut fournir de données relatives à la quantité de farine de nielle pure, nécessaire pour amener la mort, que pour les animaux suivants :

	Grammes.
Veau	2,50
Porc	1
Chien	0,90
Poule	2,50

Par kilogramme de poids vif (Cornevin).

GESSE JAROSSE. — (*Lathyrisme*). — La gesse jarosse (*Lathyrus cicera*) ou Gesse chiche est une légumineuse herbacée annuelle, haute de $0^m,20$ à $0^m,80$, donnant une gousse comprimée, glabre, renfermant des graines anguleuses, lisses, tachetées de noir.

Cette plante n'est pas dangereuse pendant la première partie de sa végétation ; on la distribue à cette période comme fourrage vert ; mais lorsque la graine se forme dans la gousse elle devient vénéneuse et sa consommation provoque les accidents connus sous le nom de *Lathyrisme*.

Le lathyrisme apparaît chez le cheval à la suite de la consommation d'avoines renfermant des graines de gesse jarosse ; il suffit d'une faible quantité de graines toxiques introduites journellement avec la ration, pour déterminer des accidents graves. La suppression de l'avoine malsaine n'arrête pas toujours les manifestations morbides ; lorsque l'organisme est comme saturé de poison par une consommation longtemps répétée, les premiers symptômes peuvent apparaître trente, quarante, ou même soixante jours après la cessation de l'alimentation toxique.

Symptômes. — On observe généralement au début un affaiblissement marqué du train postérieur et une gêne dans les mouvements qui peuvent faire croire à un effort des reins (Baillet et Reynal). Il survient peu après du cornage ; il y a des cas dans lesquels ce cornage apparaît brusquement, avec une intensité effroyable, au point que l'animal dilate les naseaux, essaie de respirer par la bouche d'où s'échappe une mousse rougeâtre, ouvre des yeux hagards, laisse pendre une langue violacée, frappe le sol avec fureur, titube, tombe et meurt asphyxié. Sur des chevaux calmes jusqu'alors, ne présentant que les troubles moteurs du début, ou paraissant complètement indemnes, la moindre excitation (coups de pieds, bruits de portes, claquements de fouet) peut provoquer des accès de cornage de la plus haute gravité. En dehors de ces accès, l'animal fait entendre un sifflement du larynx quand on l'exerce à une allure vive — sifflement qui d'ailleurs est loin d'être constant.

La marche de la maladie est irrégulière ; après des périodes de calme plus ou moins longues, surviennent des exacerbations terribles ; puis le poison s'élimine d'une façon lente et graduelle, les accès deviennent de moins en moins fréquents ; le cornage, d'abord intense à une allure vive, s'atténue assez pour que les animaux puissent être utilisés au pas ; il arrive quelquefois que la guérison survient brusquement. La paralysie des membres postérieurs, signalée par les auteurs (voy. Baillet, Reynal et autres cités par Cornevin) (1), n'est pas un symptôme constant. Elle a manqué chez des chevaux atteints de cornage asphyxique par excitation nerveuse (observations faites à la Cie des Omnibus).

La trachéotomie est le seul moyen efficace à mettre en œuvre sur les individus menacés d'asphyxie ; les autres procédés de traitement ne donnent pas de résultats appréciables.

Lésions. — On ne trouve pas, à l'autopsie, de lésions très caractéristiques, sauf une atrophie ou une dégénérescence des muscles du larynx, entière, ou unilatérale. Le foie paraît un peu plus friable et plus jaune qu'à l'état normal.

Pronostic. — Le pronostic est grave quand les accidents de lathyrisme sont constatés dans une écurie de

(1) *Les Plantes vénéneuses.*

quelque importance ; car à côté de chevaux qui guérissent bien et vite (25 p. 100), il en est qui ne sont débarrassés du toxique qu'au bout de plusieurs mois (50 p. 100), d'autres qui ne guérissent jamais et restent complètement corneurs (10-15 p. 100), d'autres enfin qui succombent plus ou moins vite à l'empoisonnement (7-8 p. 100).

Ivraie enivrante. — L'ivraie enivrante (*Lolium temulentum*) est une graminée de 0^m,60 de hauteur en moyenne, dont le grain est vénéneux pour l'homme et les animaux.

Les graines d'ivraie sont surtout dangereuses parce qu'elles passent dans les criblures, et sont, de cette façon, distribuées aux animaux de la ferme, soit en nature, soit dans des farines de basse qualité. Le cheval est empoisonné par des avoines et des orges renfermant des graines de l'ivraie qui a végété avec la céréale, ou qui, quelquefois, a été ajoutée avec des graines étrangères (nielle, coquelicot, jarosse), que l'on mélange à l'avoine pour lui donner du poids, ou pour atteindre, dans le cas d'avoines très propres, le pourcentage d'impuretés toléré par les cahiers des charges.

« Les grains d'ivraie sont constamment enveloppés de deux glumelles très adhérentes qu'on ne sépare qu'en y mettant du soin ; la glumelle inférieure porte une arête longue et très pointue qui ne part pas de son sommet, mais naît en dessous. C'est la présence de cette longue arête qui distingue le grain de l'ivraie enivrante de celui de l'ivraie vivace. La glumelle supérieure présente un sillon large, profond, dans lequel se voit le plus souvent le pédicelle qui l'attachait à l'épillet. » (Cornevin).

Les grains sont de couleur jaune verdâtre ; leur

forme est moins allongée, plus épaisse que celle des grains de brome, avec lesquels on pourrait les confondre, mais qui ont des reflets violacés.

L'amidon de l'ivraie a des granules beaucoup plus petits que ceux du froment, du seigle ou de l'orge, ils sont polyédriques ou partiellement arrondis (diamètre 5 à 8 millièmes de millimètre), et se rapprocheraient assez de ceux du maïs, s'ils n'étaient environ huit fois moins gros.

« On a réussi à provoquer la mort d'un cheval, à l'École vétérinaire de Lyon, en lui faisant prendre deux kilogrammes d'ivraie. Les symptômes qui ont alors été observés sont une forte dilatation des pupilles, du vertige, une marche chancelante, des tremblements partiels dans diverses régions et des mouvements particuliers d'ondulation du corps d'avant en arrière. L'animal est ensuite tombé, son corps était froid, ses extrémités raidies et tendues, la respiration difficile, le pouls lent et petit, et des mouvements convulsifs avaient lieu dans la tête et les membres. La mort survint trente heures après le début de l'expérience. A l'autopsie on ne trouva pas autre chose que des traces d'irritation dans l'intestin grêle et le gros intestin. » (Baillet et Filhol) (1).

On sait, depuis les Romains tout au moins, que la graine de l'ivraie est toxique. La cause de cette toxicité n'est toutefois soupçonnée que depuis peu. En 1898, Guérin, chef de travaux à l'École de pharmacie, dans sa thèse sur « les Téguments des graines de graminées » a montré, dans la graine de l'ivraie, l'existence de filaments mycéliens, en dehors de la couche d'aleurone de la graine. Ce mycélium est sem-

____

(1) Art. *Ivraie*, du Dictionnaire de médecine, chirurgie, et hygiène, t. **X.**

blable à celui trouvé par Delacroix et Prillieux dans du seigle toxique ; mycélium qui par une culture artificielle a donné une fructification en forme de moisissure, et que les auteurs ont appelé *Endoconidium temulentum*. Guérin pense avoir rencontré le même champignon, auquel serait dévolu le rôle d'agent toxique de la graine d'ivraie.

C. — LES TOURTEAUX TOXIQUES.

L'alimentation par les tourteaux n'ayant pas chez le cheval l'importance qu'elle a prise chez les ruminants, il ne paraît pas utile de traiter d'une manière complète des tourteaux vénéneux ; qu'il suffise de signaler ceux qui rendent dangereux les produits similaires auxquels ils sont associés dans un but frauduleux.

Les *tourteaux de croton* peuvent être mélangés à des tourteaux comestibles, palme, coton, coprah, et occasionner la mort des animaux avec tous les symptômes de la superpurgation.

Le *jatropha* (euphorbiacée, *jatropha curcas*) dont l'huile est employée pour l'éclairage et comme parasiticide, laisse un tourteau des plus dangereux. Si ces résidus étaient uniquement réservés à la fumure des terres, il n'y aurait pas lieu de s'en préoccuper ; malheureusement on les emploie à la falsification des tourteaux alimentaires, particulièrement des tourteaux de chènevis avec lesquels ils présentent une certaine ressemblance. Ou bien on se borne à intercaler des galettes de jatropha entre les galettes de chénevis, ou bien les deux tourteaux étant pulvérisés, on les mélange et on les agglomère de nouveau. Le résultat d'une pareille fraude est généralement la mort des animaux qui reçoivent ce mélange. (Cornevin.)

Le procédé suivant, indiqué par Renouard et Corenwinder, permet de distinguer le tourteau de chènevis de celui de jatropha (dit quelquefois de Purgère).

Broyer dans un mortier un échantillon du tourteau à essayer, délayer la poudre dans l'eau froide et filtrer immédiatement. Si l'on a affaire à du tourteau de chanvre, la liqueur prend une couleur ambrée caractéristique ; avec le tourteau de jatropha la couleur est brun foncé. Il suffit d'une proportion de 10 p. 100 de tourteau vénéneux dans celui de chanvre pour donner au liquide filtré une teinte beaucoup plus foncée que celle obtenue avec le chanvre pur.

Les tourteaux de *moutarde noire* et de *moutarde blanche*, dangereux en nature, sont inoffensifs après cuisson.

Les tourteaux de moutarde blanche (*sinapis alba*) sont de couleur jaune verdâtre ; ceux de moutarde noire (*sinapis nigra*) sont verdâtres avec des ponctuations noires ou brunes ; tous deux sont friables et à cassure fine.

Alasonière a conseillé la graine de moutarde blanche dans le traitement de la gastro-entérite mycosique. On peut, dans le même but, donner de petites doses (50-100 grammes) de tourteau de moutarde ; agissant comme condiment, ce produit, s'il est accepté par le malade, excite la salivation, accélère la digestion et combat l'atonie intestinale. Avec une dose supérieure à celle indiquée, et dépassant 500 grammes, le tourteau provoquerait une irritation intestinale grave et quelquefois mortelle.

Le *tourteau de faînes non décortiquées* sert pour falsifier le tourteau de lin en raison de la ressemblance de sa couleur avec celle de l'enveloppe des graines de lin. Cornevin les différencie à l'aide des caractères suivants :

Les enveloppes de faînes sont assez faciles à distinguer à l'œil nu et au microscope du testa du lin. Vu à plat, celui-ci se montre formé de cellules sub-arrondies à bords épais et dont la face interne est striée transversalement. Le fruit du hêtre possède un épicarpe caractérisé par la présence de six couches de cellules polyédriques à noyau brun, disposées régulièrement les unes au-dessous des autres et allant en croissant de la périphérie au centre.

Pour l'observation chimique, on se sert du réactif Boudet (acide hypoazotique additionné de trois fois son poids d'acide azotique à 35° B). Avec l'huile de faîne, il donne une coloration rose ; avec l'huile de lin, la coloration est nulle par simple contact, ou ocreuse après une vive agitation.

Les chevaux sont particulièrement incommodés par les tourteaux de faînes employés seuls ou introduits dans un mélange frauduleux ; on a signalé des avortements chez des juments soumises à ce régime (Cornevin). Les empoisonnements ont été rapprochés de ceux déterminés par l'ivraie enivrante ; au xvi° siècle, le botaniste Bauhin avait dit que les faînes produisent une sorte d'ivresse sur les chevaux. En 1840, il a été signalé des empoisonnements de chevaux par le tourteau de faînes, dans l'est de la France et en Allemagne (1).

Le principe toxique paraît localisé dans l'enveloppe du fruit, car le tourteau de *faînes décortiquées* peut être distribué sans inconvénient aux animaux de la ferme.

(1) Lefort, *Journal d'agriculture pratique*, 1840.

CHAPITRE III ·

L'empoisonnement est le résultat de l'action sur l'organisme de toute substance capable de déterminer ou la mort ou une altération sensible des fonctions physiologiques. Plusieurs circonstances générales influent sur l'intensité de ces manifestations pathologiques :

1° La toxicité d'une substance donnée est variable ; elle peut être positive, mais s'atténuer ou disparaître par adaptation lente (mithridatisme) ; elle peut ne pas se manifester lorsque la quantité de substance nocive reste peu élevée, et se traduire même quelquefois par des effets favorables (action condimentaire des mélasses à dose rationnelle) quand le quantum est très faible.

2° La toxicité varie avec l'individualité du sujet, avec le mode d'introduction du toxique, parfois aussi avec la nature ou l'intégrité de l'organe chargé de l'éliminer.

Quelle qu'en soit la porte d'entrée (voie digestive, voie respiratoire, voie cutanée, voie hypodermique), le poison agit d'abord localement, puis sur l'organisme entier.

L'action locale détermine une irritation, une altération des tissus ; l'absorption, le transport par la circulation, permettent au toxique d'exercer rapidement une action générale, en portant atteinte aux tissus les plus sensibles à son influence spéciale. Après leur absorption, les poisons peuvent subir d'importantes modifications qui tantôt atténuent, ou tantôt augmentent leur pouvoir nocif.

L'élimination des poisons amène aussi des lésions locales et des troubles généraux ; lésions locales par altérations des tissus de l'émonctoire (hépatite du lathyrisme, imperméabilité du rein dans la néphrite des mélasses) ; troubles généraux par rétention des déchets fonctionnels dont l'élimination normale **par** l'organe malade est ralentie ou supprimée.

Les divers empoisonnements alimentaires offrent dans leurs symptômes et leur marche une physionomie commune que nous pouvons essayer de dégager.

Il apparaît des troubles des fonctions digestives qui sont souvent la première conséquence de l'ingestion du produit toxique ; puis des modifications de la circulation et de la respiration, et enfin des accidents d'ordre nerveux.

La marche de l'empoisonnement apporte les renseignements les plus précis pour la constatation de sa réalité, pour son diagnostic médico-légal ; elle sera suivie avec le plus grand soin sur les malades suspects, et dans tous ses détails sur les animaux qui font l'objet d'une expérimentation de contrôle. Cette marche peut être aiguë, subaiguë ou lente.

Dans l'empoisonnement aigu ou suraigu, des symptômes d'une violence extrême suivent presque immédiatement l'ingestion du toxique, et l'animal succombe en quelques heures.

La forme subaiguë apparaît lorsque l'aliment est peu dangereux, qu'il a été donné en faible quantité, ou quand une forte dose a été fractionnée à de courts intervalles.

Les symptômes, atténués, sont d'abord séparés par
des périodes de rémission ou des alternatives de moda-
lité variable ; les accidents deviennent bientôt persis-
tants, et la terminaison, si elle est funeste, survient au
bout de plusieurs jours ou de quelques semaines (lupinose, lathyrisme lent).

La marche lente est consécutive à des intoxications
faibles, mais incessamment répétées, qui désorganisent
peu à peu des tissus spéciaux ; le type en est assez
bien fourni par l'intoxication chronique du régime
mélassique intensif, et par le githagisme chronique.

Des maladies inflammatoires ou des cas de mort
spontanée peuvent simuler des empoisonnements sub-
aigus ou rapides. Un examen attentif des symptômes
et les renseignements commémoratifs permettent
d'assurer le diagnostic de ces maladies, qui présentent
dans leur marche normale quelques particularités qui
pourront les faire reconnaître. Nous ne pouvons entrer
dans les détails minutieux de cette étude comparative ;
nous ne pouvons aussi que signaler, parmi les causes
pouvant faire soupçonner un empoisonnement suraigu,
les ruptures viscérales, les hémorragies internes, les
lésions du cœur, les entérites aiguës, les maladies
microbiennes à formes rapidement mortelles (fièvre
aphteuse); dans ce dernier cas, il s'agit aussi d'une
intoxication ; elle n'est pas d'origine alimentaire, mais
causée par les poisons fabriqués en quantité considérable par les agents microbiens.

DE L'EXPERTISE.

L'action judiciaire, qui est intentée lors de la constatation d'accidents que l'on croit être le fait de l'alimentation, donne lieu à une expertise médico-légale

de nature très délicate; pour conclure, l'expert doit établir sa conviction d'après le groupement méthodique de tous les faits et de toutes les circonstances qui ont précédé et suivi la mort des animaux.

Le diagnostic empoisonnement s'appuie sur:

a. Les commémoratifs;

b. Les symptômes observés; symptomatologie des plus variables, se modifiant presque avec chaque poison, se manifestant sous des formes aiguës, subaiguës ou chroniques, se confondant souvent avec celle de maladies de toute autre nature;

c. Les lésions anatomiques qui siègent soit sur les points directement irrités par le toxique, soit sur les organes atteints après intoxication généralisée, ou après des poussées infructueuses d'élimination;

d. La recherche du poison; recherche longue, complexe, souvent difficile, parfois impossible, quelquefois sans résultat probant, lorsque le poison a subi dans l'organisme, ou du fait des procédés mis en œuvre, des modifications chimiques qui le rendent insaisissable;

f. L'expérimentation; méthode sûre qui permet de contrôler attentivement les observations précédentes, de vérifier les lésions, de préciser la nature du toxique, après qu'il a été démontré que les accidents observés sur les animaux d'expérience sont bien causés par les produits incriminés.

Quelles sont les questions auxquelles donne lieu l'empoisonnement alimentaire?

1° *La mort ou la maladie doivent-elles être attribuées à l'emploi de l'aliment incriminé?*

Cette question domine toutes les autres. Les premiers indices de l'empoisonnement seront souvent fournis par la nature des symptômes, par leur apparition soudaine peu de temps après l'ingestion de l'aliment, par leur caractère d'abord local, s'étendant peu à peu à l'économie tout entière, et par l'établissement de troubles que les traitements les plus variés et les plus énergiques ne peuvent conjurer.

Lorsque la mort a été la conséquence de l'empoisonnement, l'autopsie minutieuse fournit des signes dont on saisit toute la valeur ; celle-ci est loin d'être constante, mais elle n'est jamais à négliger. L'anatomie pathologique apporte donc une part considérable dans la constatation.

L'absence de lésions anciennes d'organes importants, susceptibles d'expliquer les symptômes observés, confirme, en tenant compte des commémoratifs, la suspicion : empoisonnement alimentaire.

Les commémoratifs, dont il vient d'être parlé à plusieurs reprises, jouent, en effet, un rôle important dans le diagnostic, car ils montrent qu'il y a une relation entre l'apparition des signes morbides et l'emploi des denrées suspectes ; l'absence d'accidents sur d'autres animaux de l'exploitation qui n'ont pas été soumis au même régime, est une présomption de la plus haute valeur.

2° Quelle est la substance vénéneuse qui a déterminé la maladie ou la mort ?

Les examens macroscopique et microscopique, puis l'étude chimique permettent, dans la majorité des cas, de formuler une réponse précise.

Les causes de l'intoxication sont multiples et peuvent se rattacher :

1° A l'aliment lui-même (alcaloïde toxique) ;

2° A son altération (carie, rouille, charbon, moisissures, toxines, etc.) ;

3° Aux procédés chimiques employés au cours de la préparation (sous-produits industriels) ;

4° A la teneur en matières salines et à leur nature (mélasses) ;

5° A des impuretés (graines étrangères nocives ou plantes adventices vénéneuses).

Les procédés d'examen et d'analyse devront être adaptés aux diverses circonstances qui viennent d'être énumérées.

3° Dans le cas où l'expertise chimique et l'examen microscopique ont donné une réponse négative, peut-on affirmer que l'intoxication n'est pas d'origine alimentaire ?

Non. — Si ces expertises n'ont révélé ni poisons minéraux, ni alcaloïdes, cela prouve que ce n'est pas parmi ces éléments qu'il faut chercher le toxique, mais cela ne signifie pas nécessairement que le produit ne soit pas vénéneux.

Il existe, en effet, à côté de substances parfaitement définies et déterminables, comme les alcaloïdes, des corps doués d'une toxicité redoutable qui échappent à l'investigation du chimiste.

L'analyse physiologique, l'expérimentation sur des animaux sains, permettent seules de reconnaître la présence et la nocivité de ces *toxines*.

Lors donc que l'analyse et l'examen microscopique n'ont pu mettre de poison en évidence, la *méthode expérimentale* reste le moyen le plus sûr de résoudre la difficulté.

Mais pour que l'expert soit éclairé en parfaite connaissance de cause, les expériences doivent porter sur des animaux de la *même espèce* que ceux qui ont été atteints ou qui ont succombé. De ce qu'un bœuf, un mouton, un lapin ou un cobaye ne tomberaient pas malades, on ne serait pas autorisé à conclure que l'aliment par eux ingéré n'est pas toxique pour le cheval.

Le moment de l'autopsie n'est pas indifférent. — Les travaux de A. Gautier, Sehm, Brieyer, etc., ont montré l'existence d'alcaloïdes d'origine cadavérique, qui proviennent vraisemblablement du dédoublement des matières albuminoïdes et présentent certaines réactions semblables à celles des alcaloïdes végétaux. Ces *ptomaïnes* se formant rapidement après la mort, on devra procéder aux recherches toxicologiques dans le plus bref délai possible.

Prélèvement des matières suspectes. — L'autopsie doit souvent être complétée par un examen attentif et méthodique des matières suspectes rencontrées dans les organes, ou de ces organes eux-mêmes ; l'expert doit donc être en mesure de pouvoir recueillir les diverses parties qui seront soumises à cet examen ou aux analyses.

Pour éviter toute cause d'erreur ou de contestation, on opérera avec le plus grand soin, aussi quelques indications ne nous semblent-elles pas inutiles, malgré leur apparente minutie.

L'expert doit se munir de plusieurs récipients en verre, parfaitement nettoyés ; il y joindra des bouchons de liège, de la cire à cacheter, un cachet, et du papier parcheminé.

Il examinera, avant l'autopsie, les objets de nature à lui apporter des indications utiles ; il recueillera une quantité suffisante de l'aliment suspect.

Le tube digestif sera amené au dehors de la cavité abdominale. L'estomac sera d'abord séparé de l'œsophage et de l'intestin par doubles ligatures. Le foie sera placé dans un des récipients préparés, soit en totalité, soit par fragments prélevés sur les différents lobules. On recueillera dans un autre vase un fragment de poumon ; on isolera de même tout organe ou portion d'organe présentant des lésions suspectes (rein, cerveau, moelle, etc). Le sang, les matières recueillies dans les diverses portions de l'intestin, le contenu de l'estomac, seront également mis à part. Il sera bon enfin de placer dans un dernier bocal des fragments de tissu musculaire prélevés dans les parties antérieures et postérieures.

Les bocaux seront fermé par un bouchon recouvert de papier retenu au col par une ficelle, sur laquelle on appliquera un cachet ; sur le papier sera inscrite la nature du contenu.

Autant que possible on s'abstiendra d'employer au cours de l'autopsie des produits antiseptiques (acide phénique, chlorure de chaux, etc.) susceptibles d'altérer les tissus ou de nuire aux analyses ultérieures.

En résumé, les données de l'expertise sont :

1° L'examen critique des commémoratifs ;

2° L'étude clinique du vivant de l'animal (symptômes, marche et durée de la maladie) ;

3° L'autopsie ;

4° L'examen macroscopique — microscopique — L'expertise chimique } des denrées suspectes et des matières prélevées à l'autopsie.

5° L'expérimentation directe sur des animaux de même espèce que ceux qui ont succombé.

Pour compléter ces indications sommaires, nous croyons utile de reproduire un rapport médico-légal et de donner un exemple de la marche à suivre pour rechercher les éléments constituants d'un aliment.

Exemple de constatations médico-légales.

A la requête de M. A..., à X....

Nous avons procédé aux constatations nécessaires pour établir la nocivité d'un produit ayant déterminé les accidents dont voici les commémoratifs :

A. — Deux litres du produit (soit 1 kilo) ont été distribués à 10 chevaux : 4 sont morts dans un délai de 2 à 3 jours.

B. — Les sujets qui n'avaient mangé qu'une partie de leur ration ont échappé à ce dénouement fatal ; mais ils ont été malades et ont présenté les symptômes suivants :

Inappétence complète, tristesse, abattement, sidération profonde, tremblements, contractions cloniques, respiration accélérée, éructations fréquentes, raideur accusée des membres postérieurs, instabilité de l'équilibre, mouvements anormaux : attitude du cabrer, du reculer, mouvement d'encenser, de pousser au mur ; dans la dernière période, la faiblesse du train postérieur s'accuse et simule la paraplégie.

C. — Le même aliment employé dans une autre exploitation a produit les mêmes effets néfastes.

Au point de vue médico-légal, nous avons à répondre aux questions suivantes :

1º Le produit incriminé est-il toxique ?

2º La mortalité et les accidents observés sous l'influence de ce régime en sont-ils la conséquence ?

La méthode expérimentale permettant seule de résoudre scientifiquement le problème, un cheval a été soumis au régime exclusif avec l'aliment.

Signalement du cheval d'expérience :

Hongre, gris très clair, 15 ans, taille 1ᵐ,60, propre au service du trait semi-gros, semi-rapide, poids 485 kilos.

Ce cheval est en parfaite santé ; sa température est de 38º,1, son pouls et sa respiration normaux, son appétit excellent.

L'identité d'origine du produit incriminé et de celui qui a servi à l'expérience a été constatée par ministère d'huissier ; un prélèvement a été fait pour le cas où surgiraient des contestations.

Marche de l'intoxication chez le sujet en expérience. — Le 26 ..... 1902, à 6 heures du soir, le cheval reçoit 1 kilo du produit.

L'animal ayant refusé cet aliment, même incorporé à l'avoine, au son ou additionné de sel marin, nous avons dû pour éviter tout retard l'administrer sous forme d'électuaire en utilisant le miel comme véhicule.

Sous l'influence de cette dose, aucun trouble organique grave ne s'est manifesté ; la température, la respiration, le

pouls restent normaux; on observe cependant dès la
4e heure, de l'inappétence et une légère injection de la muqueuse de l'œil.

Le 27, à 4 heures et demie du matin, une dose de 1kg,500, soit
3 litres, est administrée par le même procédé.

La température initiale (38°,1) s'élève brusquement à
10 heures du matin à 40°,2 ; l'inappétence est complète.

La conjonctive devient livide, foncée, violacée; le pouls est
plus fréquent et perd de sa force. On observe quelques coliques sourdes ; l'animal est inquiet, triste, il piétine, mais
n'exécute pas les mouvements désordonnés qui caractérisent
les troubles graves et douloureux de l'appareil digestif. Les
crottins sont recouverts de mucus.

On constate de fréquentes éructations; l'animal effectue le
mouvement d'encenser et se livre à des efforts de vomissement; des tremblements apparaissent dans les régions de
l'avant-bras et de la cuisse; la station debout est pénible ;
l'animal soustrait alternativement à l'appui chacun de ses
membres pour ne reposer que de courts instants sur le même
bipède.

De 10 heures du matin à 2 heures de l'après-midi, la température subit quelques variations et tombe à 39°,2.

Le même jour, à 3 heures de l'après-midi, une nouvelle dose
de 1 kilo est administrée.

A 4 heures et demie, les symptômes généraux s'aggravent
rapidement ; si on cherche à déplacer l'animal, il titube; la
faiblesse du train postérieur s'accuse.

La température varie de la façon suivante : 6 heures du
soir, 39°,8 ; 8 heures, 40°,2; minuit, 40°.

La coloration de la conjonctive persiste ; le pouls est petit et
filant ; la respiration anxieuse et profonde.

A 6 heures, a lieu une miction urinaire peu abondante ;
l'urine est rouge foncé.

A 6 h. 45 et à 8 heures, les crottins émis ont perdu leur consistance et présentent une coloration rouge foncé.

Les éructations et les efforts de vomissement sont plus
accusés et plus fréquents ; aux tremblements de l'avant-bras
et des cuisses succèdent des contractions cloniques.

A cette dernière phase, la forme nerveuse semble dominer
les troubles intestinaux ; on constate quelques symptômes rappelant ceux de l'immobilité : instabilité de l'équilibre, manque
de coordination des mouvements : l'animal encense, mâche
à vide, pousse au mur, prend un point d'appui sur la mangeoire.

A 11 heures et demie du soir, l'état du pouls (petit, filant,
presque imperceptible), les battements du cœur tumultueux.

la sidération profonde, le refroidissement des extrémités, une sudation abondante rendent le pronostic très grave et font prévoir, à bref délai, un dénouement fatal.

L'animal meurt à 1 heure et demie du matin.

La mort est donc survenue dans un délai de *trente* heures après l'administration de 3^{kg},500 du produit.

Autopsie. — L'autopsie est pratiquée 6 heures après la mort.

Extérieurement, le cadavre ne présente aucune altération ; les tissus sous-cutanés ne sont le siège d'aucune lésion ; le tissu musculaire a une teinte terne, terreuse ; la fibre musculaire est d'une extraordinaire friabilité, et sur la coupe fraîche on perçoit nettement l'odeur propre aux viandes fiévreuses.

A l'examen des premières voies digestives, on ne constate aucune lésion de la cavité buccale ni de l'œsophage ; aucune ulcération de la langue ; la muqueuse pharyngienne, par contre, est le siège de nombreuses érosions ; elle est congestionnée et ulcérée, lésions qui pourraient être dues au pouvoir irritant du produit ingéré.

Estomac. — On observe une distension très accusée, due à la présence de gaz ; l'organe renferme environ 4 à 5 litres d'un liquide brunâtre, foncé, rappelant par son aspect et son odeur le produit employé ; la réaction du contenu stomacal est acide.

La muqueuse du sac gauche est le siège d'une forte congestion ; elle présente une teinte rouge foncé, violacée ; elle porte de nombreuses traces d'ulcérations et de desquamations épithéliales. Dans le sac droit, la muqueuse a une coloration verdâtre et un aspect marbré.

Intestin. — Exempt de lésions ; nulle trace de congestion aussi bien dans l'intestin grêle que dans les autres parties.

On pourrait attribuer cette absence de lésions à la rétention du produit ingéré dans l'estomac où son action irritante a provoqué les lésions qui viennent d'être signalées.

Foie. — De volume normal ; présente sur le lobe moyen une teinte jaune ictérique très accentuée ; le tissu est mou, cuit.

Rate. — Consistance, coloration et volume normaux.

Reins. — Aucune altération.

Vessie. — Cet organe renferme une très faible quantité d'urine rouge foncé.

Poumons. — Une congestion intense existe principalement dans le poumon droit ; le sujet ayant succombé sur ce côté, il en est résulté de la congestion hypostatique avec ses caractères habituels.

Cœur. — L'examen minutieux de cet organe en montre la parfaite intégrité.

Toute hypothèse de maladie contagieuse ou ancienne doit être écartée.

Conclusion. — Les renseignements précis fournis par les commémoratifs, l'invasion soudaine des symptômes, leur intensité, leur persistance, la terminaison funeste succédant dans un délai rapide à un état de santé parfait, et coïncidant avec l'emploi du produit incriminé rendaient suspecte la mort des chevaux appartenant à M. A.

Les symptômes observés sur l'animal d'expérience : inappétence, sidération, hyperthermie, respiration accélérée, éructations fréquentes, efforts de vomissement, tremblements, diarrhée, faiblesse du train postérieur, etc. ; les lésions symptomatiques trouvées à l'autopsie sur le pharynx et l'estomac (congestions, ulcérations) ; l'absence de lésions aiguës ou chroniques des organes essentiels, permettent d'affirmer, en présence de la rapidité avec laquelle la mort est survenue (30 heures), que le cheval auquel nous avons administré le produit a succombé à une intoxication d'origine alimentaire.

Aux questions posées :

1° L'aliment est-il toxique ?

2° La mortalité et les accidents observés sous l'influence de ce régime en sont-ils la conséquence ?

Nous répondons par l'affirmative.

Signature.

Paris, le .,... 1902.

Exemple de rapport relatif à la recherche des éléments constituants d'un aliment.

Nous soussigné (nom et qualité), avons été, à la requête de M. X..., agriculteur, chargé de déterminer :

a. La nature des denrées entrant dans la composition d'un produit (A), d'un produit similaire ancien (B) et d'un produit également de même nature (C).

b. Les caractères différentiels de ces produits.

Ceux-ci sont donnés comme des mélanges de 50 p. 100 de mélasse avec des tourteaux oléagineux.

Les procédés employés pour résoudre cette question complexe, ont porté sur l'examen microscopique et macroscopique des matières.

La présence de la mélasse, la diversité des produits employés, les transformations qu'ils ont subies apportent de réelles difficultés. Cependant l'examen du produit à l'état frais et de l'extractif solide, complété par la comparaison avec les sous-produits industriels à l'état naturel, permettent d'établir une diagnose exacte.

§ 1. — Produit A.

1° *Examen macroscopique.*

La substance se présente avec les caractères suivants :

a. *Aspect.* — Grossièrement pulvérulent, légèrement granuleux. Ce qui attire d'abord l'attention, c'est la présence **en grande** quantité de filaments très ténus, d'une longueur variable de 2 centimètres à quelques millimètres.

Outre ces filaments, on constate la présence de **nombreux** corpuscules (enveloppes de graines, graines entières, **graines** concassées, etc.).

b. *Coloration.* — Variant du havane clair au havane foncé, la coloration n'est pas uniforme ; la teinte la plus claire est représentée par les filaments, la teinte foncée par les corpuscules (graines ou débris épispermiques).

c. *Odeur.* — Outre l'odeur propre à la mélasse, ce produit dégage une odeur spéciale qui rappelle celle des **graines** oléagineuses ayant subi un léger commencement de **rancidité**.

Cette odeur est surtout prononcée dans le produit desséché après épuisement de la mélasse.

d. *Réaction.* — Légèrement acide.

2° *Examen microscopique.*

Technique employée. — L'examen du produit a été fait de la manière suivante : étant traité par l'eau, par décantations successives, il a été divisé en deux portions, l'une contenant les matières grossières restées par décantation dans le **verre**, la seconde comprenant tout ce qui a été entraîné en suspension dans l'eau de lavage.

Ces deux lots ont été examinés séparément.

Le premier comprend :

a. De grossières et très nombreuses parties de coques d'arachide.

b. Des téguments entiers de graines de sésame.

c. Des matières diverses indéterminées.

Le deuxième, après filtration et examen du produit restant sur le filtre, montre :

a. Un peu d'amidon de céréales.

b. Quelques spores de charbon de céréales (carie).

c. Quelques balles et débris de téguments de céréales.

d. Beaucoup de très petits débris d'arachide et de **coque** d'arachide.

e. De nombreux filaments, signalés dans l'examen macroscopique, provenant de la coque d'arachide dont ils constituent les nervures.

f. Des débris très fins formés de réseaux de cellules contenant chacune un cristal d'oxalate de calcium caractéristique du sésame.

g. Traces de téguments de graine de ricin.

h. Traces de coque de graine de coton.

i. Quelques débris de bois.

j. Des matières indéterminées.

De cet examen, il résulte que le produit est formé d'un peu de débris de céréales et de beaucoup de sous-produits industriels de provenance d'huilerie (coques d'arachide, sésame, ricin, coton, etc.).

§ 2. — Produit B.

1° *Examen macroscopique.*

a. *Aspect.* — Très grossièrement pulvérulent et pailleux, ce produit contient également des filaments du même genre que ceux du produit A, mais en plus faible proportion. Les débris de paille et de glume, renfermés en grande quantité dans ce produit, constituent une différence nette de composition avec le produit A.

b. *Coloration.* — Plus foncée dans son ensemble, mais présentant néanmoins de grosses particules jaune clair.

c. *Odeur.* — Celle des graines oléagineuses, mais moins prononcée que dans le produit A.

d. *Réaction.* — Légèrement acide.

2° *Examen microscopique.*

Le mode opératoire a été le même que dans le cas précédent.

Examen du 1er lot.

(Résidu de décantation.)

a. De nombreux débris de céréales (débris de paille, débris de balles et poils de céréales nombreux fixés au tégument).

b. Quelques coques d'arachide.

c. Quelques téguments de graines de sésame.

d. Des matières indéterminées.

Examen du 2ᵉ lot.

(Matières en suspension dans l'eau de lavage.)

a. Beaucoup d'amidon de céréales.
b. Beaucoup de poils de céréales.
c. Beaucoup de spores de charbon des céréales (carie).
d. Quelques débris de coque de sésame,
    —   —   —   d'arachide.
e. Quelques filaments provenant des coques d'arachide.
f. Quelques balles de céréales entières.
g. Quelques débris de bois.
h. Des matières indéterminées.

De cet examen, il résulte que le produit est formé presque exclusivement de débris de céréales (déchets de meunerie), et de très peu de sous-produits industriels de provenance d'huilerie (arachide, sésame).

§ 3. — Produit C.

1º *Examen macroscopique.*

a. *Aspect.* — Plus finement pulvérulent, plus homogène, moins foncé, filaments signalés dans les produits A et B en moins grande quantité, même odeur.

2º *Examen microscopique.*

a. Un peu de céréales.
b. Beaucoup d'arachides (amande et tégument de la graine).
c. Peu de coques d'arachides.
d. Beaucoup de sésame.
e. Très peu de lin.
f. Des matières indéterminées.

De cet examen, il résulte que le produit est formé en grande partie de tourteau de sésame et d'arachide, et d'un peu de lin.

Conclusion.

A la question posée : « Indiquer les caractères différentiels des produits A, B, C. »

Nous répondons en disant qu'il existe une différence de composition, surtout dans la proportion des diverses denrées employées ; l'examen macroscopique et microscopique ne laisse aucun doute à ce sujet.

Dans le produit A, la dominante est représentée par des

tourteaux de provenance d'huilerie et surtout par des coques d'arachides.

Dans le produit B, la dominante est représentée par des débris de céréales.

Dans le produit C, la dominante est représentée par des tourteaux de sésame et d'arachide à leur état naturel.

Paris, le   .

Signature :

Cet examen a été fait suivant les méthodes de technique et les indications exposées dans le travail de MM. Bussard et Fron (Tourteaux des graines oléagineuses, publié dans les *Annales de l'Institut agronomique*, 1896-1900).

TABLE ALPHABÉTIQUE

7608-03. — CORBEIL. Imprimerie Éd. Crété.

www.ingramcontent.com/pod-product-compliance
Lightning Source LLC
LaVergne TN
LVHW050953200726
843508LV00001B/34